Gravitative Stoßwellen

Nichtanalytische Wellenlösungen der Einsteinschen Gravitationsgleichungen

SCHRIFTENREIHE
DER INSTITUTE FÜR MATHEMATIK

BEI DER DEUTSCHEN AKADEMIE DER WISSENSCHAFTEN ZU BERLIN

In der Schriftenreihe sind bisher erschienen:

Heft 1: Der Begriff des Raumes in der Geometrie — Bericht von der Riemann-Tagung des Forschungsinstituts für Mathematik. *Mit Beiträgen von 28 Autoren, herausgegeben von* J. NAAS *und* K. SCHRÖDER.

Heft 2: Lösung der allgemeinen Randwertprobleme für eindimensionale gedämpfte Wellen bei harmonischem Zeitgesetz *von* KARL BORKMANN *und* SIEGFRIED OBERLÄNDER.

Heft 3: Die eindeutige Bestimmung allgemeiner konvexer Flächen *von* A. W. POGORELOW.

Heft 4: Bemerkungen über die Stabilitätsuntersuchungen der Wirbelstraßen *von* BL. DOLAPTSCHIEW.

Heft 5: Die Verbiegung konvexer Flächen *von* A. W. POGORELOW.

Heft 6: Einführung in die Theorie stationärer Zufallsfunktionen *von* A. M. JAGLOM.

Heft 7: Tabellen von Exponentialfunktionen und -integralen zur Anwendung auf Gebieten der Thermodynamik, Halbleitertheorie und Gaskinetik *von* SIEGFRIED OBERLÄNDER.

Heft 8: Konstruktion ganzer, rationaler und reeller Ordinalzahlen und die diskontinuierliche Struktur der transfiniten reellen Zahlenräume *von* DIETER KLAUA.

Heft 9: Über eine Bewertungstheorie der Algebren und ihre Bedeutung für die Arithmetik *von* HERBERT BENZ.

Heft 10: Qualitative Methoden beim *n*-Körperproblem der Himmelsmechanik *von* H. F. CHILMI.

Heft 11: Gravitative Stoßwellen. Nichtanalytische Wellenlösungen der Einsteinschen Gravitationsgleichungen *von* H. TREDER.

Heft 1—7 erschienen innerhalb der Schriftenreihe des Forschungsinstituts für Mathematik bei der Deutschen Akademie der Wissenschaften zu Berlin.

HEFT 11 DER SCHRIFTENREIHE
DER INSTITUTE FÜR MATHEMATIK

GRAVITATIVE STOSSWELLEN
NICHTANALYTISCHE WELLENLÖSUNGEN DER EINSTEINSCHEN GRAVITATIONSGLEICHUNGEN

VON

HANS-JÜRGEN TREDER

Mit 3 Abbildungen

AKADEMIE-VERLAG · BERLIN
1962

Institut für Reine Mathematik, Berlin W 8, Otto-Nuschke-Straße 22/23

Erschienen im Akademie-Verlag GmbH, Berlin W 8, Leipziger Straße 3–4

Lizenznummer: 202 · 100/537/62

Gesamtherstellung: Druckhaus „Maxim Gorki", Altenburg

Bestellnummer: 2069/11 · ES 18 B 2 · Preis: DM 38,–

Inhalt

§ 1. Das Sprungproblem höherer Ordnung in der allgemeinen Relativitätstheorie

Im folgenden soll die Ausbreitung von Störungen des Gravitationsfeldes gemäß der Einsteinschen Gravitationstheorie untersucht werden. Der Gegenstand der Arbeit sind somit die aus der Einsteinschen Gravitationstheorie folgenden Eigenschaften der Wellenfronten der Gravitationswellen und die Eigenschaften der Gravitationsfelder in der Nähe solcher Wellenfronten.

Die Einsteinschen Feldgleichungen für das Vakuum

$$R_{\mu\nu} = 0 \tag{1.1}$$

sollen im ganzen betrachteten Bereich des V_4 singularitätsfrei erfüllt sein.[1]) Wir nehmen aber an, daß es eine durch die Gleichung $z(x^\nu) = 0$ beschriebene isotrope[2]) Hyperfläche Σ gibt, die den V_4 in 2 Teilräume V^- (mit $z < 0$) und V^+ (mit $z > 0$) teilt und die eine gravitative Stoßwelle trägt. Dies bedeutet, daß sowohl für $z < 0$ als auch für $z > 0$ das Potential $g_{\mu\nu}$ eine analytische Lösung von (1.1) sein soll. Jedoch ist der metrische Tensor $g^+_{\mu\nu}$ des V^+ nicht die analytische Fortsetzung des metrischen Tensors $g^-_{\mu\nu}$ des V^-. Vielmehr sollen sich die $g_{\mu\nu}$ beim Durchgang durch die Hyperfläche Σ nichtanalytisch verhalten.

Hierbei werden wir fordern, daß die Nichtanalytizität der $g_{\mu\nu}$ an Σ nicht von der Wahl des Koordinatensystems herrührt. Es soll also durch keine an Σ nichtanalytische Koordinatentransformation möglich sein, die Metrik $g^+_{\mu\nu}$ zur analytischen Fortsetzung der Metrik $g^-_{\mu\nu}$ zu machen. Da die Einsteinschen Gleichungen (1.1) quasilineare Wellengleichungen sind, kann diese Nichtanalytizität der $g_{\mu\nu}$ nur darin bestehen, daß die Normalableitungen der $g_{\mu\nu}$ an Σ charakteristische Diskontinuitäten besitzen. Wir nehmen daher an, daß bei Stetigkeit aller niederen Ableitungen beim Durchgang durch Σ die n-ten Normalableitungen von $g_{\mu\nu}$ springen, wobei diese Sprünge nicht durch eine in den $(n+1)$-ten Ableitungen nach z unstetige Koordinatentransformation eliminierbar sind. Hingegen sollen die $g_{\mu\nu}$ selbst und alle Ableitungen der Ordnung $m < n$ sowie alle in Σ liegenden Ableitungen stetig sein (s. hierzu auch § 11) und im betrachteten Raumbereich analytisch von den auf der Sprungfläche Σ verlaufenden Koordinaten abhängen (s. auch unten § 2), wenn das Koordinatensystem auf Σ geeignet gewählt ist.

---

[1]) Wesentliche, d. h. nicht forttransformierbare, Singularitäten der $g_{\mu\nu}$ bedeuten gemäß EINSTEIN Stellen, an denen die Feldgleichungen erfüllt sind, an denen es also Quellen des Gravitationsfeldes gibt (s. A. EINSTEIN, The Meaning of Relativity, Princeton 1955).

[2]) Beim Durchgang durch eine nichtisotrope Hyperfläche sind wesentliche, d. h. nicht durch die Koordinatenwahl bedingte, Unstetigkeiten der Ableitungen von $g_{\mu\nu}$ mit den Einsteinschen Gleichungen (1.1) nicht verträglich. (Vgl. C. LANCZOS, Phys. Z. **21** (1922) 540; K. STELLMACHER, Math. Ann. **115** (1938) 740.) Man kann dies aus den Sprungrelationen niedrigster Ordnung — s. etwa unten die Gleichung (5.20) — direkt ablesen.

Für den Fall der Unstetigkeiten der n-ten Ableitungen mit $n \geqq 2$ sind die aus (1.1) folgenden algebraischen und differentiellen Eigenschaften der Sprünge niedrigster Ordnung in der bekannten Arbeit von STELLMACHER[1]) hergeleitet worden. Der Fall $n = 1$ wurde in einer Arbeit von PAPAPETROU und TREDER behandelt[2]).

Es ist nun evident und aus der allgemeinen Theorie der Wellenfronten von HADAMARD[3]) wohlbekannt, daß bei Unstetigkeiten der n-ten Ableitungen im allgemeinen auch alle Ableitungen von der Ordnung $n + k$ (mit $k > 0$) unstetig sein werden. Da es das weitere Ziel der vorliegenden Arbeit ist, Gravitationswellenfelder in einem schmalen endlichen Streifen des V^+ zu bestimmen, werden wir die allgemeine Struktur dieser Unstetigkeiten höherer Ordnung zu berechnen haben. Unsere physikalische Aufgabenstellung verlangt, daß wir herleiten, wie bei Unstetigkeiten der n-ten Ableitungen von $g_{\mu\nu}$ auf Grund der Einsteinschen Gleichungen (1.1) die Sprünge der Ableitungen der Ordnung $n + k$, $k = 1, 2, \ldots$, aussehen. Insbesondere haben wir ihre Abhängigkeit von den Sprüngen der niedrigeren Ableitungen explizit zu bestimmen. Hierbei werden sich einige wesentliche Unterschiede zwischen den Eigenschaften der Sprünge n-ter und derjenigen von höherer Ordnung ergeben.

Während für die Sprünge niedrigster (n-ter) Ordnung aus (1.1) homogene lineare algebraische Gleichungen folgen, sind die Gleichungen für die Sprünge der höheren Ableitungen im allgemeinen inhomogen (aber weiterhin linear). Während der Sprung n-ter Ordnung 6 algebraisch unabhängige Komponenten besitzt, von denen 4 durch eine in den $(n + 1)$-ten Ableitungen unstetige Koordinatentransformation eliminiert werden können, besitzen infolge der Inhomogenität der Sprungrelationen höherer Ordnung die Sprünge $(n + k)$-ter Ordnung im allgemeinen 10 algebraisch unabhängige Komponenten, von denen wieder jeweils 4 durch Koordinatentransformationen, die in den $(n + k + 1)$-ten Ableitungen unstetig sind, eliminiert werden können. Jedoch werden wir sehen, daß alle wesentlichen Sprünge bis einschließlich desjenigen $(n + l)$-ter Ordnung auf Grund der Einsteinschen Gleichungen durch die Vorgabe von $2l$ unabhängigen Skalaren $\underset{n+l}{E}$ und $\underset{n+l}{\delta}$ auf einer zweidimensionalen raumartigen Fläche V_2, die die Sprungfläche Σ teilt, eindeutig bestimmt sind. — Berücksichtigen wir demnach die Sprünge beliebig hoher Ordnung, so ist bei Kenntnis des ungestörten Feldes $g^-_{\mu\nu}$ und der Vorgabe aller Skalare $\underset{n+l}{E}$ und $\underset{n+l}{\delta}$ auf dem V_2 das gestörte Feld $g^+_{\mu\nu}$ innerhalb des betrachteten Bereichs des V^+ bis auf an Σ nichtanalytische Koordinatentransformationen bestimmt.

Im Endergebnis führt unsere Rechnung also zur Bestimmung von gravitativen Störungsfeldern, die sich in einem vorgegebenen Speziellen Einstein-Raum ausbreiten. Hierbei ist der metrische Tensor des vorgegebenen Einstein-Raums für $z \leqq 0$ einfach $g^-_{\mu\nu}$ und für $z > 0$ die analytische Fortsetzung von $g^-_{\mu\nu}$ in den

---

[1]) STELLMACHER l. c., Anm. p. 7.

[2]) A. PAPAPETROU und H. TREDER, Math. Nachr. **20** (1959) 53.

[3]) J. HADAMARD, Leçons sur la propagation des ondes, Paris 1903. Vgl. auch T. LEVI-CIVITA, Atti d. Lincei **11** (1930) 1,113; J. VAN MIEGHEM, Bull. Acad. Roy. Belgique, Cl. d. Sciences (5) **18** (1932) 507, 603, 716, 937, 1065.

V^+, welche wir mit $g^-_{\mu\nu+}$ bezeichnen wollen. Das im V^+ existierende Störungsfeld ist dann die Differenz $g^+_{\mu\nu} - g^-_{\mu\nu+}$.

Bei den mit (1.1) verträglichen Unstetigkeiten niedrigster Ordnung gehört der entsprechende Sprung[1]) des Riemann-Tensors

$$\left[\frac{\partial^{n-2}}{\partial z^{n-2}} R_{\sigma\mu\nu\lambda}\right]$$

bekanntlich zum Petrowschen Typ II, 0. Die Untersuchung der Sprünge höherer Ordnung wird hingegen ergeben, daß die Sprünge der höheren Ableitungen

$$\left[\frac{\partial^{n+k-2}}{\partial z^{n+k-2}} R_{\sigma\mu\nu\lambda}\right]$$

(mit $k > 0$) andere algebraische Eigenschaften besitzen als

$$\left[\frac{\partial^{n-2}}{\partial z^{n-2}} R_{\sigma\mu\nu\lambda}\right]$$

Weiter hat auch der Tensor $P_{\sigma\mu\nu\lambda} \equiv R^+_{\sigma\mu\nu\lambda} - R^-_{\sigma\mu\nu\lambda+}$, wo $R^-_{\sigma\mu\nu\lambda+}$ der Riemann-Tensor gebildet mit $g^-_{\mu\nu+}$ und $R^+_{\sigma\mu\nu\lambda}$ der Riemann-Tensor des V^+ ist, im allgemeinen nicht die Eigenschaften eines Tensors vom Typ II, 0; für $R_{\sigma\mu\nu\lambda} \equiv 0$ ist demnach der Riemann-Tensor $R^+_{\sigma\mu\nu\lambda}$ nicht vom Typ II, 0. Hieraus folgt dann insbesondere, daß das Störungsfeld $g^+_{\mu\nu} - g^-_{\mu\nu+}$ im allgemeinen kein elementares Gravitationswellenfeld im Sinne von LICHNEROWICZ[2]) ist (s. §§ 9 u. 10).

Zur expliziten Behandlung des Sprungproblems $(n + k)$-ter Ordnung stellen wir das Gravitationspotential $g_{\mu\nu}$ in einem Streifen $-\varepsilon \leqq z \leqq +\varepsilon$ durch eine Entwicklung nach Sprungfunktionen $\underset{n+k}{h}(z)$ dar:[3])

$$g_{\mu\nu} = g^-_{\mu\nu} + \underset{n}{\gamma_{\mu\nu}}\underset{n}{h}(z) + \underset{n+1}{\gamma_{\mu\nu}}\underset{n+1}{h}(z) + \cdots + \underset{n+i}{\gamma_{\mu\nu}}\underset{n+i}{h}(z) + \cdots. \qquad (1.2)$$

Die Sprungfunktionen $\underset{n+k}{h}(z)$ sind hierbei gemäß

$$\underset{n+k}{h}(z) = \begin{cases} 0 \text{ für } z < 0, \\ \dfrac{1}{(n+k)!}\, z^{n+k} \text{ für } z \geqq 0 \end{cases} \qquad (1.3)$$

definiert. — Die Funktion $z(x^\nu)$ können wir — im betrachteten endlichen Bereich — als analytisch voraussetzen (s. § 2).

---

1) Wir benutzen hier die in der Sprungrechnung übliche von HADAMARD herrührende Symbolik; auf Σ soll gelten:

$$[A] = (A)_{z \to +0} - (A)_{z \to -0}.$$

2) A. LICHNEROWICZ, Compt. Rend. Acad. Sci. Paris **246** (1958) 893; **247** (1958) 433; Annali di Mathematica (IV) **50** (1960) 1.

3) H. TREDER, Ann. d. Physik (7) **2** (1958) 225.

In der Reihe (1.2) verstehen wir unter $g^-_{\mu\nu}$ entweder den Fundamentaltensor des V^- oder seine analytische Fortsetzung $g^-_{\mu\nu+}$ in den V^+. Die Entwicklungskoeffizienten (Sprungkoeffizienten) $\underset{n+k}{\gamma_{\mu\nu}}$ (mit $k \geq 0$) sollen analytische Funktionen der Koordinaten sein. Wie in § 2 näher gezeigt wird, ist die explizite z-Abhängigkeit der $\underset{n+k}{\gamma_{\mu\nu}}$ hierbei weitgehend willkürlich vorgebbar. Für $z \geqq 0$ ergibt sich aus (1.2) eine Reihendarstellung des gestörten Potentials $g^+_{\mu\nu}$ nach Potenzen von z Diese Reihe gilt innerhalb eines genügend kleinen Bereichs des V^+, in dem (1.2) gleichmäßig konvergiert (unter der Voraussetzung, daß innerhalb dieses Bereichs die Determinante $|g^+_{\mu\nu}|$ nirgends verschwindet).

Wenn wir mit (1.2) in den Einstein-Tensor $R_{\mu\nu}$ eingehen, ergibt sich der Einstein-Tensor $R^+_{\mu\nu}$ des V^+ ebenfalls in Form einer Reihe in bezug auf z. Da wegen der Gültigkeit der Einsteinschen Gleichungen im V^-

$$R^-_{\mu\nu} = R^-_{\mu\nu+} = 0 \tag{1.4}$$

gilt, folgen aus der Gültigkeit von (1.1) im V^+ Sprungrelationen für den Einstein-Tensor $R_{\mu\nu}$. Wegen $R^+_{\mu\nu} = 0$ und (1.4) ist $R^+_{\mu\nu} = R^-_{\mu\nu+} = R^-_{\mu\nu}$, so daß für jede Lösung von (1.1) alle Sprünge der Ableitungen von $R_{\mu\nu}$ beim Durchgang durch Σ verschwinden:

$$\left[\frac{\partial^{n-2}}{\partial z^{n-2}} R_{\mu\nu}\right] = \left[\frac{\partial^{n-1}}{\partial z^{n-1}} R_{\mu\nu}\right] = \cdots = \left[\frac{\partial^{n+k-2}}{\partial z^{n+k-2}} R_{\mu\nu}\right] = \cdots = 0 . \tag{1.5}$$

Wie in §§ 5 und 6 gezeigt wird, erhalten wir die konkreten Formen von (1.5) dadurch, daß wir die Reihe für $R^+_{\mu\nu}$ nacheinander $(n-2)$-mal, $(n-1)$-mal usw. nach z ableiten, jeweils anschließend den Grenzübergang $z \to +0$ durchführen und das Ergebnis auf Grund von (1.1) gleich Null setzen.

Durch die Sprungrelationen (1.5) und die Vorgabe von Anfangswerten werden die Entwicklungskoeffizienten $\underset{n+k}{\gamma_{\mu\nu}}$ bis auf koordinatenbedingte Unstetigkeiten auf Σ eindeutig bestimmt. Die Willkür in der Wahl der analytischen Form der z-Abhängigkeit der $\underset{n+k}{\gamma_{\mu\nu}}$ wird dazu benutzt, diese so zu definieren, daß alle aus den Sprungrelationen folgenden Gleichungen für die $\underset{n+k}{\gamma_{\mu\nu}}$ nicht nur auf Σ, sondern im ganzen betrachteten Bereich $+\varepsilon \gtrapprox z \geqq 0$ gelten (s. §§ 6 und 7).

Um das Feld $g^+_{\mu\nu}$ in Strenge zu kennen, bedarf es außer der Kenntnis von $g^-_{\mu\nu}$ auch der Kenntnis aller Sprungkoeffizienten $\underset{n+k}{\gamma_{\mu\nu}}$. Zu einer angenäherten Bestimmung des reinen Gravitationsfeldes $g^+_{\mu\nu}$ innerhalb eines genügend schmalen, durch 2 Sprungflächen Σ und Σ' begrenzten Streifens des V^+ ist hingegen nur die Kenntnis einer genügenden Anzahl von Koeffizienten $\underset{n+i}{\gamma_{\mu\nu}}$ (mit $i = 0, 1, \ldots, l$) erforderlich. Für $z \geqq 0$ liefert dann die Entwicklung (1.2) eine angenäherte Darstellung für $g^+_{\mu\nu}$, die um so besser ist, um so kleiner z ist. Der Flächenparameter z spielt hier also die Rolle eines kleinen Entwicklungsparameters. Bei einer solchen Näherungsrechnung ist es auch nicht notwendig, daß $g^-_{\mu\nu+}$ und die Entwicklungskoeffizienten $\underset{n+i}{\gamma_{\mu\nu}}$ (mit $i \leq l$) analytische Funktionen sind. Es ist dann hinreichend, die $(n + l)$-fache stetige Differenzierbarkeit dieser Größen zu fordern, damit alle bei der Bildung der Sprungrelationen benötigten Ableitungen existieren.

Um physikalisch interessante Ergebnisse zu erhalten, wird man die Sprungkoeffizienten so weit berechnen, daß man einen Einblick in ihre allgemeine Struktur gewinnt. Hierzu ist es erforderlich, die Berechnung der $\underset{n+k}{\gamma_{\mu\nu}}$ mindestens so weit zu führen, daß die Nichtlinearität der Einsteinschen Gleichungen (1.1) und die Rolle des Gravitationspotentials $g_{\mu\nu}$ als metrischer Tensor explizit in Erscheinung treten. Diesen Punkt werden wir daher in der folgenden Behandlung der gravitativen Stoßwellen ausführlich untersuchen und so auch die Wirkung einer Störung des Gravitationsfeldes auf sich selbst angenähert erfassen.

Entsprechend diesem Programm wird zunächst in § 2 — in Verallgemeinerung einer von Stellmacher angegebenen auf Σ verlaufenden Konstruktion — ein den ganzen betrachteten Bereich überdeckendes Vierbeinfeld eingeführt, das „ein natürliches Bezugssystem" zur Beschreibung der Koeffizienten $\underset{n+k}{\gamma_{\mu\nu}}$ ist. In §§ 5, 6 und 7 wird dann zunächst die Reihe für $R^+_{\mu\nu}$ hergeleitet; mit ihrer Hilfe werden dann die Sprungrelationen (1.5) gebildet und aus diesen sukzessive die $\underset{n+k}{\gamma_{\mu\nu}}$ beliebiger Ordnung bestimmt. Diese Rechnung führen wir bis zum Eingehen des ersten in den Sprungkoeffizienten niederer Ordnung bilinearen Terms explizit aus und diskutieren anschließend die allgemeine Form der $\underset{n+k}{\gamma_{\mu\nu}}$.

In §§ 8, 9 und 10 werden als einfache Anwendungsbeispiele Gravitationsfelder mit besonderen Symmetrie-Eigenschaften in Strenge bestimmt. Unter Benutzung der geforderten Symmetrie-Eigenschaften ist es nämlich möglich, einfache Rekursionsformeln für die Koeffizienten $\underset{n+k}{\gamma_{\mu\nu}}$ zu gewinnen.

In § 11 werden wir schließlich einige allgemeine Eigenschaften von nichtanalytischen Gravitationsfeldern herleiten, die sich aus der hier entwickelten Theorie der gravitativen Störungsfelder ergeben.

Als Beispiel für die verwandte Methode wird vor der Behandlung der Störungen des Gravitationsfeldes in §§ 3 und 4 das allgemeine Sprungproblem für elektromagnetische Felder im Minkowski-Raum untersucht. Hierbei wird angenommen, daß die isotrope Hyperfläche Σ eine Sprungfläche der Maxwellschen Gleichungen ist derart, daß das Potential A^+_μ im V^+ nicht die analytische Fortsetzung des Potentials A^-_μ aus dem V^- ist, wobei die Maxwellschen Gleichungen im ganzen V_4 sein sollen.

Das Vektorpotential A_μ wird hierbei durch eine Entwicklung nach den Sprungfunktionen (1.3) dargestellt, in der A^-_μ das Potential im V^- bzw. die analytische Fortsetzung $A^-_{\mu+}$ in den V^+ bedeutet. Die Entwicklungskoeffizienten $\underset{n+k}{\varphi_\mu}$ in

$$A_\mu = A^-_\mu + \sum_k \underset{n+k}{\varphi_\mu} \underset{n+k}{h}(z) \tag{1.6}$$

sollen wieder analytische (bzw. genügend oft stetig differenzierbare) Funktionen der Koordinaten sein. Indem man mit (1.6) in $F^{\mu\nu}{}_{,\nu}$ eingeht, erhält man eine im Bereich $z \geqq 0$ geltende Reihe für die Vier-Stromdichte $F^{+\mu\nu}{}_{,\nu}$ des V^+ in bezug auf z. Mit Hilfe dieser Reihe werden wir dann die explizite Form der aus den Maxwellschen Gleichungen folgenden Sprungrelationen

$$\left[\frac{\partial^{n-2}}{\partial z^{n-2}} F^{\mu\nu}{}_{,\nu}\right] = \cdots = \left[\frac{\partial^{n+k-2}}{\partial z^{n+k-2}} F^{\mu\nu}{}_{,\nu}\right] = \cdots = 0 \tag{1.7}$$

herleiten. Durch sukzessive Lösung der Gleichungen (1.7) werden die Entwicklungskoeffizienten $\underset{n+k}{\varphi_\mu}$ in (1.6) bestimmt. Über die noch frei wählbare Form der analytischen z-Abhängigkeit wird wieder so verfügt, daß die für $z = 0$ geltenden Gleichungen im ganzen betrachteten Bereich erfüllt sind.

Auch in der Maxwellschen Theorie ergibt sich, daß im allgemeinen die Koeffizienten höherer Ordnung $\underset{n+k}{\varphi_\mu}$ (mit $k > 0$) 4 algebraisch unabhängige Komponenten besitzen, von denen eine durch eine in den $(n + k + 1)$-ten Ableitungen unstetige Eichtransformation eliminierbar ist. Hingegen besitzt $\underset{n}{\varphi_\mu}$ bekanntlich nur 3 algebraisch unabhängige Komponenten, von denen eine durch eine in den $(n + 1)$-ten Ableitungen unstetige Eichtransformation eliminiert werden kann. Jedoch sind wieder alle $\underset{n+k}{\varphi_\mu}$ (mit $k = 0, 1, \ldots$) Funktionen der $2\,k$ Skalare $\underset{n+k}{J}$ und $\underset{n+k}{\varkappa}$ und deren Ableitungen.

§ 2. Die Konstruktion eines natürlichen Vierbeinfeldes

Wir führen zunächst auf der isotropen Hyperfläche Σ 4 linear unabhängige Vektorfelder ein, die so gewählt sind, daß 3 in Σ liegen und der vierte Vektor aus Σ herausführt. — Die Hyperfläche Σ sei durch die Gleichung

$$z(x^\nu) = 0 \tag{2.1}$$

gegeben; ihr Normalvektor ist $z_{,\mu} \equiv p_\mu$. Das Vektorfeld p_μ erfüllt also auf Σ, d. h. für $z = 0$, die Bedingung

$$p^\mu p_\mu = g^{\mu\nu} p_\nu p_\mu = 0 \tag{2.2}$$

und die Differentialgleichungen für eine Geodäte

$$p_\mu p_{\nu;\tau} p^\tau - p_\nu p_{\mu;\tau} p^\tau = 0 . \tag{2.3}$$

(2.2) und (2.3) definieren zusammen die Bicharakteristiken der Einsteinschen und der Maxwellschen Feldgleichungen.

Für die weitere Rechnung ist es zweckmäßig, die Funktion $z(x^\nu)$ so zu wählen, daß mit (2.1) auch die Hyperflächen der Schar[1])

$$z(x^\nu) = \text{const} \lesseqgtr \varepsilon \tag{2.4}$$

mit endlichem konstanten ε isotrope Hyperflächen sind. Da dann insbesondere die Stationaritätsbedingung

$$(p_\nu p^\nu)_{,\tau} = 2\, p^\nu p_{\nu;\tau} = 2\, p^\nu p_{\tau;\nu} = 0 \tag{2.5a}$$

gilt, tritt anstelle von (2.3) die normalisierte Geodätengleichung

$$p_{\mu;\nu} p^\nu = \frac{D}{D\tau} p_\mu = 0. \tag{2.5}$$

Die Gleichungen (2.2) und (2.5) sind jetzt voraussetzungsgemäß nicht nur für $z = 0$, sondern in einem endlichen Bereich $-\varepsilon \leqq z \leqq +\varepsilon$ erfüllt.

Die 3 linear unabhängigen auf Σ liegenden Vektorfelder sind durch die 3 unabhängigen Lösungen v_μ der Gleichungen

$$v_\mu p_\nu g^{\mu\nu} = v_\mu p^\mu = 0 \tag{2.6}$$

gegeben. Als eine Lösung wählen wir einfach p_μ selbst. Die beiden anderen Lösungen stellen 2 raumartige Vektorfelder dar. Um einen unmittelbaren Anschluß an Stellmachers Behandlung des Sprungproblems niedrigster Ordnung zu bekommen, wählen wir als diese Vektorfelder 2 konjugiert komplexe Vektoren ω_μ und $\overline{\omega}_\mu$[2]). Diese gehorchen gemäß (2.6) den Bedingungen

$$\omega_\mu p^\mu = \overline{\omega}_\mu p^\mu = 0. \tag{2.7}$$

Außerdem können wir sie so normieren, daß auf

$$\omega_\mu \omega^\mu = \overline{\omega}_\mu \overline{\omega}^\mu = 0 \tag{2.8a}$$

und

$$\omega_\mu \overline{\omega}^\mu = -\frac{1}{2} \tag{2.8b}$$

---

[1]) Die Form der Sprungrelationen $(n+1)$-ter und höherer Ordnung ist von der Bedingung (2.4) und besonders von der Stationaritätsbedingung (2.5a) abhängig. Ohne die Bedingung (2.4) bekommen die Sprungrelationen höherer Ordnung eine wesentlich komplexere Form als die in den folgenden Paragraphen hergeleiteten Gleichungen. — Ersetzt man insbesondere die Gleichung $z = 0$ für Σ durch eine Gleichung $\bar z \equiv \Phi(x^\nu) z = 0$, so treten an die Stelle der $\underset{n+k}{\gamma_{\mu\nu}}$ neue Sprungkoeffizienten $\underset{n+k}{\bar\gamma_{\mu\nu}} = \Phi^{-n-k} \underset{n+k}{\gamma_{\mu\nu}}$. Die zu berechnende Reihe (1.2) selbst ist natürlich unabhängig von der Darstellung der Sprungfläche Σ. Daher kann die Gleichung (2.1) für Σ ohne weiteres so gewählt werden, daß die weiteren Rechnungen eine besonders einfache Form bekommen. S. hierzu H. Treder, Ann. d. Physik (7) **6** (1960) 307.

[2]) s. Stellmacher l. c., Anm. p. 7. — Die komplexe Darstellung entspricht der in der geometrischen Optik üblichen Methode und erlaubt die Definition von Amplitude und Polarisationswinkel (s. u. § 3 und § 5).

gilt. Aus der Gültigkeit von (2.5), (2.7) und (2.8a,b) auf der ganzen Hyperfläche folgt, daß bei einer Verschiebung von ω_μ bzw. $\overline{\omega}_\mu$ längs einer Bicharakteristik gilt:

$$\omega_{\mu;\nu} p^\nu = M p_\mu, \qquad \overline{\omega}_{\mu;\nu} p^\nu = \overline{M} p_\mu. \tag{2.9}$$

Die vierte linear unabhängige Richtung führt aus Σ heraus. Sie ist also gegeben durch ein Vektorfeld d_μ, für das

$$d_\mu p^\mu \neq 0 \tag{2.10a}$$

gilt. Diese Ungleichung kann dann gemäß STELLMACHER ohne weiteres durch die Gleichung

$$d^\mu p_\mu = 1 \tag{2.10}$$

ersetzt werden. d_μ kann als zeitartiges Vektorfeld eingeführt werden, das auf den in Σ liegenden raumartigen Vektoren ω_μ und $\overline{\omega}_\mu$ senkrecht steht:

$$d^\mu \omega_\mu = d^\mu \overline{\omega}_\mu = 0. \tag{2.11}$$

Wir nehmen nun an, daß die Bedingungen (2.7), (2.8a, b), (2.10) und (2.11) für p_μ, ω_μ, $\overline{\omega}_\mu$ und d_μ an einem Punkt P von Σ erfüllt sind. Verschieben wir dann dieses Vierbein längs der durch P gehenden Bicharakteristik, so gilt wegen (2.5) und (2.10) ersichtlich

$$d_{\mu;\nu} p^\nu = \alpha p_\mu + \beta \omega_\mu + \gamma \overline{\omega}_\mu \tag{2.12}$$

mit 2 komplexen Skalaren β und γ. (2.9), (2.12) und (2.11) liefern zusammen

$$\frac{1}{2}\gamma = M \quad \text{und} \quad \frac{1}{2}\beta = \overline{M}. \tag{2.13}$$

Weiter bemerken wir, daß die isotrope Hyperfläche Σ aufgespannt wird durch eine Schar von Nullgeodäten, die eine Σ teilende, im dreidimensionalen Raum $x^0 = 0$ liegende Fläche V_2 orthogonal durchstoßen.[1]) Umgekehrt definieren die Σ aufspannenden Bicharakteristiken eine Schar von räumlichen Flächen V_2, die orthogonal zu den Bicharakteristiken sind und die durch die Gleichungen $z = 0$, $x^0 = \text{const}$ gegeben sind.

Um rechnerisch einfache Verhältnisse zu haben, wollen wir annehmen, daß die V_2 im betrachteten Bereich eine analytische Darstellung $f(x^i) = \text{const}$, $x^0 = \text{const}$ besitzen. Dann ist auch $z(x^\nu)$ eine analytische Funktion, wie in § 1 gefordert worden ist. — Jedoch ist die Voraussetzung der Analytizität von z und der Entwicklungskoeffizienten $\underset{n+k}{\gamma_{\mu\nu}}$ in (1.2) hinreichend aber nicht notwendig. Bei den in den folgenden §§ 5 bis 7 durchgeführten Rechnungen reicht es aus zu fordern, daß alle in die expliziten Ausdrücke für die $\underset{n+k}{\gamma_{\mu\nu}}$ eingehenden Kombinationen der verschiedenen Ableitungen existieren. — Hängt, wie in der Einleitung

---

[1]) S. etwa V. FOCK, Theorie von Raum, Zeit und Gravitation, Akademie-Verlag, Berlin 1960, pp. 481—487; A. PAPAPETROU und H. TREDER, Ann. d. Physik (7) 3 (1959) 360.

gefordert, $g_{\mu\nu}$ analytisch von geeigneten in den Hyperflächen $z = \text{const}$ verlaufenden Koordinaten ab, so kann das Koordinatensystem ersichtlich so gewählt werden, daß in (1. 2) außer den Entwicklungskoeffizienten auch $z(x^\nu)$ eine analytische Funktion ist. Wegen der Kovarianz der Sprungrechnung sind die in diesem Koordinatensystem hergeleiteten Ausdrücke dann in jedem regulären Koordinatensystem gültig.

Wir können nun die Vektorfelder ω_μ und $\overline{\omega}_\mu$ als zwei in dem V_2 liegende linear unabhängige Vektorfelder einführen. Wir konstruieren hierzu die ω_μ und $\overline{\omega}_\mu$ auf einer dieser Flächen V_2 und ergänzen sie zu Σ überdeckenden Feldern durch Parallelverschiebung längs der Bicharakteristiken. Für derartig konstruierte Vektorfelder ω_μ und $\overline{\omega}_\mu$ ist $M = \overline{M} = 0$. Aus (2.9) folgt so

$$\omega_{\mu;\nu} p^\nu = \overline{\omega}_{\mu;\nu} p^\nu = 0 \tag{2.14}$$

und gemäß (2.13) ist $\beta = \gamma = 0$.[1])

Verschieben wir d_μ längs einer Bicharakteristik, so gilt jetzt:

$$d_{\mu;\nu} p^\nu = \alpha p_\mu = \frac{1}{2} p_\mu (d_\tau d^\tau)_{,\nu} p^\nu . \tag{2.15}$$

Da der Vektor d_μ durch (2.10) und (2.11) nur bis auf einen Faktor bestimmt ist, können wir ihn noch zu

$$d_\mu d^\mu = 1 \tag{2.16a}$$

normieren, so daß mit (2.15) gilt

$$d_{\mu;\nu} p^\nu = 0 . \tag{2.16b}$$

Genau wie die Vektorfelder ω_μ und $\overline{\omega}_\mu$ können wir also auf Σ das Vektorfeld d_μ so konstruieren, daß wir auf einem zu den Bicharakteristiken orthogonalen V_2 d_μ so vorgeben, daß die Bedingungen (2.10), (2.11) und (2.16a) erfüllt sind und dann das Feld durch Parallelverschiebung längs der Bicharakteristiken zu einem Σ vollständig überdeckenden Feld ergänzen.

Durch die obige Konstruktion ist das Vierbein p_μ, d_μ, ω_μ und $\overline{\omega}_\mu$ zunächst nur auf der Fläche Σ selbst, d. h. für $z = 0$, gegeben. Wir können aber zusätzlich verlangen, daß die algebraischen Gleichungen (2.2), (2.7), (2.8a, b) (2.10), (2.11) und (2.16a) und die mit ihnen herleitungsgemäß kompatiblen Differentialbedingungen (2.5), (2.15) und (2.16b) in einem endlichen Bereich $-\varepsilon \leqq z \leqq +\varepsilon$

---

[1]) S. Stellmacher l. c., Anm. p. 1. — Es sei noch bemerkt, daß durch die 7 algebraischen Bedingungen (2.7), (2.8) und (2.11) und die Differentialgleichungen (2.15) ω_μ und $\overline{\omega}_\mu$ noch nicht ganz eindeutig festgelegt sind. Es ist ersichtlich immer möglich, aus einer Lösung dieser Gleichungen eine neue zu gewinnen, indem man ω_μ mit einem Faktor $e^{i\sigma}$ und $\overline{\omega}_\mu$ mit $e^{-i\sigma}$ multipliziert, wobei $\sigma_{,\nu} p^\nu = 0$ sein muß. Wir werden im folgenden also unter den Vektorfeldern ω_μ und $\overline{\omega}_\mu$ immer eine bestimmte Lösung der obigen Gleichungen verstehen. Bei der Berechnung der Sprungkoeffizienten in der Maxwellschen und in der Einsteinschen Theorie werden wir sehen, daß die Ersetzung einer Lösung ω_μ und $\overline{\omega}_\mu$ durch eine andere nur eine Abänderung der Anfangswerte für den Polarisationswinkel der Stoßwellen bedeutet.

erfüllt sind, daß also auf Σ mit den genannten Ausdrücken auch alle aus Σ herausführenden Ableitungen dieser Ausdrücke verschwinden.

Die aus Σ herausführenden Ableitungen sind diejenigen nach dem Flächenparameter z. Überschieben wir die partielle Ableitung $\Phi_{,\nu}$ einer beliebigen Funktion Φ mit den Vektoren des Vierbeins p^μ, ω^μ, $\overline{\omega}^\mu$ und d^μ, so liegen die Ableitungen

$$p^\mu \Phi_{,\mu}, \quad \omega^\mu \Phi_{,\mu} \quad \text{und} \quad \overline{\omega}^\mu \Phi_{,\mu}$$

in der Fläche Σ. Hingegen führt die Ableitung $d^\mu \Phi_{,\mu}$ aus der Fläche heraus, wobei, weil d^μ die Gleichung (2.10) befriedigt, gilt

$$d^\mu \Phi_{,\mu} = \frac{\partial}{\partial z} \Phi. \tag{2.17}$$

Demnach ist: $\left(\frac{\partial}{\partial z} \Phi\right)_{,\nu} = \frac{\partial}{\partial z} (\Phi_{,\nu}) + d^\mu{}_{,\nu} \Phi_{,\mu}$.

Wir werden also das Vierbein d_μ, p_μ, ω_μ und $\overline{\omega}_\mu$ in dem endlichen Bereich $-\varepsilon \leqq z \leqq +\varepsilon$ so bestimmen, daß die Ausdrücke auf den linken Seiten von (2.2), (2.7), (2.8a, b), (2.10), (2.11), (2.14) und (2.16a, b) unabhängig von z sind. — Geometrisch bedeutet diese Vorschrift etwa folgende Konstruktion: Der betrachtete Bereich des V_4 wird durch eine einfach-unendliche Schar von isotropen Hyperflächen $z = \text{const}$ überdeckt. Durch diese Schar von Hyperflächen ist im ganzen Bereich $-\varepsilon \leqq z \leqq +\varepsilon$ eine Kongruenz von Nullgeodäten definiert, deren Tangentialvektoren $p_\mu \equiv z_{,\mu}$ sind und den Gleichungen (2.2) und (2.5) gehorchen. Diejenigen Bicharakteristiken, die eine bestimmte Hyperfläche $z = C$ aus der Schar $z = \text{const}$ aufspannen, bestimmen ihrerseits jeweils eine einfach-unendliche Schar von zweidimensionalen räumlichen Flächen V_2 mit $z = C$, $x^0 = \text{const}$, die von diesen Nullgeodäten orthogonal durchstoßen werden. Insgesamt wird der betrachtete Bereich des V_4 durch eine zweifach-unendliche Schar von Flächen $z = \text{const}$, $x^0 = \text{const}$ überdeckt, die orthogonal zu den die Hyperflächen $z = \text{const}$ aufspannenden Nullgeodäten sind. — Wir definieren ferner ein zeitartiges Vektorfeld d_μ durch die Forderungen, daß das d_μ-Feld zu den in den Unterräumen V_2 verlaufenden Vektorfeldern orthogonal ist und ferner überall die Gleichungen (2.10) und (2.16a) befriedigt. Dann bleibt ein Vektor d_μ bei der Verschiebung längs einer Bicharakteristik sich selbst parallel, und es gilt (2.16b).

Zwei weitere linear unabhängige Vektorfelder v_μ und w_μ bestimmen wir schließlich durch die Forderung, daß sie zu den Vektoren p_μ und d_μ und zueinander orthogonal und ferner zum Betrag -1 normiert sind. Diese Vektorfelder können ohne weiteres durch das Schmidtsche[1]) Verfahren bestimmt werden. Sie verlaufen konstruktionsgemäß auf den zweidimensionalen Flächen V_2. Diese beiden raumartigen Vektorfelder v_μ und w_μ fassen wir komplex zusammen und setzen

$$\omega_\mu + \overline{\omega}_\mu = v_\mu \qquad \text{und} \qquad \omega_\mu - \overline{\omega}_\mu = i w_\mu .$$

Dann erfüllen die konjugiert komplexen Vektoren ω_μ und $\overline{\omega}_\mu$ gerade die Bedingungen (2.7), (2.8a, b) und (2.11). Aus (2.5), (2.16b) und den algebraischen Eigen-

[1]) S. z. B. L. P. Eisenhart, Riemannian geometry, Princeton 1949, pp. 104f.

schaften von ω_μ und $\overline{\omega}_\mu$ (bzw. v_μ und w_μ) folgt weiter, daß sie bei einer Verschiebung längs einer Bicharakteristik sich selbst parallel bleiben, daß also (2.14) gilt.

Auf diese Weise können wir also ein Vierbeinfeld $p_\mu = z_{,\mu}$, d_μ, ω_μ und $\overline{\omega}_\mu$ mit folgenden Eigenschaften konstruieren: Im ganzen betrachteten Bereich $-\varepsilon \leqq z \leqq +\varepsilon$ des V_4 werden die algebraischen Bedingungen

$$\omega_\mu \omega^\mu = \overline{\omega}_\mu \overline{\omega}^\mu = \omega_\mu p^\mu = \omega_\mu d^\mu = p_\mu p^\mu = 0,$$
$$-2\,\omega_\mu \overline{\omega}^\mu = d^\mu p_\mu = d^\mu d_\mu = 1 \tag{2.18}$$

und die Differentialbedingungen

$$d_{\mu;\,\nu} p^\nu = p_{\mu;\,\nu} p^\nu = \omega_{\mu;\,\nu} p^\nu = 0 \tag{2.19}$$

befriedigt. Die linken Seiten der Gleichungen (2.18) und (2.19) sind also unabhängig von z. Aus (2.18) folgt sofort die Relation

$$g_{\mu\nu} = -p_\mu p_\nu + d_\mu p_\nu + d_\nu p_\mu - 2\,(\omega_\mu \overline{\omega}_\nu + \omega_\nu \overline{\omega}_\mu). \tag{2.18a}$$

Die in den folgenden Paragraphen benutzte Möglichkeit, mit Hilfe der die z-Abhängigkeit des Vierbeins bestimmenden Vorschriften bezüglich der Gültigkeit von (2.18) und (2.19) über die z-Abhängigkeit der mit Hilfe dieses Vierbeinfeldes dargestellten $\underset{n+k}{\gamma_{\mu\nu}}$ (bzw. $\underset{n+k}{\varphi_\mu}$) in den Entwicklungen (1.2) (bzw. (1.6)) zu verfügen, rührt daher, daß aus den Sprungrelationen die z-Abhängigkeit dieser Koeffizienten nicht bestimmt ist. Die Ursache hierfür ist, daß nur die Entwicklungen (1.2) (bzw. (1.6)) selbst eine physikalische Bedeutung besitzen, nicht jedoch die Entwicklungskoeffizienten $\underset{n+k}{\gamma_{\mu\nu}}$ (bzw. $\underset{n+k}{\varphi_\mu}$) für sich allein.

Die Wahl einer bestimmten z-Abhängigkeit eines Entwicklungskoeffizienten $\underset{u+l}{\gamma_{\mu\nu}}$ (bzw. $\underset{n+l}{\varphi_\mu}$) beeinflußt ersichtlich nur die Definition der Sprünge $(n+m)$-ter Ordnung (mit $m > l$) und somit der Koeffizienten $\underset{n+m}{\gamma_{\mu\nu}}$ (bzw. $\underset{n+m}{\varphi_\mu}$); hingegen wird die Definition der $\underset{n+s}{\gamma_{\mu\nu}}$ (bzw. $\underset{n+s}{\varphi_\mu}$) (mit $s < l$) hiervon nicht berührt. Denn die Darstellung (1.2) (bzw. (1.6)) hat die Form einer Entwicklung für $g^+{}_{\mu\nu}$ (bzw. für $A^+{}_\mu$) nach steigenden Potenzen von z, und wir können jeden einzelnen Entwicklungskoeffizienten $\underset{n+k}{\gamma_{\mu\nu}}$ (bzw. $\underset{n+k}{\varphi_\mu}$) im Bereich $z > 0$ seinerseits in Form einer Taylor-Entwicklung nach z darstellen (entsprechend der geforderten Analytizität der Entwicklungskoeffizienten).

Die Abhängigkeit der Definition der Sprungkoeffizienten höherer Ordnung von der Wahl der z-Abhängigkeit der Sprungkoeffizienten niederer Ordnung ist für die Sprungrechnung ohne Bedeutung. Denn bei der Behandlung des Sprungproblems werden die Sprungkoeffizienten höherer Ordnung jeweils erst nach Bestimmung der Sprungkoeffizienten niederer Ordnung einschließlich deren z-Abhängigkeit für sich allein berechnet (s. unten § 3 und §§ 5—7).

Die konkrete Form der durch die Vorschriften (2.18) und (2.19) geforderten z-Abhängigkeit der $\underset{n+k}{\gamma_{\mu\nu}}$ (bzw. der $\underset{n+k}{\varphi_\mu}$) wird ebenfalls in den späteren Paragraphen bestimmt. Hierbei wird sich ergeben, daß es mit Hilfe von (2.18) und (2.19) möglich ist, die z-Abhängigkeit der Sprungkoeffizienten $\underset{2+k}{\gamma_{\mu\nu}}$ insbesondere so zu definieren, daß aus dem Verschwinden eines Sprunges $\left[\frac{\partial^l}{\partial z^l} R_{\mu\nu}\right]$ auf der Sprungfläche $z = 0$ auch das Verschwinden aller Ableitungen dieser Größe nach z folgt. — Ferner soll in §§ 3 und 4 gezeigt werden, daß es in der Maxwellschen Theorie unter Benutzung der Vorschriften (2.18) und (2.19) möglich und zweckmäßig ist, sowohl die Sprungkoeffizienten $\underset{n+k}{\varphi_\mu}$ als auch den Vektor p_μ selbst z-unabhängig zu wählen.

In der speziellen Relativitätstheorie sind die Vorschriften (2.18) und (2.19) ohne weiteres verständlich. Hingegen bedürfen sie in der allgemeinen Relativitätstheorie einer Präzisierung auf Grund der Tatsache, daß das Gravitationspotential $g_{\mu\nu}$ mit dem in (2.18) und (2.19) eingehenden metrischen Tensor identisch ist. In der Gravitationstheorie ist die Metrik des V^+ selbst in der Form einer Sprungentwicklung nach z gegeben; es gilt für den kovarianten metrischen Tensor des V^+ nach (1.2) die Reihe

$$g^+{}_{\mu\nu} = g^-{}_{\mu\nu+} + \frac{1}{n!} \underset{n}{\gamma_{\mu\nu}} z^n + \cdots.$$

Hieraus folgt wegen $g_{\mu\sigma} g^{\nu\sigma} = \delta_\mu^\nu$ für den kontravarianten metrischen Tensor $g^{+\mu\nu}$ die Reihe

$$g^{+\mu\nu} = (g^{-\mu\nu})_+ - \frac{1}{n!} \underset{n}{\gamma_{\sigma\tau}} (g^{-\sigma\nu})_+ (g^{-\tau\mu})_+ z^n + \cdots, \tag{2.20}$$

wo $(g^{-\mu\nu})_+$ die analytische Fortsetzung von $g^{-\mu\nu}$ in den V^+ bedeutet. Um den Gleichungen (2.18) und (2.19) einen konkreten Sinn zu geben, muß man daher entscheiden, ob in ihnen als metrischen Tensor die analytische Fortsetzung $g^-{}_{\mu\nu+}$ von $g^{-\mu\nu}$ eingeführt werden soll oder vielmehr der lokale metrische Tensor $g^+{}_{\mu\nu}$ des V^+.

Eine geometrische Bedeutung hat allein der lokale metrische Tensor $g^+{}_{\mu\nu}$. Da aber in $g^+{}_{\mu\nu}$ die erst zu berechnenden Sprunggrößen selbst eingehen, ist es dennoch sinngemäß, die Vorschriften (2.18) und (2.19) in bezug auf die analytische Fortsetzung der bekannten Metrik, d. h. in bezug auf $g^-{}_{\mu\nu+}$ zu stellen. Denn nach § 1 ist ja das Ziel unserer Rechnungen eine möglichst einfache Darstellung des gestörten Feldes $g^+{}_{\mu\nu}$ mit Hilfe der als bekannt vorausgesetzten $g^-{}_{\mu\nu}$ und der aus den Sprungrelationen bestimmten Sprungkoeffizienten $\underset{n+k}{\gamma_{\mu\nu}}$. — Wir werden jedoch im zweiten Anhang zu § 6 die Endformeln für die $\underset{n+k}{\gamma_{\mu\nu}}$ auch auf den Fall umrechnen, daß in (2.18) und (2.19) der lokale Tensor $g^+{}_{\mu\nu}$ eingeführt wird. Hierbei werden wir sehen, daß die Ersetzung von $g^-{}_{\mu\nu+}$ durch $g^+{}_{\mu\nu}$ formal eine Änderung der numerischen Koeffizienten der in die Sprungrelationen höherer Ordnung eingehenden nichtlinearen Terme bedeutet.

Es sei noch betont, daß bei Benutzung des metrischen Tensors $g^{-}{}_{\mu\nu+}$ in den Bedingungen (2.18) und (2.19) die durch (2.18) und (2.19) bestimmten Flächen $z = \text{const} > 0$ im allgemeinen Nullflächen nur in bezug auf die analytisch fortgesetzten „ungestörten" $g^{-}{}_{\mu\nu+}$ sind und nicht in bezug auf den „wahren" lokalen metrischen Tensor $g^{+}{}_{\mu\nu}$. Dies ist dann zu beachten, wenn im V^{+} eine neue Sprungfläche Σ' eingeführt werden soll, an der $g^{+}{}_{\mu\nu}$ mit wesentlichen Sprüngen m-ter Ordnung an ein anderes Gravitationsfeld anschließt. Σ' muß eine Nullfläche in bezug auf $g^{+}{}_{\mu\nu}$ sein.

Als ein für die weitere Anwendung wichtiges Beispiel der Bestimmung eines (2.18) und (2.19) befriedigenden Vierbeinfeldes p_μ, d_μ, ω_μ und $\overline{\omega}_\mu$ betrachten wir den speziell-relativistischen Fall des ebenen Raumes. Hierbei bringen wir den metrischen Tensor $g_{\mu\nu}$ überall auf die Minkowskische Form $g_{\mu\nu} = \eta_{\mu\nu}$. Dann hängt $g_{\mu\nu}$ nicht von z ab, und wir sehen, daß wir die Forderung der z-Unabhängigkeit der Größen (2.18) und (2.19) einfach dadurch erfüllen können, daß wir die Vektorfelder p_μ, d_μ, ω_μ und $\overline{\omega}_\mu$ selbst als von z unabhängig einführen. Dies erreichen wir etwa dadurch, daß wir die Nullflächenschar $z = \text{const}$, zu der die Sprungfläche $z = 0$ gehört, in der expliziten Form

$$z \equiv x^0 + f(x^1, x^2, x^3) = \text{const} \tag{2.21}$$

darstellen.

Der Normalvektor lautet dann

$$p_\mu = z_{,\mu} = \{1; f_{,i}\} \tag{2.21 a}$$

wobei

$$\delta^{ik} f_{,i} f_{,k} = 1 \tag{2.21 b}$$

sein muß. Das Nullgradientenfeld p_μ hängt dann nicht explizit von der Zeitkoordinate x^0 ab und befriedigt die Gleichung der pseudo-euklidischen Geraden in cartesischen Koordinaten

$$p_{\mu,\nu}\, p^\nu = p_{\mu,i}\, f_{,k}\, \delta^{ik} = 0\,. \tag{2.21 c}$$

Die Sprungfläche $x^0 = -f(x^i)$ wird aufgespannt durch eine der beiden Scharen von Nullgeraden, die zur Zeit $x^0 = 0$ eine vorgegebene zweidimensionale räumliche Fläche V_2 orthogonal schneiden. Hierbei ist die Darstellung des V_2 so gewählt, daß der Betrag der Flächennormale zu -1 normiert ist. — Die Nullflächenschar (2.21) entsteht dann durch Parallelverschiebung der so gebildeten Nullfläche Σ längs der x^0-Achse.

Ist das betrachtete Störungsfeld im V^{+} ein einfaches Wellenfeld mit Phasen- oder Wellenflächen, so ist die Flächenschar (2.21) ersichtlich mit der Schar dieser Phasenflächen identisch; denn diese entsteht ja durch Phasenverschiebung aus der Wellenfront. Die Projektionen der Trajektorien von p_ν in den dreidimensionalen Raum $x^0 = 0$ sind dann die dreidimensionalen Strahlen, die die momentanen Wellenflächen $f = \text{const}$ orthogonal durchstoßen. $p_i = f_{,i}$ ist der zeitlich konstante dreidimensionale Ausbreitungs- oder Strahlungsvektor[1]). — Die

[1]) Vgl. etwa V. Fock, l. c. Anm. p. 14, pp. 7f.

spezielle Nullflächenschar (2.21) hat also für einfache fortschreitende Wellenfelder mit einer Wellenfront $z = 0$ eine konkrete physikalische Bedeutung.

Als zeitartiger Einheitsvektor d^μ mit $d^\mu p_\mu = 1$ erhalten wir das konstante Vektorfeld

$$d_\mu = \delta^0{}_\mu . \tag{2.22}$$

Der durch (2.22) gegebene Vektor steht wie gefordert senkrecht auf allen in den V_2 liegenden Vektoren. Aus (2.22) entnimmt man, daß die aus den Hyperflächen (2.21) herausführenden Ableitungen nach z jetzt gleich den Ableitungen nach x^0 sind:

$$\frac{\partial}{\partial z} A = A_{,\mu} d^\mu = A_{,0} . \tag{2.22a}$$

Die Operatoren $\frac{\partial}{\partial x^\nu}$ und $\frac{\partial}{\partial z}$ sind hier also vertauschbar.

Die Erfüllung der Vorschriften (2.18) und (2.19) wird also dadurch erreicht, daß die Vektorfelder ω_μ und $\overline{\omega}_\mu$ so gewählt werden, daß sie auf $z = 0$ die Gleichungen (2.7), (2.8a, b) und (2.11) erfüllen und ferner nicht explizit von x^0 abhängen

$$\omega_i = \omega_i(x^1, x^2, x^3), \qquad \omega_0 = 0. \tag{2.23}$$

Das Vierbeinfeld (2.21a), (2.22) und (2.23) läßt sich auch im allgemein-relativistischen Fall verwenden, wenn die ungestörte Metrik auf die Form $g^-{}_{\mu\nu} = \eta_{\mu\nu}$ zu bringen ist und dann die Erfüllung der Vorschriften (2.18) und (2.19) in bezug auf $g^-{}_{\mu\nu} = g^-{}_{\mu\nu+} = \eta_{\mu\nu}$ gefordert wird. Wir können die Formeln (2.20) bis (2.23) also immer anwenden, wenn der V^- ein ebener Raum ist.

Ist hingegen (im allgemein-relativistischen Fall) $g^-{}_{\mu\nu}$ selbst explizit von z abhängig, so lassen sich die Vorschriften (2.18) und (2.19) natürlich auch bei Benutzung des Tensors $g^-{}_{\mu\nu+}$ im allgemeinen nicht mit Hilfe eines von z unabhängigen Vierbeinfeldes erfüllen.

Im Prinzip besteht dann noch die Möglichkeit, die $g^-{}_{\mu\nu+}$ ihrerseits als Taylor-Reihe nach z zu schreiben und folgerichtig in (2.18) und (2.19) als metrischen Tensor immer die Werte $(g_{\mu\nu})_{z=0}$ zu benutzen. Bei einem derartigen Verfahren gehen aber auch in die Ausdrücke für die Feldgrößen des V^+ (insbesondere in $R^+{}_{\mu\nu}$ und $R^+{}_{\tau\mu\nu\sigma}$) die Taylor-Entwicklung der $g^-{}_{\mu\nu}$ nach z ein. Dies führt im allgemeinen zu einer Komplizierung dieser Ausdrücke und somit auch der Form der Feldgleichungen (1.1). Ferner werden dann die Transformationsverhältnisse der einzelnen Größen sehr unübersichtlich. In der Tat wird eine solche Behandlung einem wesentlichen Gedanken der Sprungrechnung, nämlich der Untersuchung eines Störungsfeldes $g^+{}_{\mu\nu} - g^-{}_{\mu\nu+}$ in einem vorgegebenen Speziellen Einstein-Raum mit $R^-{}_{\mu\nu} = R^-{}_{\mu\nu+} = 0$ nicht mehr gerecht.

Nur unter der speziellen Voraussetzung, daß die ungestörten $g^-{}_{\mu\nu}$ eine in eine Taylor-Reihe entwickelbare Funktion von z allein sind, kann es dennoch zweckmäßig sein, die Hebungs- und Senkungsoperationen und die Vorschriften (2.18) und (2.19) so zu definieren, daß anstelle von $g^-{}_{\mu\nu+}$ die Werte $(g_{\mu\nu})_{z=0}$ treten. In der Sprungentwicklung (1.2) für $g^+{}_{\mu\nu}$ gehen dann außer den Sprungkoeffizienten

$\underset{n+k}{\gamma_{\mu\nu}}$ noch die Taylor-Koeffizienten $\left(\frac{\partial^l}{\partial z^l} g^-{}_{\mu\nu}\right)_{z=0}$ der Entwicklung von $g^-{}_{\mu\nu+}$ ein. Die Sprungentwicklung für $g^+{}_{\mu\nu}$ bekommt so die Form

$$g^+{}_{\mu\nu} = (g^-{}_{\mu\nu})_{z=0} + \sum_{l \geqq 1} \left(\frac{\partial^l}{\partial z^l} g^-{}_{\mu\nu}\right)_{z=0} \frac{z^l}{l!} + \sum_{k \geqq 0} \underset{n+k}{\gamma_{\mu\nu}} \frac{z^{n+k}}{(n+k)!}, \tag{2.24}$$

wo $\frac{\partial}{\partial z} \underset{n+k}{\gamma_{\mu\nu}} = 0$ ist. Ein Beispiel für dieses Vorgehen enthält der § 10.

§ 3. Die Sprungrelationen in der Maxwellschen Theorie

Mit Hilfe der 3 auf den isotropen Hyperflächen $z = \text{const}$ liegenden Vektorfelder p_μ, ω_μ und $\overline{\omega}_\mu$ können wir alle in diesen Flächen liegenden Größen darstellen. Das ermöglicht eine einfache algebraische Behandlung der aus den Feldgleichungen folgenden Sprungrelationen. — In diesem Paragraphen wollen wir zunächst die allgemeine Methode der Bestimmung eines Störungsfeldes mit Hilfe einer Sprungreihe an dem Beispiel des elektromagnetischen Feldes im Minkowski-Raum erläutern.

Die durch die Gleichung $z = 0$ gegebene isotrope Hyperfläche Σ sei eine Sprungfläche der Maxwellschen Gleichungen

$$F^{\mu\nu}{}_{,\nu} = 0 \tag{3.1a}$$

mit

$$F_{\mu\nu} = A_{\nu,\mu} - A_{\mu,\nu}. \tag{3.1b}$$

In dem betrachteten Bereich des V_4 ist das Vektorpotential A_μ also durch eine Entwicklung nach den Sprungfunktionen (1.3) gegeben. Für das gestörte Potential $A^+{}_\mu$ des V^+ folgt aus (1.6) eine Reihendarstellung in bezug auf z:

$$A^+{}_\mu = A^-{}_{\mu+} + \frac{1}{n!} \underset{n}{\varphi_\mu} z^n + \frac{1}{(n+1)!} \underset{n+1}{\varphi_\mu} z^{n+1} + \cdots + \frac{1}{(n+k)!} \underset{n+k}{\varphi_\mu} z^{n+k} + \cdots. \tag{3.2}$$

In (3.2) ist $A^-{}_{\mu+}$ die analytische Fortsetzung des den Maxwellschen Gleichungen genügenden Potentials $A^-{}_\mu$ aus dem V^- in den V^+. Ferner nehmen wir (s. § 2) an, daß sowohl z als auch die Koeffizienten $\underset{n+k}{\varphi_\mu}$ genügend viele stetig differenzierbare Ableitungen besitzen, so daß alle benötigten Kombinationen existieren. — Geht man mit (1.6) in (3.1b) ein, so erhält man für die Feldstärke $F_{\mu\nu}$ eine

Entwicklung nach den Sprungfunktionen (1.3):

$$F_{\mu\nu} = F^{-}_{\mu\nu} + \sum_{k=0}^{\infty} (\underset{n+k}{\varphi_\nu}\, \underset{n+k}{h}(z))_{,\mu} - (\underset{n+k}{\varphi_\mu}\, \underset{n+k}{h}(z))_{,\nu}$$

$$= F^{-}_{\mu\nu} + (\underset{2}{\varphi_\nu} p_\mu - \underset{2}{\varphi_\mu} p_\nu)\, \underset{1}{h}(z) + (\underset{2}{\varphi_{\nu,\mu}} - \underset{2}{\varphi_{\mu,\nu}} + \underset{3}{\varphi_\nu} p_\mu - \underset{3}{\varphi_\mu} p_\nu)\, \underset{2}{h}(z)$$

$$+ \ldots + (\underset{n+k}{\varphi_{\nu,\mu}} - \underset{n+k}{\varphi_{\mu,\nu}} + \underset{n+k+1}{\varphi_\nu} p_\mu - \underset{n+k+1}{\varphi_\mu} p_\nu)\, \underset{n+k}{h}(z) + \cdots. \tag{3.3}$$

In (3.3) bedeutet $F^{-}_{\mu\nu}$ entweder die Feldstärke im V^{-} oder ihre analytische Fortsetzung $F^{-}_{\mu\nu+}$ in den V^{+}. Für $F^{+}_{\mu\nu}$ liefert (3.3) eine im Bereich $z \geqq 0$ geltende Reihe in bezug auf z.

Unter Verwendung von (1.6) oder (3.3) können wir aus den Maxwellschen Gleichungen (3.1a, b) die Sprünge aller Ableitungen von A_μ bzw. $F_{\mu\nu}$ an Σ explizit berechnen. Um konkret argumentieren zu können, wollen wir im folgenden zunächst den Fall betrachten, daß die niedrigsten unstetigen Ableitungen von A_μ die zweiten Ableitungen sind, daß also $n = 2$ gilt. Die Verallgemeinerung für beliebiges postives n ist dann ohne weiteres möglich (s. unten).

Mit $n = 2$ folgt aus (3.2) für das Potential $A^{+}_{\mu} - A^{-}_{\mu+}$ die Reihe

$$A^{+}_{\mu} - A^{-}_{\mu+} = \frac{1}{2}\underset{2}{\varphi_\mu} z^2 + \frac{1}{3!}\underset{3}{\varphi_\mu} z^3 + \frac{1}{4!}\underset{4}{\varphi_\mu} z^4 + \cdots + \frac{1}{(2+k)!}\underset{2+k}{\varphi_\mu} z^{2+k} + \cdots. \tag{3.4}$$

Die Sprünge der l-ten Ableitungen von A_μ beim Durchgang durch Σ sind diejenigen Ausdrücke, die durch l-faches Differenzieren von (3.4) und anschließenden Grenzübergang $z \to +0$ entstehen. Für den Sprung der zweiten Ableitungen von A_μ ergibt sich definitionsgemäß

$$[A_{\mu,\lambda\tau}] = \underset{2}{\varphi_\mu} p_\lambda p_\tau, \tag{3.5}$$

für den Sprung der dritten Ableitungen:

$$[A_{\mu,\lambda\tau\alpha}] = \underset{2}{\varphi_{\mu,\lambda}} p_\tau p_\alpha + \underset{2}{\varphi_{\mu,\tau}} p_\alpha p_\lambda + \underset{2}{\varphi_\mu} p_\alpha p_{\lambda,\tau} + (\underset{2}{\varphi_\mu} p_\tau p_\lambda)_{,\alpha} + \underset{3}{\varphi_\mu} p_\lambda p_\tau p_\alpha \tag{3.6}$$

und für den Sprung der vierten Ableitungen

$$\begin{aligned}[A_{\mu,\lambda\tau\alpha\beta}] = {} & \underset{2}{\varphi_{\mu,\lambda\tau}} p_\alpha p_\beta + p_\beta (\underset{2}{\varphi_{\mu,\lambda}} p_\tau + \underset{2}{\varphi_{\mu,\tau}} p_\lambda + \underset{2}{\varphi_\mu} p_{\lambda,\tau})_{,\alpha} \\ & + p_\alpha (\underset{2}{\varphi_{\mu,\tau}} p_\lambda + \underset{2}{\varphi_{\mu,\lambda}} p_\tau + \underset{2}{\varphi_\mu} p_{\lambda,\tau})_{,\beta} \\ & + p_{\alpha,\beta} (\underset{2}{\varphi_{\mu,\tau}} p_\lambda + \underset{2}{\varphi_{\mu,\lambda}} p_\tau + \underset{2}{\varphi_\mu} p_{\lambda,\tau}) \\ & + (\underset{2}{\varphi_\mu} p_\tau p_\lambda)_{,\alpha\beta} + (\underset{3}{\varphi_\mu} p_\alpha p_\lambda p_\tau)_{,\beta}\end{aligned}$$

$$+ p_\beta p_\alpha (\underset{3}{\varphi}_{\mu,\lambda} p_\tau + \underset{3}{\varphi}_{\mu,\tau} p_\lambda + \underset{3}{\varphi}_\mu p_{\lambda,\tau})$$

$$+ p_\beta (\underset{3}{\varphi}_\mu p_\lambda p_\tau)_{,\alpha} + \underset{4}{\varphi}_\mu p_\lambda p_\tau p_\alpha p_\beta \tag{3.7}$$

usw. In (3.5), (3.6) und (3.7) sind für $\underset{2}{\varphi}_\mu$, $\underset{3}{\varphi}_\mu$, $\underset{4}{\varphi}_\mu$ usf. sowie für den Vektor p_μ die Werte auf Σ, d. h. für $z = 0$, einzusetzen.

Aus der Entwicklung (3.3) für $F_{\mu\nu}$ folgt eine Reihe für die Stromdichte $F^{+\mu\nu}{}_{,\nu}$ im V^+:

$$\begin{aligned} F^{+\mu\nu}{}_{,\nu} &= (F^{-\mu\nu}{}_{,\nu})_+ + (p^\mu p^\tau \underset{2}{\varphi}_\tau - \underset{2}{\varphi}^\mu p^\tau p_\tau) \\ &+ \big(- 2 \underset{2}{\varphi}^\mu{}_{,\tau} p^\tau - \underset{2}{\varphi}^\mu p^\tau{}_{,\tau} + p^\mu \underset{2}{\varphi}^\tau{}_{,\tau} + (p^\tau \underset{2}{\varphi}_\tau)_{,\lambda} \eta^{\lambda\mu} \\ &\qquad + p^\mu \underset{3}{\varphi}^\tau p_\tau - \underset{3}{\varphi}^\mu p^\tau p_\tau\big)\, z \\ &+ \frac{1}{2} \big(- 2 \underset{3}{\varphi}^\mu{}_{,\tau} p^\tau - \underset{3}{\varphi}^\mu p^\tau{}_{,\tau} + p^\mu \underset{3}{\varphi}^\tau{}_{,\tau} + (p^\tau \underset{3}{\varphi}_\tau)_{,\lambda} \eta^{\lambda\mu} \\ &\qquad + p^\mu \underset{4}{\varphi}^\tau p_\tau - \underset{4}{\varphi}^\mu p^\tau p_\tau + (\underset{2}{\varphi}_{\lambda,\varkappa\tau} - \underset{2}{\varphi}_{\varkappa,\tau\lambda})\, \eta^{\tau\lambda} \eta^{\varkappa\mu}\big)\, z^2 \\ &+ \cdots + \frac{1}{k!} \big(- 2 \underset{1+k}{\varphi}^\mu{}_{,\tau} p^\tau - \underset{1+k}{\varphi}^\mu p^\tau{}_{,\tau} + p^\mu \underset{1+k}{\varphi}^\tau{}_{,\tau} + (p^\tau \underset{1+k}{\varphi}_\tau)_{,\lambda} \eta^{\lambda\mu} \\ &\qquad + \underset{2+k}{\varphi}^\tau p_\tau p^\mu - \underset{2+k}{\varphi}^\mu p^\tau p_\tau + \eta^{\lambda\tau} \eta^{\varkappa\mu} (\underset{k}{\varphi}_{\lambda,\varkappa\tau} - \underset{k}{\varphi}_{\varkappa,\tau\lambda})\big)\, z^k + \cdots . \end{aligned} \tag{3.8}$$

Am einfachsten erhält man (3.8), indem man im Bereich $z \geqq 0$ (3.3) nach x^λ differenziert und anschließend nach λ und ν verjüngt. — In (3.8) ist $(F^{-\mu\nu}{}_{,\nu})_+$ derjenige Anteil von $F^{+\mu\nu}{}_{,\nu}$ der mit Hilfe der $A^-{}_{\mu+}$ gebildet ist. Da die $A^-{}_{\mu+}$ die analytische Fortsetzung der $A^-{}_\mu$ sind, verschwindet also $(F^{-\mu\nu}{}_{,\nu})_+$ genau dann, wenn die Maxwellschen Gleichungen im V^- erfüllt sind, also $F^{-\mu\nu}{}_{,\nu} = 0$ gilt.

Wegen der Maxwellschen Gleichungen (3.1 a) muß nun auch $F^{+\mu\nu}{}_{,\nu} = 0$ gelten und somit die rechte Seite von (3.8) verschwinden. Lassen wir in (3.8) zunächst $z \to +0$ gehen, so folgen aus dem Verschwinden von (3.8) sofort die Sprungrelationen zweiter Ordnung

$$[F^{\mu\nu}{}_{,\nu}] = p_\mu p^\tau \underset{2}{\varphi}_\tau - \underset{2}{\varphi}_\mu p^\tau p_\tau = 0. \tag{3.9}$$

Für nichtisotropes p_μ enthält (3.9) 3 unabhängige Gleichungen und besitzt nur die Lösung $\sim p_\mu$, die forteichbar ist. Bei Stoßwellen ist jedoch $p^\tau p_\tau = 0$, so daß sich (3.9) auf die eine skalare algebraische Gleichung

$$\underset{2}{\varphi}_\mu p^\mu = 0 \tag{3.10}$$

reduziert. Die allgemeine Lösung von (3.10) kann mit Hilfe der Vektoren ω_μ, $\overline{\omega}_\mu$ und p_μ geschrieben werden[1])

$$\underset{2}{\varphi}_\mu = \sqrt{\underset{2}{J}}\left(e^{i\underset{2}{\varkappa}}\,\omega_\mu + e^{-i\underset{2}{\varkappa}}\,\overline{\omega}_\mu\right) + \underset{2}{a}\,p_\mu. \tag{3.11}$$

In (3.11) sind $\sqrt{\underset{2}{J}}$, $\underset{2}{\varkappa}$ und $\underset{2}{a}$ 3 zunächst beliebige reelle Skalare, die nur genügend oft stetig differenzierbar sein müssen. Der positiv-definite Amplitudenfaktor $\underset{2}{J} = -\underset{2}{\varphi}_\mu \underset{2}{\varphi}^\mu$ ist die „Sprungerregung" und $\underset{2}{\varkappa}$ ist derPolarisationswinkel der Stoßwelle zweiter Ordnung.

Der Term $\underset{2}{a}\,p_\mu$ in (3.11) ist unwesentlich, er läßt sich auffassen als das Ergebnis einer in den dritten Ableitungen unstetigen Eichtransformation und kann umgekehrt durch eine Eichtransformation mit der Erzeugenden

$$\underset{2}{S} = -\underset{2}{a}\,\underset{3}{h}(z) \tag{3.12}$$

eliminiert werden[2]), ohne daß sich an der Stetigkeit der ersten Ableitungen etwas ändert. Allgemein wird in dem Sprung der l-ten Ableitung $\left[\frac{\partial^l}{\partial z^l} A_\mu\right]$ immer ein Term von der Form $\underset{k}{a}\,p_\mu$ auftreten, der als das Ergebnis einer in den $(l+1)$-ten Ableitungen an Σ unstetigen Eichtransformation aufgefaßt werden kann und sich also umgekehrt durch eine Eichtransformation mit der Erzeugenden[3])

$$\underset{l}{S} = -\underset{l}{a}\,\underset{l+1}{h}(z) \tag{3.12a}$$

eliminieren läßt, ohne daß sich dadurch die Sprünge der niedrigeren Ableitungen bis einschließlich der $(l-1)$-ten ändern. Hingegen werden durch die Eichtrans-

---

1) In (3.11) sind ω_μ und $\overline{\omega}_\mu$ eine beliebige spezielle Lösung der Gleichungen des § 2. Ersetzt man ω_μ und $\overline{\omega}_\mu$ durch eine andere Lösung, indem man diese Vektoren mit $e^{i\sigma}$ bzw. $e^{-i\sigma}$ (wo $\sigma_{,\nu}p^\nu = 0$ ist) multipliziert, so bedeutet dies, da die physikalische Größe $\underset{2}{\varphi}_\mu$ natürlich von der Wahl der ω_μ und $\overline{\omega}_\mu$ unabhängig ist, die Einführung eines neuen Polarisationswinkels $\underset{2}{\varkappa}' = \underset{2}{\varkappa} - \sigma$. Aus den sofort herzuleitenden Fortpflanzungsbedingungen für $\underset{2}{\varkappa}$ (s. unten Formel (3.18)) entnimmt man, daß eine derartige Umdefinition nur eine Änderung des Anfangswertes, d. h. die Addition einer „Integrationskonstante" zum Polarisationswinkel bedeutet. — Analoges gilt auch für die später zu bestimmende Sprunggröße in der Gravitationstheorie.

2) $\underset{2}{\varphi}_\mu$ ist ein Vektor in bezug auf alle dreimal stetig differenzierbaren Koordinatentransformationen, somit ist $\underset{2}{\varphi}_\mu$ in einem Raum mit Minkowski-Metrik ein echter Vektor (s. hierzu unten § 5.).

3) In (3.12a) sind die $\underset{l}{a}$ analytische Funktionen, die auch explizit von z abhängen können.

formation (3.12a) die Sprünge der Ableitungen von höherer als l-ter Ordnung geändert. Diese Sprünge werden jedoch erst später jeweils für sich allein berechnet, und zwar auf Grund der Kenntnis der Sprünge niederer Ordnung. Wir können daher $A^+{}_\mu$ immer so eichen, daß in den Sprüngen l-ter Ordnung der Term $\underset{l}{a} p_\mu = 0$ verschwindet. Dies gestaltet die weitere Rechnung übersichtlicher und garantiert, daß die Sprünge wesentlich sind. Denn bei dieser Eichung folgt aus $F^+{}_{\mu\nu} - F^-{}_{\mu\nu +} = 0$ auch, daß $A^+{}_\mu - A^-{}_{\mu +} = 0$ ist.

Führen wir insbesondere die Eichtransformation (3.12) aus, setzen also im Endergebnis $\underset{2}{a} = 0$, so entnehmen wir aus (3.11), daß wegen (2.11) außer (3.10) noch die „Eichbedingung"

$$\underset{2}{\varphi}_\mu d^\mu = 0 \tag{3.13}$$

erfüllt ist. — Die Gleichung (3.10) und somit auch die Form (3.11) von $\underset{2}{\varphi}_\mu$ gilt zunächst nur für $z = 0$. Stellen wir jedoch die Bedingungen (2.18) an die in $\underset{2}{\varphi}_\mu$ enthaltenen Vektoren ω_μ und $\overline{\omega}_\mu$, so befriedigt $\underset{2}{\varphi}_\mu$ die Gleichungen (3.10) und (3.13) auch im Bereich $z > 0$.

Wir denken uns dementsprechend die $\underset{2}{\varphi}_\mu$ auf Grund der Vorschriften (2.18) in den V^+ fortgesetzt und gehen mit dem Ausdruck (3.11) für $\underset{2}{\varphi}_\mu$ in die rechte Seite von (3.8) ein. Dann verschwindet die erste Zeile identisch. Wir differenzieren nun die rechte Seite von (3.8) einmal nach z, führen anschließend den Grenzübergang $z \to 0$ durch und setzen das Ergebnis auf Grund der Feldgleichungen (3.1a) gleich Null. Da jetzt $(p^\tau \underset{2}{\varphi}_\tau)_{,\mu} = (p^\tau p_\tau)_{,\mu} = 0$ ist, lautet das Ergebnis einfach

$$2\left[\frac{\partial}{\partial z} F^{\mu\nu}{}_{,\nu}\right] = -\,2\,\underset{2}{\varphi}_{\mu,\tau} p^\tau - \underset{2}{\varphi}_\mu p^\tau{}_{,\tau} + p_\mu \underset{2}{\varphi}^\tau{}_{,\tau} + p_\mu \underset{3}{\varphi}^\tau p_\tau = 0. \tag{3.14}$$

(3.14) drückt aus, daß — bei Wahl des Vierbeinfeldes gemäß (2.18) — der Koeffizient des Terms $\sim z^1$ der rechten Seite von (3.8) auf Σ verschwindet.

Wir bemerken nun mit STELLMACHER, daß (3.14) wegen der Eichinvarianz der Maxwellschen Gleichungen nur gleich 3 wesentlichen Gleichungen sein kann (s. auch unten). Gehen wir nämlich mit (3.11) und (3.13) in (3.14) ein, so erhalten wir

$$\omega_\mu\left(-\,2\left(\sqrt{\underset{2}{J}}\,e^{\frac{i\varkappa}{2}}\right)_{,\tau} p^\tau - \sqrt{\underset{2}{J}}\,e^{\frac{i\varkappa}{2}} p^\tau{}_{,\tau}\right)$$
$$+\,\overline{\omega}_\mu\left(-\,2\left(\sqrt{\underset{2}{J}}\,e^{-\frac{i\varkappa}{2}}\right)_{,\tau} p^\tau - \sqrt{\underset{2}{J}}\,e^{-\frac{i\varkappa}{2}} p^\tau{}_{,\tau}\right) + p_\mu(\underset{2}{\varphi}^\tau{}_{,\tau} + \underset{3}{\varphi}^\tau p_\tau). \tag{3.15}$$

Da (3.15) keine Komponenten $\sim d_\mu$ enthält, ist (3.15) in der Tat gleich 3 unabhängigen Gleichungen. Diese 3 Gleichungen entsprechen denjenigen skalaren Gleichungen, die das Verschwinden der Koeffizienten von ω_μ, $\overline{\omega}_\mu$ und p_μ aus (3.15) ausdrücken. Wir können diese Gleichungen also dadurch erhalten, daß wir (3.14) nacheinander mit ω^μ, $\overline{\omega}^\mu$ und d^μ überschieben.

Anstatt mit ω^μ und $\overline{\omega}^\mu$ zu überschieben ist es zweckmäßig, 2 linear unabhängige Kombinationen dieser Vektoren zu benutzen. Diese Vektoren sind $\underset{2}{\varphi}_\mu$ selbst und der zu $\underset{2}{\varphi}_\mu$, p_μ und d_μ orthogonale Vektor

$$\underset{2}{\tilde{\varphi}}^\mu = \frac{1}{i}\left(e^{\frac{i\varkappa}{2}}\omega^\mu - e^{-\frac{i\varkappa}{2}}\overline{\omega}^\mu\right). \tag{3.16}$$

Das Überschieben von (3.15) mit $\underset{2}{\varphi}^\mu$ liefert

$$\underset{2}{\varphi}^\mu\left(-2\underset{2}{\varphi}_{\mu,\tau}p^\tau - \underset{2}{\varphi}_\mu p^\tau{}_{,\tau}\right) = (\underset{2}{J}p^\varrho)_{,\varrho} = 0 \tag{3.17}$$

und das Überschieben mit $\underset{2}{\tilde{\varphi}}^\mu$ liefert

$$\underset{2}{\tilde{\varphi}}^\mu\left(-2\underset{2}{\varphi}_{\mu,\tau}p^\tau\right) = -2\sqrt{\underset{2}{J}}\,\underset{2}{\varkappa}_{,\varrho}p^\varrho = -2\sqrt{\underset{2}{J}}\,\frac{d\underset{2}{\varkappa}}{d\tau} = 0. \tag{3.18}$$

Mit der Eichung (3.13) können wir (3.17) und (3.18) zu einer linearen homogenen Differentialgleichung erster Ordnung für $\underset{2}{\varphi}_\mu$ zusammenfassen:

$$\underset{2}{\varphi}_{\mu,\tau}p^\tau + \frac{1}{2}\underset{2}{\varphi}_\mu p^\varrho{}_{,\varrho} = 0. \tag{3.19}$$

(3.19) ist natürlich nicht eichinvariant, während dies bei (3.17) und (3.18) der Fall ist.

Mit (3.19) liefert (3.14) schließlich noch eine inhomogene lineare algebraische Gleichung für $\underset{3}{\varphi}_\tau$:

$$\underset{2}{\varphi}^\tau{}_{,\tau} + p^\tau\underset{3}{\varphi}_\tau = 0. \tag{3.20}$$

Eine spezielle Lösung von (3.20) ist:

$$(\underset{3}{\varphi}_\mu)_{\text{Inhomogen}} \equiv {}_I\underset{3}{\varphi}_\mu = -d_\mu\underset{2}{\varphi}^\tau{}_{,\tau}. \tag{3.21}$$

(3.21) besagt, daß bei Existenz eines Sprunges zweiter Ordnung $\underset{2}{\varphi}_\mu$ der Koeffizient $\underset{3}{\varphi}_\mu$ in der Entwicklung (3.4) im allgemeinen von Null verschieden ist und daß im Gegensatz zum Sprungkoeffizienten niedrigster Ordnung $\underset{3}{\varphi}_\mu$ dann einen aus Σ hinausführenden Anteil $\sim d_\mu$ besitzt. Hierbei ist für $\underset{2}{\varphi}_\mu$ der Ausdruck (3.11) mit $\underset{2}{a} \equiv 0$ einzusetzen.

(3.21) ist natürlich nicht die allgemeine Lösung. Diese enthält noch additiv die allgemeine Lösung der homogenen Gleichung

$$p^{\mu}\,(\underset{3}{\varphi}_{\mu})_{\text{Homogen}} \equiv p^{\mu}\,{}_{H}\underset{3}{\varphi}_{\mu} = 0\,, \tag{3.22}$$

so daß die allgemeine Lösung von (3.20) lautet

$$\underset{3}{\varphi}_{\mu} = {}_{H}\underset{3}{\varphi}_{\mu} + {}_{I}\underset{3}{\varphi}_{\mu} = \sqrt{\underset{3}{J}}\left(e^{i\underset{3}{\varkappa}}\,\omega_{\mu} + e^{-i\underset{3}{\varkappa}}\,\overline{\omega}_{\mu}\right) + \underset{3}{a}\,p_{\mu} - d_{\mu}\,\underset{2}{\varphi}^{\tau}{}_{,\tau}\,. \tag{3.23}$$

In (3.23) sind $\sqrt{\underset{3}{J}}$, $\underset{3}{\varkappa}$ und $\underset{3}{a}$ wiederum 3 zunächst beliebige reelle Skalare (die nur genügend oft stetig differenzierbar sein müssen); $\underset{3}{J} \equiv -\,{}_{H}\underset{3}{\varphi}_{\mu}\,{}_{H}\underset{3}{\varphi}^{\mu} \geqq 0$ ist die „Sprungerregung dritter Ordnung". Der Term $\underset{3}{a}\,p_{\mu}$ in (3.23) kann durch eine Eichtransformation mit der Erzeugenden $\underset{3}{S} = -\,\underset{3}{a}\,\underset{4}{h}(z)$ eliminiert werden. Wir können also $\underset{3}{a} = 0$ setzen, so daß $\underset{3}{\varphi}_{\mu}$ der Eichbedingung

$${}_{H}\underset{3}{\varphi}_{\mu}\,d^{\mu} = \underset{3}{\varphi}_{\mu}\,(d^{\mu} - p^{\mu}) = 0 \tag{3.23a}$$

genügt.

Durch die Fortpflanzungsgleichungen (3.17) und (3.18) werden die Skalare $\underset{2}{J}$ und $\underset{2}{\varkappa}$ zunächst nur auf der Sprungfläche Σ bestimmt (bis auf Funktionen, die die Rolle von „Integrationskonstanten" spielen und die auf einem raumartigen V_2, der Σ teilt, vorgegeben werden müssen). Wir können aber ohne weiteres fordern, daß die Bedingungen (3.17) und (3.18) auch im Bereich $z > 0$ gelten. Wählen wir nämlich — gemäß § 2 Formeln (2.21) bis (2.23) — das Vierbeinfeld so, daß p_{μ}, $d_{\mu} = \delta_{\mu}{}^{0}$, ω_{μ} und $\overline{\omega}_{\mu}$ nicht explizit von z abhängen, so reicht es ersichtlich aus, die Skalare $\underset{2}{J}$ und $\underset{2}{\varkappa}$ als nicht explizit von z abhängig einzuführen, um die Erfüllung von (3.17) und (3.18) für $z > 0$ zu garantieren. Dann wird auch $\underset{2}{\varphi}_{\mu}$ unabhängig von z, und aus (3.7) folgt, daß der Wert von $\underset{3}{\varphi}_{\mu}$ auf Σ gleich dem Sprung der dritten Normalableitung von A_{μ} ist, daß also

$$\underset{3}{\varphi}_{\mu(z=0)} \equiv \left[\frac{\partial^{3} A_{\mu}}{\partial z^{3}}\right] \tag{3.24}$$

gilt. — Ferner sieht man, daß wegen der Form (3.23) von $\underset{3}{\varphi}_{\mu}$ und der geforderten z-Unabhängigkeit des Vierbeins auch die algebraische Gleichung (3.20) für $\underset{3}{\varphi}_{\mu}$ im Bereich $z > 0$ erfüllt ist.

Wir gehen nun mit den gewonnenen Ausdrücken für $\underset{2}{\varphi}_{\mu}$ und $\underset{3}{\varphi}_{\mu}$ in (3.8) ein. Dann verschwinden gemäß den Fortsetzungsvorschriften auf Grund der Sprungrelationen zweiter und dritter Ordnung die Terme $\sim z^{0}$ und $\sim z^{1}$ identisch. Wir bilden nun die zweiten Ableitungen von (3.8) nach z, lassen $z \to +0$ gehen und setzen das Resultat gleich Null. Die so entstehenden Sprungrelationen vierter Ordnung bedeuten, daß auf Σ der Koeffizient des Terms $\sim z^2$ auf der rechten Seite von (3.8) verschwindet. Wir bekommen so die zunächst auf Σ geltenden Gleichungen

$$2\left[\frac{\partial^2}{\partial z^2} F^{\mu\nu}{}_{,\nu}\right] = -2\underset{3}{\varphi}_{\mu,\tau}\, p^\tau - \underset{3}{\varphi}_\mu\, p^\tau{}_{,\tau} + p_\mu \underset{3}{\varphi}^\tau{}_{,\tau} + (p^\tau \underset{3}{\varphi}_\tau)_{,\mu}$$

$$+ \underset{2}{\varphi}^\tau{}_{,\tau\mu} - \underset{2}{\varphi}_{\mu,}{}^\tau{}_\tau + \underset{4}{\varphi}^\tau p_\tau p_\mu = 0. \tag{3.25}$$

Unter Berücksichtigung der Gleichung (3.20) folgt nun

$$(p^\tau \underset{3}{\varphi}_\tau)_{,\mu} = -\underset{2}{\varphi}^\tau{}_{,\tau\mu},$$

so daß wir (3.25) auch schreiben können

$$-2\underset{3}{\varphi}_{\mu,\tau}\, p^\tau - \underset{3}{\varphi}_\mu\, p^\tau{}_{,\tau} + p_\mu \underset{3}{\varphi}^\tau{}_{,\tau} - \underset{2}{\varphi}_{\mu,}{}^\tau{}_\tau + \underset{4}{\varphi}^\tau p_\tau p_\mu = 0. \tag{3.26}$$

(3.26) enthält wegen der Eichinvarianz wieder nur 3 wesentliche Gleichungen. In der Tat sieht man, daß auf Grund der Sprungrelationen zweiter und dritter Ordnung das Überschieben von (3.26) mit einem Vektor $\sim p^\mu$ wieder zur identischen Erfüllung führt. Denn unter Berücksichtigung von $p_\mu = z_{,\mu}$ gilt mit (3.23) und (3.19)

$$p^\mu\left(-2\underset{3}{\varphi}_{\mu,\tau}\, p^\tau - \underset{3}{\varphi}_\mu\, p^\tau{}_{,\tau} - \underset{2}{\varphi}_{\mu,}{}^\tau{}_\tau\right)$$

$$= 2\underset{2}{\varphi}^\lambda{}_{,\lambda\tau}\, p^\tau + \underset{2}{\varphi}^\lambda{}_{,\lambda}\, p^\tau{}_{,\tau} - p^\mu \underset{2}{\varphi}_{\mu,}{}^\tau{}_\tau$$

$$= 2(\underset{2}{\varphi}^\lambda{}_{,\tau}\, p^\tau)_{,\lambda} - 2\underset{2}{\varphi}^\lambda{}_{,\tau}\, p^\tau{}_{,\lambda} + (\underset{2}{\varphi}^\lambda p^\tau{}_{,\tau})_{,\lambda}$$

$$- \underset{2}{\varphi}^\lambda p^\tau{}_{,\tau\lambda} + p^\mu{}_{,\tau}{}^\tau \underset{2}{\varphi}_\mu + 2p^\mu{}_{,\tau}\underset{2}{\varphi}_{\mu,}{}^\tau \equiv 0. \tag{3.27}$$

Die 3 wesentlichen Gleichungen in (3.26) erhalten wir wieder, indem wir (3.26) nacheinander mit 2 linear unabhängigen Kombinationen von ω^μ und $\overline{\omega}^\mu$ und dann mit dem Vektor d^μ überschieben. Als eine der beiden linear unabhängigen Kombinationen von ω^μ und $\overline{\omega}^\mu$ wird man zweckmäßig den homogenen Teil ${}_H\underset{3}{\varphi}^\mu$ des Sprungvektors $\underset{3}{\varphi}^\mu$ wählen. Wir überschieben (3.26) demnach zunächst mit [1])

$${}_H\underset{3}{\varphi}^\mu = \sqrt{\underset{3}{J}}\left(e^{i\underset{2}{\varkappa}}\omega^\mu + e^{-i\underset{3}{\varkappa}}\overline{\omega}^\mu\right). \tag{3.28}$$

1) Der Fall, daß $\underset{3}{J} \equiv 0$ ist, wird anschließend diskutiert.

Dies ergibt (mit (2.18) und (2.19)) die inhomogene Differentialgleichung erster Ordnung für $\underset{3}{J}$

$$\underset{3}{{}_H\varphi^\mu}\,(-\,2\,\underset{3}{\varphi_{\mu,\tau}}\,p^\tau - \underset{3}{\varphi_\mu}\,p^\tau{}_{,\tau} - \underset{2}{\varphi_{\mu,\tau}}{}^\tau)$$

$$= \underset{3}{{}_H\varphi^\mu}\,(-\,2\,\underset{3}{{}_H\varphi_{\mu,\tau}}\,p^\tau + 2\,d_\mu\,(\underset{2}{\varphi^\lambda{}_{,\lambda}})_{,\tau}\,p^\tau - \underset{3}{{}_H\varphi_\mu}\,p^\tau{}_{,\tau} + d_\mu\,\underset{2}{\varphi^\lambda{}_{,\lambda}}\,p^\tau{}_{,\tau} - \underset{2}{\varphi_{\mu,\tau}}{}^\tau)$$

$$= \underset{3}{J}{}_{,\tau}\,p^\tau + \underset{3}{J}\,p^\tau{}_{,\tau} - \underset{3}{{}_H\varphi^\mu}\,\underset{2}{\varphi_{\mu,\tau}}{}^\tau = 0\,. \tag{3.29}$$

Als zweiten, von (3.28) linear unabhängigen Vektor wählen wir den zu $\underset{3}{{}_H\varphi_\mu}$, p_μ und d_μ orthogonalen Vektor

$$\underset{3}{\tilde{\varphi}^\mu} = \frac{1}{i}\left(e^{\,i\underset{3}{\varkappa}}\,\omega^\mu - e^{-i\underset{3}{\varkappa}}\,\overline{\omega}^\mu\right). \tag{3.30}$$

Das Überschieben von (3.26) mit (3.30) ergibt die inhomogene Differentialgleichung 1. Ordnung für $\underset{3}{\varkappa}$

$$\underset{3}{\tilde{\varphi}^\mu}\,(-\,2\,\underset{3}{{}_H\varphi_{\mu,\tau}}\,p^\tau - \underset{2}{\varphi_{\mu,\tau}}{}^\tau)$$

$$= -\,2\sqrt{\underset{3}{J}}\,\underset{3}{\varkappa}{}_{,\tau} - \underset{3}{\tilde{\varphi}^\mu}\,\underset{2}{\varphi_{\mu,\tau}}{}^\tau = 0. \tag{3.31}$$

(3.29) und (3.31) sind simultan zu lösen.

Die Wahl der Vektoren (3.28) und (3.31) als Überschiebungsoperatoren ist natürlich nur dann sinnvoll, wenn der homogene Teil von $\underset{3}{\varphi_\mu}$ nicht verschwindet, d. h. wenn $\underset{3}{J} \neq 0$ ist. Verschwindet hingegen $\underset{3}{J}$ identisch, so verliert die Gleichung (3.29) ihren Sinn. Anstatt mit den Vektoren (3.28) und (3.30) werden wir dann zweckmäßigerweise (3.26) einfach mit ω^μ und $\overline{\omega}^\mu$ selbst überschieben. Wegen $\underset{3}{{}_H\varphi_\mu} = 0$ liefert dies einfach die beiden konjugiert komplexen Gleichungen

$$\omega^\mu\,\underset{2}{\varphi_{\mu,}}{}^\tau{}_\tau = \overline{\omega}^\mu\,\underset{2}{\varphi_{\mu,}}{}^\tau{}_\tau = 0\,. \tag{3.32}$$

Da $\underset{2}{\varphi_{\mu,}}{}^\tau{}_\tau$ ein vorgegebener, durch (3.10), (3.19) und die Anfangswerte für $\underset{i}{J}$ und $\underset{i}{\varkappa}$ bestimmter Vektor ist, bedeutet (3.32), daß $\underset{3}{J} \equiv 0$ im allgemeinen mit den Sprungrelationen vierter Ordnung nicht verträglich ist. Damit die Sprungrelationen vierter Ordnung lösbar sind, muß in den Sprungvektor dritter Ordnung $\underset{3}{\varphi_\mu}$ im allgemeinen ein nicht forteichbarer Vektor $\underset{3}{{}_H\varphi_\mu}$ eingehen.

$\underset{3}{{}_H\varphi_\mu}$ wird also im allgemeinen aus 2 Vektoren zusammengesetzt sein, nämlich aus einer speziellen Lösung $\underset{3}{{}_H\varphi'_\mu}$ der inhomogenen komplexen Gleichung

$$\omega^\mu \left(2\,\underset{3}{{}_H\varphi'_{\mu,\tau}}\, p^\tau + \underset{3}{{}_H\varphi'_\mu}\, p^\tau{}_{,\tau} - \underset{2}{\varphi_{\mu,}{}^\tau{}_\tau}\right) = 0 \tag{3.33a}$$

und aus der allgemeinen Lösung $\underset{3}{{}_H\varphi''_\mu}$ der homogenen Gleichung

$$2\,\underset{3}{{}_H\varphi''_{\mu,\tau}}\, p^\tau + \underset{3}{{}_H\varphi''_\mu}\, p^\tau{}_{,\tau} = 0\,. \tag{3.33b}$$

Daher ist

$$\begin{aligned}\underset{3}{{}_H\varphi_\mu} &= \underset{3}{{}_H\varphi'_\mu} + \underset{3}{{}_H\varphi''_\mu}\\ &= \sqrt{\underset{3}{J'}}\left(e^{i\underset{3}{\varkappa'}}\omega_\mu + e^{-i\underset{3}{\varkappa'}}\overline{\omega_\mu}\right) + \sqrt{\underset{3}{J''}}\left(e^{i\underset{3}{\varkappa''}}\omega_\mu + e^{-i\underset{3}{\varkappa''}}\overline{\omega_\mu}\right).\end{aligned} \tag{3.33}$$

Hierbei hängen $\underset{3}{J'}$ und $\underset{3}{\varkappa'}$ von den $\underset{2}{J}$ und $\underset{2}{\varkappa}$ ab, $\underset{3}{J''}$ und $\underset{3}{\varkappa''}$ hingegen nicht. Aus (3.33a) folgt, daß wenn an einem Punkt einer Bicharakteristik $\underset{3}{{}_H\varphi_\mu}$ verschwindet, dies keineswegs längs der ganzen Bicharakteristik der Fall ist. $\underset{3}{{}_H\varphi_\mu}$ zeigt also ein von den Sprungkoeffizienten niedrigster Ordnung durchaus verschiedenes Verhalten; insbesondere ist die Sprungerregung $\underset{3}{J}$ im allgemeinen nicht „strahlbildend".

Wir sehen so, daß zur Kompatibilität der Sprungrelationen (3.26) eine bestimmte Form der Abhängigkeit des Vektors $\underset{3}{{}_H\varphi_\mu}$ von den zweiten Ableitungen des Vektors $\underset{2}{\varphi_\mu}$ notwendig ist. Die Fortpflanzungsbedingungen für die $\underset{3}{{}_H\varphi_\mu}$ sind demnach die notwendigen und hinreichenden Bedingungen dafür, daß die als algebraische Bestimmungsgleichung für $\underset{4}{\varphi_\mu} p^\mu$ aufgefaßten Gleichungen (3.26) miteinander verträglich sind.

Bei Erfüllung der Fortpflanzungsbedingungen (3.33a) erhalten wir die notwendigen algebraischen Gleichungen für $\underset{4}{\varphi_\mu}$ wieder dadurch, daß wir die Gleichungen (3.26) mit d^μ überschieben. Dies gibt (unter Beachtung von (3.23a) und (3.28) sowie von (2.18) und (2.19))

$$\begin{aligned}&d^\mu\Big(-2\,\underset{3}{{}_H\varphi_{\mu,\tau}}\, p^\tau + 2\,d_\mu \underset{2}{\varphi^\lambda{}_{,\lambda\tau}}\, p^\tau - \underset{3}{{}_H\varphi_\mu}\, p^\tau{}_{,\tau} + d_\mu \underset{2}{\varphi^\lambda{}_{,\lambda}}\, p^\tau{}_{,\tau} - \underset{2}{\varphi_{\mu,\tau}{}^\tau}\\ &\qquad + p_\mu\, \underset{3}{{}_H\varphi^\tau{}_{,\tau}} - p_\mu (d^\tau \underset{2}{\varphi^\lambda{}_{,\lambda}})_{,\tau} + \underset{4}{\varphi^\tau}\, p_\tau\, p_\mu\Big)\\ &= 2\,\underset{2}{\varphi^\lambda{}_{,\lambda\tau}}\, p^\tau + \underset{2}{\varphi^\lambda{}_{,\lambda}}\, p^\tau{}_{,\tau} - d^\mu \underset{2}{\varphi_{\mu,}{}^\tau{}_\tau} + \underset{3}{{}_H\varphi^\tau{}_{,\tau}} - (d^\tau \underset{2}{\varphi^\lambda{}_{,\lambda}})_{,\tau} + \underset{4}{\varphi^\tau}\, p_\tau = 0.\end{aligned} \tag{3.34}$$

(3.34) hat die allgemeine Lösung

$$\underset{4}{\varphi}_\mu = \sqrt{\underset{4}{J}}\left(e^{i\underset{4}{\varkappa}}\omega_\mu + e^{-i\underset{4}{\varkappa}}\overline{\omega}_\mu\right) + \underset{4}{a}\,p_\mu + d_\mu\left(-2\underset{2}{\varphi}^\sigma{}_{,\sigma\tau}\,p^\tau - \underset{2}{\varphi}^\tau{}_{,\tau}\,p^\sigma{}_{,\sigma}\right.$$

$$\left. - {}_H\underset{3}{\varphi}^\tau{}_{,\tau} + d^\tau{}_{,\tau}\,\underset{2}{\varphi}^\lambda{}_{,\lambda} + d^\tau\,\underset{2}{\varphi}^\lambda{}_{,\lambda\tau} + d^\lambda\,\underset{2}{\varphi}_\lambda{}^\tau{}_{,\tau}\right), \tag{3.35a}$$

die wir mit Hilfe von (3.27) einfacher schreiben können

$$\underset{4}{\varphi}_\mu = \sqrt{\underset{4}{J}}\left(e^{i\underset{4}{\varkappa}}\omega_\mu + e^{-i\underset{4}{\varkappa}}\overline{\omega}_\mu\right) + \underset{4}{a}\,p_\mu + d_\mu\left(p^\tau\,\underset{2}{\varphi}_{\tau,}{}^\lambda{}_\lambda - {}_H\underset{3}{\varphi}^\tau{}_{,\tau} + d^\sigma\,\underset{2}{\varphi}_{\sigma,}{}^\tau{}_\tau\right.$$

$$\left. + d^\lambda{}_{,\lambda}\,\underset{2}{\varphi}^\tau{}_{,\tau} + d^\tau\,\underset{2}{\varphi}^\lambda{}_{,\lambda\tau}\right). \tag{3.35}$$

Wird — wie im folgenden — entsprechend den Formeln (2.21) und (2.22) $d^\mu = \delta^\mu{}_0$ gesetzt und wird ferner der Koeffizient $\underset{2}{\varphi}_\mu$ unabhängig von z gewählt, so fällt der Term $d^\mu\,\underset{2}{\varphi}_\mu{}^\tau{}_{,\tau} + (d^\lambda\,\underset{2}{\varphi}^\tau{}_{,\tau})_{,\lambda}$ in (3.35) fort.

Nach (3.35) besteht $\underset{4}{\varphi}_\mu$ aus einem homogenen Teil ${}_H\underset{4}{\varphi}_\mu$, der von den Sprungkoeffizienten niederer Ordnung algebraisch unabhängig ist und mit Hilfe der in der Sprungfläche liegenden Vektoren ω_μ, $\overline{\omega}_\mu$ und p_μ ausgedrückt werden kann:

$${}_H\underset{4}{\varphi}_\mu = \sqrt{\underset{4}{J}}\left(e^{i\underset{4}{\varkappa}}\omega_\mu + e^{-i\underset{4}{\varkappa}}\overline{\omega}_\mu\right) + \underset{4}{a}\,p_\mu \tag{3.36a}$$

und in einen inhomogenen Teil $\sim d_\mu$:

$${}_I\underset{4}{\varphi}_\mu = d_\mu\left(p^\tau\,\underset{2}{\varphi}_{\tau,}{}^\lambda{}_\lambda - {}_H\underset{3}{\varphi}^\tau{}_{,\tau} + d^\tau\,\underset{2}{\varphi}_{\tau,}{}^\lambda{}_\lambda + (d^\tau\,\underset{2}{\varphi}^\lambda{}_{,\lambda})_{,\tau}\right). \tag{3.36b}$$

${}_I\underset{4}{\varphi}_\mu$ hängt linear von den zweiten Ableitungen der $\underset{2}{\varphi}_\mu$ und von den ersten Ableitungen der ${}_H\underset{3}{\varphi}_\mu$ ab. ${}_H\underset{4}{\varphi}_\mu$ können wir wieder so eichen, daß ${}_H\underset{4}{\varphi}_\mu d^\mu = 0$, also $\underset{4}{a} = 0$ ist.

Wählen wir wieder $\underset{3}{J}$ und $\underset{3}{\varkappa}$ in ${}_H\underset{3}{\varphi}_\mu$ unabhängig von z, so erreichen wir (wegen der Wahl des Vierbeinfeldes (2,21), (2,22) und (2,23), daß die zunächst auf der Fläche geltenden Gleichungen (3.29), (3.31) und (3.34) im Bereich $z > 0$ erfüllt sind. Dann hat auch $\underset{4}{\varphi}_\mu$ im ganzen Bereich $z > 0$ die Form (3.35) (mit $\underset{4}{a} = 0$). Damit sind sowohl $\underset{2}{\varphi}_\mu$ als auch $\underset{3}{\varphi}_\mu$ unabhängig von z. Der Wert von $\underset{4}{\varphi}_\mu$ für $z = 0$ ist dann gleich dem Sprung der vierten Normalableitung von A_μ beim Durchgang durch Σ: Es gilt

$$\underset{4}{\varphi}_\mu = \left[\frac{\partial^4 A_\mu}{\partial z^4}\right].$$

Auf analoge Weise wie bei der explizit vorgeführten Bestimmung von $\underset{2}{\varphi_\mu}$, $\underset{3}{\varphi_\mu}$ und $\underset{4}{\varphi_\mu}$ können mit Hilfe der Entwicklung (3.11) sukzessive alle mit den Maxwellschen Gleichungen verträglichen Sprungkoeffizienten $\underset{2+k}{\varphi_\mu}$ berechnet werden. Hierbei kann man die $\underset{2+k}{\varphi_\mu}$ allgemein so definieren, daß sie nicht explizit von z abhängen. Eicht man etwa die $\underset{2+k}{{}_H\varphi_\mu}$ so, daß

$$\underset{2+k}{\varphi_\mu}(d^\mu - p^\mu) = \underset{2+k}{{}_H\varphi_\mu}\, d^\mu = \underset{2+k}{a} = 0 \tag{3.37a}$$

gilt und wählt das Vierbeinfeld entsprechend (2.21), (2.22) und (2.23) unabhängig von z, so reicht es für die z-Unabhängigkeit der $\underset{2+k}{\varphi_\mu}$ aus, die Skalare $\underset{2+k}{J}$ und $\underset{2+k}{\varkappa}$ als nicht explizit von z abhängig einzuführen (s. auch § 4). Die Sprungkoeffizienten $\underset{2+k}{\varphi_\mu}$ sind dann gleich dem Sprung der $(2 + k)$-ten Normalableitung von A_μ beim Durchgang durch Σ:

$$\underset{2+k}{\varphi_\mu} \equiv \left[\frac{\partial^{(2+k+1)}}{\partial z^{(2+k+1)}} A_\mu\right] \tag{3.37}$$

Analog zu den obigen explizit durchgeführten Rechnungen findet man das allgemeine Schema für die Bestimmung der $\underset{2+k}{\varphi_\mu}$ aus den Sprungrelationen: Mit (3.37) und z-unabhängigem p_μ besagen die Sprungrelationen $(2 + k)$-ter Ordnung, daß in der Entwicklung (3.8) der Koeffizient des Terms $\sim z^k$ verschwindet. Die Sprungrelationen $(2 + k)$-ter Ordnung lauten also

$$\begin{aligned}\left[\frac{\partial^k}{\partial z^k} F_\mu{}^\nu{}_{,\nu}\right] = &- 2 \underset{k+1}{\varphi_{\mu,\tau}}\, p^\tau - \underset{k+1}{\varphi_\mu}\, p^\tau{}_{,\tau} + p_\mu \underset{k+1}{\varphi^\tau}{}_{,\tau} + (p^\tau \underset{k+1}{\varphi_\tau})_{,\mu} \\ &+ \underset{k+2}{\varphi^\tau}\, p_\tau\, p_\mu + \eta^{\lambda\tau}(\underset{k}{\varphi_{\lambda,\mu\tau}} - \underset{k}{\varphi_{\mu,\tau\lambda}}) = 0\,. \end{aligned}\tag{3.38}$$

(3.38) kann als algebraische Gleichung für die $\underset{2+k}{\varphi_\mu}$ aufgefaßt werden, die in (3.38) nur in der skalaren Kombination $\underset{2+k}{\varphi^\tau}\, p_\tau$ eingehen. Das Überschieben mit d^μ liefert somit eine skalare Gleichung für $\underset{2+k}{\varphi_\mu}$, auf Grund der diese mit der Eichung (3.37a) die allgemeine Form

$$\begin{aligned}\underset{2+k}{\varphi_\mu} &= \underset{2+k}{{}_H\varphi_\mu} + \underset{2+k}{{}_I\varphi_\mu} \\ &= \underset{2+k}{J}\left(e^{i\underset{2+k}{\varkappa}}\omega_\mu - e^{-i\underset{2+k}{\varkappa}}\overline{\omega}_\mu\right) \\ &\quad + d_\mu\{d^\nu(2 \underset{k+1}{\varphi_{\nu,\tau}}\, p^\tau + \underset{k+1}{\varphi_\nu}\, p^\tau{}_{,\tau} + \eta^{\lambda\tau}\underset{k}{\varphi_{\nu,\lambda\tau}}) - \underset{k+1}{{}_H\varphi^\tau}{}_{,\tau}\} \\ &\equiv \underset{2+k}{{}_H\varphi_\mu} + d_\mu \underset{2+k}{\lambda}\end{aligned}\tag{3.39}$$

bekommen, — (3.39) enthält 3 Skalare; diese sind die den homogenen Teil $\underset{2+k}{{}_H\varphi_\mu}$ bestimmende „Sprungerregung $(2+k)$-ter Ordnung“ $\underset{2+k}{J} = -\underset{2+k}{\varphi^\mu}\,\underset{2+k}{\varphi_\mu}$ und der Polarisationswinkel $\underset{2+k}{\varkappa}$, die durch die Sprungrelationen $(2+k)$-ter Ordnung nicht bestimmt werden, und ferner der den inhomogenen Teil $\underset{2+k}{{}_I\varphi_\mu}$ bestimmende Skalar $\underset{2+k}{\lambda}$. Letzterer hängt auf eindeutig bestimmte Weise linear von den Ableitungen der Sprungvektoren niederer Ordnung ab. Drückt man sukzessive alle $\underset{p}{\varphi_\mu}$ (mit $p \leqq 1 + k$) durch die Sprünge niederer Ordnung und die Skalare $\underset{p}{J}$ und $\underset{p}{\varkappa}$ aus, so sieht man, daß $\underset{2+k}{\lambda}$ durch die $\underset{p}{J}$ und $\underset{p}{\varkappa}$ (mit $p \leqq 1 + k$) eindeutig bestimmt ist. Daher verschwinden bei einer Eichung gemäß (3.37a) alle $\underset{2+k}{\varphi_\mu}$ identisch, wenn alle $\underset{n+k}{J} = 0$ sind. $\underset{2+k}{\lambda}$ kann von den Ableitungen des Sprungvektors $\underset{2}{\varphi_\mu}$ bis einschließlich der k-ten, von den Ableitungen des Sprungvektors $\underset{3}{{}_H\varphi_\mu}$ bis einschließlich der $(k-1)$-ten und allgemein von den Ableitungen der $\underset{2+i}{{}_H\varphi_\mu}$ (mit $i < k$) bis einschließlich der $(k-i)$-ten Ableitungen abhängen[1]). Jeder einzelne Summand von $\underset{2+k}{\lambda}$ ist hierbei so gebaut, daß die Ordnung $(2+i)$ des in den Summanden eingehenden Sprungkoeffizienten $\underset{2+i}{\varphi_\mu}$ zusammen mit der Zahl n der in den betreffenden Summanden auftretenden Ableitungen gleich $(2+k)$ ist; d. h., es gilt:

$$2 + k = N + 2 + i.$$

Daß dies so sein muß, folgt aus der Bemerkung, daß das einmalige Differenzieren von (3.5) nach x^λ eine Entwicklung für $A^+{}_{\mu,\lambda}$ ergibt, in der der Koeffizient $\underset{2+i}{\varphi_{\mu,\lambda}}$ mit demselben Faktor z^{2+i} multipliziert ist wie der Koeffizient $\underset{2+i+1}{\varphi_\mu}\,p_\lambda$. Hieraus entnimmt man, daß das Differenzieren eines Sprungkoeffizienten $\underset{p}{\varphi_\mu}$ tatsächlich die Ordnung um 1 erhöht, da bei der Berechnung der Sprungkoeffizienten an Σ der Grenzübergang $z \to 0$ durchgeführt wird. Ausdrücke, in denen $\underset{p}{\varphi_\mu}$ N-fach differenziert auftritt, sind also von der Ordnung $p + N$.

(3.38) enthält auf Grund der Eichinvarianz der Maxwellschen Gleichungen 3 unabhängige Gleichungen. Von diesen Gleichungen wird durch (3.39) nur eine erfüllt. Demnach ist es für die Lösbarkeit von (3.38) notwendig, daß die Sprung-

[1]) Für $k \to \infty$ können in den $\underset{2+k}{\lambda_\mu}$ prinzipiell unendliche viele Terme auftreten. Jedoch gehen die $\underset{2+k}{\varphi_\mu}$ mit dem Faktor $\dfrac{1}{(2+k)\,!}$ versehen in die Reihe (3.2) ein, so daß hieraus keine Konvergenzschwierigkeiten entstehen können.

größen niederer Ordnung bestimmte lineare Differentialgleichungen erfüllen, wie wir oben am Beispiel der Sprungrelationen dritter und vierter Ordnung gesehen haben. Diese Kompatibilitätsbedingungen erhält man, indem man (3.38) mit 2 linear unabhängigen Kombinationen der Vektoren ω^μ und $\overline{\omega}^\mu$ überschiebt, da bei dieser Operation der Term mit $\underset{2+k}{\varphi_\mu}$ herausfällt.

Da durch die Sprungrelationen niederer Ordnung alle $\underset{l}{\varphi_\mu}$ (mit $l \leqq k$) bis auf Integrationskonstanten bestimmt sind und dies somit auch für $\underset{k+1}{\lambda}$ gilt, sind die Kompatibilitätsbedingungen von (3.38) notwendige Fortpflanzungsgesetze für die $\underset{1+k}{{}_H\varphi_\mu}$. Auf Grund der Sprungrelationen niederer Ordnung haben diese Fortpflanzungsgesetze die Form

$$(\underset{1+k}{J}\, p^\varrho)_{,\varrho} = \underset{1+k}{{}_H\varphi^\mu}\ \underset{1+k}{T_\mu} \quad \text{und} \quad 2\sqrt{\underset{1+k}{J}}\ \underset{1+k}{\varkappa_{,\varrho}}\, p^\varrho = \underset{1+k}{T}\, e^{i\underset{1+k}{\varkappa}} + \text{konj. kompl.}$$

und entsprechen 2 inhomogenen linearen Differentialgleichungen erster Ordnung für die $\underset{1+k}{{}_H\varphi_\mu}$. In (3.40) sind der Vektor $\underset{1+k}{T_\mu}$ und der komplexe Skalar $\underset{1+k}{T}$ durch die Sprungrelationen niederer Ordnung bestimmte Funktionen der Skalare $\underset{l}{J}$ und $\underset{l}{\varkappa}$ (mit $l \leqq k$) und deren Ableitungen. Bei Erfüllung der Kompatibilitätsbedingungen (3.40) werden die Sprungrelationen (3.38) durch (3.39) befriedigt. Denn die vierte in (3.38) formal enthaltene Gleichung muß wegen der Eichinvarianz identisch erfüllt sein, wenn in (3.38) die aus den Sprungrelationen niederer Ordnung folgenden Ausdrücke für $\underset{l}{\varphi_\mu}$ (mit $l \leqq k$) und $\underset{1+k}{\varphi_\mu}$ eingesetzt werden. Diese vierte Gleichung ist diejenige, die durch Überschieben von (3.38) mit einem Vektor $\sim p^\mu$ entsteht. Ihre identische Befriedigung bedeutet, daß (3.38) auf Grund der Sprungrelationen niederer Ordnung keinen Term $\sim d_\mu$ besitzt.

Die identische Befriedigung von

$$p^\mu \left[\frac{\partial^k}{\partial z^k} F_\mu{}^\nu{}_{,\nu}\right] = 0 \tag{3.41 a}$$

auf Grund von $F^{-\mu\nu}{}_{,\nu} = 0$ und der Sprungrelationen niederer Ordnung ist eine direkte Folge der aus der Eichinvarianz von (3.1) folgenden Noetherschen Identität, d. h. der Kontinuitätsgleichung $F^{\mu\nu}{}_{,\mu\nu} \equiv 0$. Der Vektor $a p^\mu$ (mit im Unendlichen genügend schnell verschwindenden infinitesimalen Skalar a) läßt sich auffassen als der Sprung $\left[\frac{\partial^l}{\partial z^l}\delta A_\mu\right]$, der durch eine infinitesimale nichtanalytische Eichtransformation mit der Erzeugenden $S = a \underset{l+1}{h}(z)$ induziert wird; es ist also

$$\delta A^\mu \equiv A'^\mu - A^\mu = (a \underset{l+1}{h}(z))_{,\nu}\, \eta^{\mu\nu}. \tag{3.41 b}$$

Aus der Noetherschen Identität folgt dann für beliebiges $k > 0$ die Sprungrelation

$$\left[\frac{\partial^{k+l}}{\partial z^{k+l}} (\delta A^\mu F_{\mu}{}^{\nu}{}_{,\nu})\right] = 0 . \tag{3.41 c}$$

Die $\underset{n+m}{\varphi_\mu}$ (mit $n + m \leqq k + 1$) sollen nun so gewählt sein, daß alle Sprungrelationen (3.38) bis einschließlich derjenigen $(k + 1)$-ter Ordnung erfüllt sind, und ferner soll $F^{-\mu\nu}{}_{,\nu} = 0$ gelten. Da für $z \to 0$ alle Ableitungen von δA^μ bis einschließlich der $(l - 1)$-ten verschwinden, so folgt nach der allgemeinen Formel[1]) für die Sprünge von Produkten

$$[a b] = a^-[b] + [a]b^- + [a][b] \tag{3.42}$$

aus (3.41 c) sofort

$$a p^\mu \left[\frac{\partial^k}{\partial z^k} F_{\mu}{}^{\nu}{}_{,\nu}\right] = 0$$

und somit (3.41 a).

Unsere zunächst für $n = 2$ gewonnenen Ergebnisse lassen sich wegen der Linearität der Maxwellschen Gleichungen ohne weiteres auf den allgemeinen Fall (3.2) (mit $n \geqq 2$) übertragen. In allen Formeln und Sätzen treten anstelle der $(2 + i)$-ten Ableitungen nur immer die $(n + i)$-ten und dementsprechend sind die Sprungkoeffizienten $(2 + i)$-ter Ordnung durch diejenigen $(n + i)$-ter Ordnung zu ersetzen.

Wir können aber auch den Fall behandeln, daß bereits die ersten Normalableitungen von A_μ beim Durchgang durch Σ unstetig werden, also $n = 1$ ist. Hierbei ist nur zu den Sprungrelationen (1.7) die Integralbedingung[2])

$$\lim_{\varepsilon \to 0} \int_{-\varepsilon}^{+\varepsilon} F_{\mu}{}^{\nu}{}_{,\nu}\, dz = \underset{1}{\varphi^\nu} p_\nu p_\mu - p^\nu p_\nu \underset{1}{\varphi_\mu} = 0 \tag{3.43}$$

hinzunehmen, die die Nichtexistenz von Flächenbelegungen auf Σ ausdrückt. Aus (3.43) folgt sofort, daß die $\underset{1}{\varphi_\mu}$ die Form (3.11) besitzen[3]).

Aus der so bewiesenen Gültigkeit der Gleichungen (3.39) und (3.40) für Sprünge beliebiger Ordnung $(n + k) > 0$ (mit $k \geqq 0$) folgt: Ist das ungestörte Feld $F^-{}_{\mu\nu}$ eine Lösung der Maxwellschen Gleichungen für den V^-, so ist $F^+{}_{\mu\nu}$ in einem endlichen Bereich $z \geqq 0$ eine Lösung der Maxwellschen Gleichungen im V^+, wenn in die Entwicklung (3.3) die durch sukzessive Anwendung von (3.39) und (3.40) folgenden Sprungkoeffizienten $\underset{n+k}{\varphi_\mu}$ eingesetzt werden. Diese Sprungkoeffi-

---

[1]) Siehe beispielsweise STELLMACHER l. c., Anm. p. 7.

[2]) Siehe J. L. SYNGE, Relativity: The Special Theory, Amsterdam 1956, pp. 385f.; PAPAPETROU und TREDER l. c., Anm. p. 8.

[3]) Auch wesentliche Sprünge des Potentials A_μ sind möglich; sie sind jedoch unphysikalisch, da sie zu einer unendlich großen Gesamtenergie führen (s. A. PAPAPETROU und H. TREDER, Das Sprungproblem nullter Ordnung in der Relativitätstheorie, Math. Nachr. **23** (1962) 371).

zienten sind durch die Vorgabe der Werte aller Skalare $\underset{u+k}{J}$ und $\underset{n+k}{\varkappa}$ auf einer zweidimensionalen Fläche V_2, die die isotrope Sprunghyperfläche Σ teilt, bestimmt, wenn das Störpotential $A^+_\mu - A^-_{\mu+}$ gemäß (3.37a) geeicht ist. — Bei dieser Darstellung von $F^+_{\mu\nu}$ ist das Vierbeinfeld ω_μ, $\overline{\omega}_\mu$, p_μ und d_μ gemäß den Vorschriften (2.21), (2.22) und (2.23) gebildet und die $\underset{n+k}{J}$ und $\underset{n+k}{\varkappa}$ sind als unabhängig von z eingeführt.

§ 4. Elementare elektromagnetische Wellenfelder

Im folgenden betrachten wir „singuläre“ elektromagnetische Felder. Diese Felder sind gemäß Rainich, Mariot und Synge[1]) den Maxwellschen Gleichungen genügende $F_{\mu\nu}$, die nicht identisch verschwinden, bei denen jedoch die beiden charakteristischen Invarianten im ganzen betrachteten Bereich gleich Null sind:

$$F_{\mu\nu} F^{\mu\nu} = 0 \tag{4.1}$$

und

$$\varepsilon^{\mu\nu\sigma\tau} F_{\mu\nu} F_{\sigma\tau} = 0. \tag{4.2}$$

Derartige Fehler sind dadurch ausgezeichnet, daß es ein Vektorfeld q_ν gibt derart, daß im ganzen betrachteten Bereich

$$F_{\mu\nu} q^\nu = 0 \tag{4.3}$$

und

$$\varepsilon^{\sigma\tau\mu\nu} F_{\mu\nu} q_\tau = 0 \tag{4.4}$$

gilt. Die allgemeine Lösung von (4.3) kann als Bivektor geschrieben werden

$$F_{\mu\nu} = v_\nu q_\mu - v_\mu q_\nu \qquad \text{(mit beliebigem } v_\nu\text{).} \tag{4.5}$$

Aus (4.5) und (4.3) folgt, daß er isotrop und weiter, daß v_μ ein raumartiger Vektor ist, der auf dem isotropen Vektor q^μ senkrecht steht:

$$q_\mu q^\mu = v_\mu q^\mu = 0. \tag{4.6}$$

Aus den Maxwellschen Feldgleichungen folgt sofort, daß die Weltlinien von q_ν Nullgeodäten sind.

Von direkter physikalischer Bedeutung sollten nun diejenigen Nullfelder sein, bei denen q_ν der Wellenvektor[2]) eines fortschreitenden Wellenfeldes und somit der Gradient $z_{,\nu}$ von Wellenflächen $z = \text{const}$ ist. Ein derartiges „integrabeles“

---

[1]) G. Y. Rainich, Trans. Amer. Math. Soc. **237** (1925) 106; L. Mariot, Compt. Rend. Acad. Sci. Paris **238** (1954) 2055; **239** (1954) 1189; J. L. Synge l. c., Anm. p. 35, pp. 331f.

[2]) Vgl. z. B. R. K. Sachs, Zeitschr. f. Phys. **157** (1960) 462.

Nullfeld kann als elementares elektromagnetisches Wellenfeld angesehen werden[1]. — Da, wie in § 2 gesagt, diese Wellenflächen durch Parallelverschiebung längs der x^0-Achse hervorgehen, können sie in der Form (2.21) geschrieben werden. Der Wellenvektor $q_\nu \equiv p_\nu$ ist somit zeitlich konstant, und es gilt gemäß (2.22a)

$$\frac{\partial}{\partial x^0} q_\nu \equiv \frac{\partial}{\partial x^0} p_\nu = \frac{\partial}{\partial z} p_\nu = 0; \qquad q_\nu = (p_\nu)_{z=0}.$$

Bekanntlich besitzen die Sprünge der niedrigsten unstetigen Normalableitung von $F_{\mu\nu}$ beim Durchgang durch eine Sprunghyperfläche Σ die Eigenschaften (4.3) und (4.4), wobei q_ν mit dem Normalvektor p_ν der Wellenfront zusammenfällt. Unsere Problemstellung führt insbesondere zu der Frage, unter welchen Bedingungen auch die Unstetigkeiten höherer Ordnung Nullfelder in bezug auf diesen zeitlich konstanten Wellenvektor p_μ sind. — Ferner kann man allgemein fragen, unter welchen Bedingungen ein an einen feldfreien Raum anschließendes elektromagnetisches Störungsfeld nicht nur an der Wellenfront Σ, sondern vielmehr im ganzen V^+ ein Nullfeld sein kann (ohne ein elementares Wellenfeld im obigen Sinne zu sein).

Wir werden sehen, daß es mit Hilfe der in § 3 erhaltenen Ausdrücke möglich ist, das allgemeinste elementare Wellenfeld mit dem Wellenvektor $q_\mu = (p_\mu)_\Sigma = (p_\mu)_{x^0=0}$ zu konstruieren. Hierbei wollen wir zunächst den Fall behandeln, daß das Feld mit einer Wellenfront Σ an einen feldfreien Raum angrenzt. Anschließend werden wir dann zeigen, daß die Verallgemeinerung auf ein den ganzen betrachteten Bereich erfüllendes Wellenfeld mit Hilfe einer analytischen Fortsetzung des Störungsfeldes ohne weiteres möglich ist. — Unsere Rechnung dient gleichzeitig zur Vorbereitung der Behandlung der analogen Felder in der Gravitationstheorie.

Wir betrachten nun ein Störungsfeld, das an der isotropen Wellenfront $z = 0$ mittels Sprüngen von erster oder höherer Ordnung an den feldfreien Raum anschließt. Hierzu wählen wir entsprechend § 2 und § 3 das Vierbeinfeld p_μ, d_μ, ω_μ und $\overline{\omega}_\mu$ unabhängig von z. Die Nullflächenschar $z = \text{const}$ ist insbesondere durch die Gleichung (2.21) gegeben, so daß p_μ die Form (2.21a) mit (2.21b, c) besitzt. Das Vektorfeld d_μ wählen wir entsprechend (2.22) zu $d_\mu = \delta^0{}_\mu$, so daß die Ableitungen nach z gemäß (2.22a) gleich den Ableitungen nach x^0 sind. Dann haben wir auch ω_μ und $\overline{\omega}_\mu$ gemäß (2.23) als nicht explizit von x^0 abhängig einzuführen.

Das Vektorpotential $A^+{}_\mu$ eichen wir gemäß (3.37a), so daß jetzt $\underset{n}{\varphi_0} = \underset{n+k}{{}_H\varphi_0} = 0$ ist. Führen wir dann noch die $\underset{n+k}{J}$ und $\underset{n+k}{\varkappa}$ als nicht explizit von x^0 abhängig ein,

---

[1] Vgl. A. Lichnerowicz l. c., Anm. p. 9. — Das oben definierte „elementare Wellenfeld ist physikalisch dadurch gezeichnet, daß es diejenigen Eigenschaften, die das Feld eines Hertzschen Dipols im Unendlichen charakterisieren, im räumlich Endlichen besitzt. — Die folgende Entwicklung (4.20) kann formal dann auch gefordert werden, wenn die Flächen $z = \text{const}$ keine Wellenflächen sind. Jedoch hat dann der Normalvektor p_ν keine physikalische Bedeutung, und der Ansatz $q_\nu = p_\nu$ führt nicht mehr auf ein wohldefiniertes Problem.

so gilt

$$\underset{n+k}{\varphi_{\mu,\nu}} d^\nu = \underset{n+k}{p_{\mu,\nu}} d^\nu = \varphi_{\mu,0} = p_{\mu,0} = 0, \tag{4.7}$$

so daß die $\underset{n+k}{\varphi_\mu}$ ebenfalls nicht explizit von x^0 abhängen.

Mit (4.7) sind die Sprünge $(n+k)$-ter Ordnung entsprechend (3.37) durch

$$\underset{n+k}{\varphi_\mu} = \left[\frac{\partial^{n+k}}{\partial z^{n+k}} A_\mu\right] = \left[\frac{\partial^{n+k}}{\partial x^{0(n+k)}} A_\mu\right] = \underset{n+k}{\varphi_\mu}(x^i) \tag{4.8}$$

gegeben. Mit (2.21a) und (4.8) wird (3.2) zu einer im Bereich $z \geqq 0$ geltenden echten Taylor-Reihe für das Störpotential $A^+{}_\mu - A^-{}_{\mu+}$ in bezug auf z. Denn mit (4.8) können wir für (3.2) schreiben

$$A^+{}_\mu - (A^-{}_\mu)_+ = \frac{1}{n!}\left[\frac{\partial^n}{\partial z^n} A_\mu\right] z^n + \frac{1}{(n+1)!}\left[\frac{\partial^{n+1}}{\partial z^{n+1}} A_\mu\right] z^{n+1} + \cdots, \tag{4.9}$$

wobei die Ableitungen der Sprünge $\left[\frac{\partial^{n+k}}{\partial z^{n+k}} A_\mu\right]$ nach z verschwinden.

Da wir zunächst die Ausbreitung eines elementaren Wellenfeldes im leeren Raum betrachten, setzen wir $F^-{}_{\mu\nu} = F^-{}_{\mu\nu+} = 0$. Hiermit wird (3.3) zu einer für $z \geqq 0$ geltenden Taylor-Entwicklung für $F^+{}_{\mu\nu}$ mit den Entwicklungskoeffizienten

$$\left[\frac{\partial^{n+k-1}}{\partial z^{n+k-1}} F_{\mu\nu}\right] = \underset{n+k-1}{\varphi_{\nu,\mu}} - \underset{n+k-1}{\varphi_{\mu,\nu}} + \underset{n+k}{\varphi_\nu}\, p_\mu - \underset{n+k}{\varphi_\mu}\, p_\nu = \left(\frac{\partial^{n+k-1}}{\partial z^{n+k-1}} F^{\mu\nu}\right)_{z=+0}. \tag{4.10}$$

Die aus den Maxwellschen Feldgleichungen folgenden Sprungrelationen (3.39) bedeuten jetzt

$$\left[\frac{\partial^{n+k-2}}{\partial z^{n+k-2}} F^\nu{}_{\mu,\nu}\right] = -2 \underset{n+k-1}{\varphi_{\mu,\tau}}\, p^\tau - \underset{n+k-1}{\varphi_\mu}\, p^\tau{}_{,\tau} + p_\mu \underset{n+k-1}{\varphi^\tau{}_{,\tau}} + (p^\tau \underset{n+k-1}{\varphi_\tau})_{,\mu} + \underset{n+k}{\varphi^\tau}\, p_\tau\, p_\mu$$

$$+ \eta^{\lambda\tau} (\underset{n+k-2}{\varphi_{\lambda,\mu\tau}} - \underset{n+k-2}{\varphi_{\mu,\tau\lambda}}) = \left(\frac{\partial^{n+k-2}}{\partial z^{n+k-2}} F^{\mu\nu}{}_{,\nu}\right)_{z=+0} = 0 \tag{4.11}$$

und besagen das Verschwinden der Koeffizienten der Taylor-Entwicklung für die Vier-Stromdichte für $F^+{}_\mu{}^\nu{}_{,\nu}$.

Damit nun das Feld $F^+{}_{\mu\nu}$ im Bereich $z \geqq 0$ ein singuläres Bivektorfeld ist, müssen in diesem Bereich die Gleichungen (4.1) und (4.2) erfüllt sein. Wegen $F^-{}_{\mu\nu} \equiv 0$ folgen aus (4.1) und (4.2) sofort Sprungrelationen. Zum Beispiel wollen wir annehmen, daß bereits $F_{\mu\nu}$ selbst unstetig ist, also den Fall $n = 1$ betrachten. Unter Verwendung der allgemeinen Formel (3.42) erhalten wir wegen $F^-{}_{\mu\nu} \equiv 0$ aus (4.1) und (4.2)

$$[F_{\mu\nu}]\,[F_{\sigma\tau}]\,\eta^{\mu\sigma}\,\eta^{\nu\tau} = 0 \tag{4.12}$$

und

$$\varepsilon^{\mu\nu\sigma\tau}\,[F_{\mu\nu}]\,[F_{\sigma\tau}] = 0. \tag{4.13}$$

(4.12) und (4.13) sind identisch erfüllt, wenn für $[F_{\mu\nu}]$ die aus (3.43) und somit aus den Maxwellschen Gleichungen folgenden Werte eingesetzt werden; denn es ist

$$[F_{\mu\nu}] = \underset{1}{\varphi}_\nu p_\mu - \underset{1}{\varphi}_\mu p_\nu \qquad \text{mit } \underset{1}{\varphi}_\nu p^\nu = 0\,.$$

(Entsprechendes gilt ersichtlich auch für den Fall $n > 1$.)

Differenzieren wir nun (4.1) und (4.2) einmal nach z und bilden dann die Sprungrelationen, so erhalten wir mit (4.9)

$$\begin{aligned} &\eta^{\mu\sigma}\eta^{\nu\tau}\left[\frac{\partial}{\partial z}F_{\mu\nu}\right][F_{\sigma\tau}] \\ &= \eta^{\mu\sigma}\eta^{\nu\tau}(\underset{1}{\varphi}_{\nu,\mu} - \underset{1}{\varphi}_{\mu,\nu} + \underset{2}{\varphi}_\nu p_\mu - \underset{2}{\varphi}_\mu p_\nu)(\underset{1}{\varphi}_\tau p_\sigma - \underset{1}{\varphi}_\sigma p_\tau) \\ &= (\underset{1}{\varphi}_{\nu,\mu} - \underset{1}{\varphi}_{\mu,\nu})(\underset{1}{\varphi}^\nu p^\mu - \underset{1}{\varphi}^\mu p^\nu) = 0 \end{aligned} \tag{4.14}$$

und

$$\varepsilon^{\mu\nu\sigma\tau}\left[\frac{\partial}{\partial z}F_{\mu\nu}\right][F_{\sigma\tau}] = 4\,\varepsilon^{\mu\nu\sigma\tau}\underset{1}{\varphi}_{\nu,\mu}\underset{1}{\varphi}_\tau p_\sigma = 0\,. \tag{4.15}$$

Diese Gleichungen sind nicht mehr auf Grund der aus den Maxwellschen Gleichungen folgenden Sprungrelationen identisch erfüllt und somit zusätzliche Bedingungen für die $\underset{1}{\varphi}_\mu$. Mit (3.37a) und (4.7) folgt aus (4.14) und (4.15), daß

$$\underset{1}{\varphi}_{\nu,\mu} - \underset{1}{\varphi}_{\mu,\nu} = \frac{1}{i}\lambda\,(\omega_\mu\overline{\omega}_\nu - \omega_\nu\overline{\omega}_\mu) \tag{4.16}$$

gelten muß. (4.16) ist eine Bedingung für die Abhängigkeit der $\underset{1}{\varphi}_\mu$ von den x^i. Außer (4.6) muß $\underset{1}{\varphi}_\mu$ noch die Fortpflanzungsgesetze (3.19) erfüllen. Die Verträglichkeit von (4.16) mit (3.19) liefert eine Bedingung für die Form der isotropen Sprungfläche Σ.

Um diese Kompatibilitätsbedingung zu erhalten, wählen wir im dreidimensionalen Raum $x^0 =$ const ein Gaußsches Koordinatensystem[1]), in dem die momentane Wellenfront $f(x^i) = 0$ die Gleichung $x^1 = 0$ bekommt. In diesem Koordinatensystem gilt dann

$$g_{11} = -1\,, \qquad g_{12} = g_{13} = 0\,, \qquad g_{ab} = g_{ab}(x^i) \qquad (a, b = 2, 3)\,,$$

und es ist $f_{\,i} = p_i = \{1, 0, 0\}$. Da alle Größen nicht explizit von x^0 abhängen, können wir in dem verwandten Gaußschen Koordinatensystem die Fortpflanzungsbedingungen (3.19) schreiben

$$2\,\underset{1}{\varphi}_{\alpha;1}p^1 + \underset{1}{\varphi}_\alpha p^b{}_{;b} = 0\,. \tag{4.17}$$

---

[1]) S. z. B. Eisenhart l. c., Anm. p. 16, pp. 57f.

Hierbei bedeutet das Semikolon die kovariante Ableitung, gebildet in bezug auf die Gaußschen Koordinaten.

Die Diskussion von (4.16) und (4.17) zeigt, daß nur dann eine Lösung existiert, wenn gilt

$$\det | g_{ab} p^b{}_{;c} - 2\, p_{a;b} | = 0 \qquad (a, b, c = 2, 3). \tag{4.18}$$

Ferner findet man, daß (4.16) und (4.17) nur dann keine algebraische Bedingung für $\underset{1}{\varphi_\mu}$ liefern, wenn

$$g_{ab}\, p^c{}_{;c} - 2\, p_{a;b} = \frac{1}{2}\, g_{ab}\, g^{cd}\, g_{cd,1} - g_{ab,1} = 0 \tag{4.19}$$

gilt. Die Sprungrelationen (4.14) und (4.15) sind also mit den aus den Maxwellschen Gleichungen folgenden Sprungrelationen ohne zusätzliche algebraische Bedingung an die $\underset{1}{\varphi_\mu}$ nur dann vereinbar, wenn die Geometrie der momentanen Wellenfronten $f =$ const derart ist, daß ein auf diesen Wellenfronten basierendes Gaußsches Koordinatensystem die Bedingung (4.19) erfüllt.

Wählt man eine Sprungfläche Σ derart, daß (4.19) erfüllt ist, so liefern die aus (4.1) und (4.2) folgenden zusätzlichen Sprungrelationen höherer Ordnung weitere Differentialgleichungen zwischen den $\underset{1+k}{{}_H\varphi_\mu}$, die zusätzlich zu den Fortpflanzungsgesetzen aus § 3 zu befriedigen sind. Man kann sehen, daß für die Verträglichkeit dieser Gleichungen untereinander und mit den Fortpflanzungsgesetzen im allgemeinen eine Bedingung für die Abhängigkeit der $\underset{1+k}{{}_H\varphi_\mu}$ von den Koordinaten x^a des Unterraums V_2 notwendig ist. — Analoge Bemerkungen gelten für $n > 1$.

In diesem allgemeinen Fall ist der isotrope Vektor q_ν für $z \neq 0$ kein Gradient, vielmehr geht q_ν nur für $z \to 0$ in $p_\nu = z_{,\nu}$ über. Im weiteren wollen wir aber ein elementares Wellenfeld bestimmen, bei dem q_ν der (zeitlich konstante) Wellenvektor p_ν ist. Hierzu schreiben wir gemäß oben Gesagtem die Wellenflächen $z =$ const in der Form (2.21) und entwickeln $F_{\mu\nu}$ nach diesen Wellenflächen. Aus (4.5) folgt mit $\frac{\partial}{\partial z} p_\mu = \frac{\partial}{\partial x^0} p_\mu = 0$ sofort die Reihe

$$F_{\mu\nu} = \sum_{k \geq 0} \left(\underset{n+k}{v_\nu} \frac{z^{n+k-1}}{(n+k-1)!} \right) p_\mu - \sum_{k \geq 0} \left(\underset{n+k}{v_\mu} \frac{z^{n+k-1}}{(n+k-1)!} \right) p_\nu \tag{4.20}$$

mit (2.21 a) und

$$\underset{n+k}{v_\mu} = \underset{n+k}{v_\mu}(x^i), \qquad \text{d. i.} \quad \frac{\partial}{\partial z} \underset{n+k}{v_\mu} \equiv 0. \tag{4.21}$$

Ein mit einer Wellenfront $z = 0$ an den leeren Raum anschließendes elementares Wellenfeld liegt dann vor, wenn anstelle der Polynome $\frac{z^m}{m!}$ in (4.20) die entsprechenden gemäß (1.3) definierten Sprungfunktionen $\underset{m}{h}(z)$ treten. Aus der so gebildeten Sprungreihe folgen gemäß (4.5) und (4.6) die Sprungrelationen

$$\left(\frac{\partial^{n+k-1}}{\partial z^{n+k-1}} F_{\mu\nu}\right)_{z=0} = \left[\frac{\partial^{n+k-1}}{\partial z^{n+k-1}} F_{\mu\nu}\right]$$

$$= \left[\frac{\partial^{n+k-1}}{\partial z^{n+k-1}} (\underset{n+k}{v_\nu} \underset{n+k-1}{h(z)} p_\mu - \underset{n+k}{v_\mu} \underset{n+k-1}{h(z)} p_\nu)\right]$$

$$= \underset{n+k}{v_\nu} p_\mu - \underset{n+k}{v_\mu} p_\nu \tag{4.22}$$

und

$$\left(\frac{\partial^{n+k-1}}{\partial z^{n+k-1}} (p^\nu F_{\mu\nu})\right)_{z=0} = \left[\frac{\partial^{n+k-1}}{\partial z^{n+k-1}} F_{\mu\nu} p^\nu\right] = p^\nu \underset{n+k}{v_\nu} p_\mu = 0. \tag{4.23}$$

Diese müssen zusammen mit den Sprungrelationen (3.38) befriedigt werden, wozu noch die Eichbedingung (3.37 a) tritt.

Vergleichen wir nun für $k = 0$ die Sprungbedingung (4.22) mit dem entsprechenden Term in der Reihe (3.3), so finden wir

$$\underset{n}{v_\mu} = \underset{n}{\varphi_\mu}, \tag{4.24}$$

so daß wegen der Sprungrelation (3.10) von selbst gilt

$$\underset{n}{v_\mu} p^\mu = \underset{n}{v_\mu} d^\mu = 0. \tag{4.25}$$

Im Gegensatz hierzu werden die auf Grund der Maxwellschen Gleichungen möglichen Sprünge $\underset{n+1}{\varphi_\mu}$ durch die Sprungbedingungen (4.22) und (4.23) stark eingeschränkt. Aus (3.3), (4.22) und (4.23) folgt nämlich mit $k = 1$ die Gleichung

$$\left[\frac{\partial^n}{\partial z^n} F_{\mu\nu}\right] \equiv \underset{n}{\varphi_{\nu,\mu}} - \underset{n}{\varphi_{\mu,\nu}} + \underset{n+1}{\varphi_\nu} p_\mu - \underset{n+1}{\varphi_\mu} p_\nu = \underset{n}{v_\nu} p_\mu - \underset{n}{v_\mu} p_\nu \tag{4.26}$$

$$(\text{mit } \underset{n}{v_\mu} p^\mu = 0).$$

Damit (4.26) erfüllbar ist, muß also mit $\underset{n}{\alpha_\mu} \equiv \underset{n}{v_\mu} - \underset{n+1}{\varphi_\mu}$ gelten:

$$\underset{n}{\varphi_{\nu,\mu}} - \underset{n}{\varphi_{\mu,\nu}} = \underset{n}{\alpha_\nu} p_\mu - \underset{n}{\alpha_\mu} p_\nu. \tag{4.27}$$

Überschieben wir nun (4.27) mit d^μ und beachten (2.22), (3.37 a) und (4.7), so erhalten wir sofort

$$\underset{n}{\varphi_{\nu,\mu}} d^\mu = \underset{n}{\alpha_\nu} - d^\mu \underset{n}{\alpha_\mu} p_\nu = 0. \tag{4.28}$$

Gehen wir mit dem so bestimmten $\underset{n}{\alpha_\mu}$ in (4.27) ein, so folgt

$$\underset{n}{\varphi_{\mu,\nu}} - \underset{n}{\varphi_{\nu,\mu}} = 0 \tag{4.29}$$

und hieraus die Existenz eines Skalars $\underset{n}{S}$ derart, daß

$$\underset{n}{\varphi}_\mu = \underset{n}{S}_{,\mu} \qquad (4.30)$$

gilt.

Der Skalar $\underset{n}{S}$ muß wegen $\underset{n}{\varphi}_\mu p^\mu = 0$ und $\underset{n}{\varphi}_\mu d^\mu = 0$ den Bedingungen

$$\underset{n}{S}_{,\mu}\, p^\mu = 0\,, \qquad \underset{n}{S}_{,\mu}\, d^\mu = \underset{n}{S}_{,0} = 0 \qquad (4.31)$$

genügen. Aus (4.31) folgt (in Verschärfung der Forderung der expliziten z-Unabhängigkeit von $\underset{n}{\varphi}_\mu$), daß $\underset{n}{S}$ nicht explizit von x^0 abhängt und ferner längs einer Bicharakteristik konstant ist. (4.31) besagt, daß $\underset{n}{S}$ und damit auch $\underset{n}{\varphi}_\mu$, auf allen durch $f(x^i) = \text{const}$ gegebenen Flächen V_2, die auf den Hyperflächen $z = \text{const}$ liegen und von den $z = \text{const}$ aufspannenden Nullgeodäten orthogonal geschnitten werden, dieselbe Funktion ist.

Gehen wir nun mit (4.31) in den aus den Sprungrelationen $(n + 1)$-ter Ordnung folgenden algebraischen Ausdruck für $\underset{n+1}{\varphi}_\mu$ ein, so finden wir mit $\underset{n+1}{a} \equiv 0$ entsprechend (3.23)

$$\underset{n+1}{\varphi}_\mu = (\underset{n+1}{\varphi}_\mu)_{\text{Homogen}} - d_\mu \underset{n}{S}_{,k}{}^{k}\,. \qquad (4.32)$$

Indem wir (4.32) und (4.29) in (4.26) einsetzen und anschließend (4.26) mit p^μ überschieben, finden wir, daß gemäß (4.23) sein muß

$$\underset{n+1}{\varphi}_\mu\, p^\mu = -\underset{n}{S}_{,k}{}^{k} = 0\,. \qquad (4.33)$$

(4.33) besagt, daß der Skalar $\underset{n}{S}$ und somit erst recht der Gradient $\underset{n}{S}_{,i}$, die gewöhnliche dreidimensionale Laplace-Gleichung befriedigen:

$$\Delta \underset{n}{S} = \Delta \underset{n}{S}_{,i} = 0\,. \qquad (4.34)$$

Mit (4.34) folgt aus (4.32)

$$\underset{n+1}{\varphi}_\mu = (\underset{n+1}{\varphi}_\mu)_{\text{Homogen}} \qquad (4.35)$$

und hieraus wegen (3.37a)

$$\underset{n+1}{\varphi}_\mu\, p^\mu = \underset{n+1}{\varphi}_\mu\, d^\mu = 0\,. \qquad (4.35\text{a})$$

Zur Erfüllung der aus den Maxwellschen Gleichungen folgenden Sprungrelationen $(n + 1)$-ter Ordnung muß $\underset{n}{\varphi}_\mu$ dann noch die Fortpflanzungsbedingungen von der Form (3.19) befriedigen. Gehen wir in (3.19) mit (4.30) ein, so folgt, daß $\underset{n}{S}$ neben (4.34) noch

$$2\,\underset{n}{S}_{,ik}\,p^k + \underset{n}{S}_{,i}\,p^k{}_{,k} = 0 \tag{4.36}$$

befriedigen muß.

Die Laplace-Gleichung (4.34) besitzt mit Ausnahme der trivialen Lösung $\underset{n}{S} = \text{const}$ nur Lösungen, die im Endlichen oder Unendlichen singulär sind. Hierbei folgt aus (4.31), daß wenn $\underset{n}{S}$ an einem Punkt einer Bicharakteristik singulär ist, dies auf der ganzen Bicharakteristik der Fall ist. Die Weltlinien der Singularitäten von $\underset{n}{S}$ sind somit Nullgeraden. — Ferner folgt aus $\underset{n}{S}_{,0} = 0$, daß die Singularitäten von $\underset{n}{S}$ zeitunabhängig sind; liegt also an einem Punkt $x^i = 0$ des dreidimensionalen Raums zur Zeit $x^0 = 0$ eine Singularität $\underset{n}{S}$, so existiert diese Singularität zu jeder Zeit.

Entsprechend der Reihe (3.3) für $F_{\mu\nu}$ bedeutet eine derartige Singularität von $\underset{n}{S}_{,i}$ eine Singularität des Feldes $F^+{}_{\mu\nu}$ auf den Phasenflächen $z = \text{const} > 0$. Ist also $\underset{n}{S}_{,i}$ singulär, so sind die Maxwellschen Gleichungen im Bereich $z > 0$ nicht überall erfüllt (s. Abb. 1). — Physikalisch sinnvoll ist es anzunehmen, daß die Singularitäten von $\underset{n}{S}_{,i}$ im Endlichen liegen und Multipole sind. Dies bedeutet dann, daß es mit Lichtgeschwindigkeit bewegte Quellen des elektromagnetischen Feldes gibt. Diese Quellen liegen zu allen Zeiten im ganzen Bereich $z > 0$, in dem (3.3) gilt, längs dreidimensionaler Geraden.

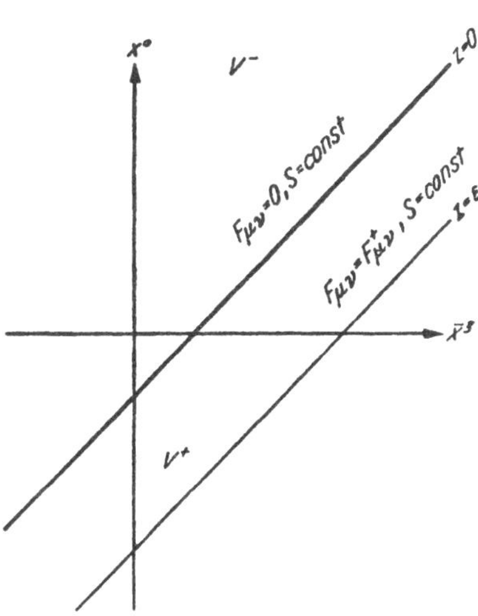

x^3-Richtung = Richtung der Flächennormalen der momentanen Wellenflächen V_0

Abb. 1

Nehmen wir an, daß auf einer momentanen Phasenfläche $f = \text{const}$ der Ort der Singularität durch $x^1 = x^2 = 0$ gegeben ist und gehen mit (4.34) und (4.35) in die Sprungrelationen $(n + 1)$-ter Ordnung (3.14) ein, dann sind diese auf der ganzen Sprungfläche $z = 0$ identisch erfüllt, ausgenommen diejenigen Nullgeraden, die durch $z = 0$ und $x^1 = x^2 = 0$ gegeben sind.

Der Tangentialvektor l_μ dieser Nullgeraden ist der isotrope Vektor

$$l_\mu = \{1, 0, 0, 1\} \quad \text{oder} \quad l_\mu = \{1, 0, 0, -1\}. \tag{4.37}$$

Bei Existenz einer derartigen Singularität lauten die Sprungrelationen $(n + 1)$-ter Ordnung explizit

$$\left[\frac{\partial^{n-1}}{\partial z^{n-1}} F_{\mu}{}^{\nu}{}_{,\nu}\right] = l_\mu\, \underset{n}{\Delta S} \quad \begin{cases} = 0 & \text{für } x^1 \neq x^2 \neq 0, \\ = \infty & \text{für } x^1 = x^2 = 0. \end{cases} \tag{4.38a}$$

Demnach existiert im ganzen Bereich des V^+, in dem (3.3) gilt, eine singuläre isotrope Vier-Stromdichte I_μ von der Form

$$\underset{n}{I_\mu} = l_\mu \underset{n}{\Delta S} \underset{n-1}{h}(z) \quad \begin{cases} = 0 & \text{für } x^1 \neq x^2 \neq 0\,, \\ = \infty & \text{für } x^1 = x^2 = 0\,, \end{cases} \quad \text{wobei} \quad z \geqq 0\,. \tag{4.38}$$

$\underset{n}{I_\mu}$ muß die aus den Maxwellschen Gleichungen folgende Kontinuitätsgleichung

$\underset{n}{I^\mu}{}_{,\mu} = 0$ erfüllen[1]). Daher ist wegen $(l_\mu p^\mu)_{(x^1 = x^2 = 0)} = 0$

$$\underset{n}{I^\mu}{}_{,\mu} = \underset{n}{\Delta S}\,(n-1)\, l^\mu p_\mu \underset{n-2}{h}(z) + (\underset{n}{\Delta S})_{,\mu} l^\mu \underset{n-1}{h}(z) = (\underset{n}{\Delta S})_{,3} \underset{n-1}{h}(z) = 0\,. \tag{4.39}$$

Die „Polstärke" $\underset{n}{\Delta S}$ ist somit längs der Null-Weltlinie des Pols konstant und zudem noch zeitunabhängig, so daß $(\underset{n}{\Delta S})_{,\mu} p^\mu = (\underset{n}{\Delta S})_{,\mu} d^\mu = 0$ gilt. Das „elementare Wellenfeld" ist dann das Feld von mit Lichtgeschwindigkeit bewegten Multipolen, die im V^+ zu allen Zeiten auf der dreidimensionalen Geraden $x^1 = x^2 = 0$ liegen.

Da in unserer Arbeit reine Wellenfelder untersucht werden sollen, werden wir die Existenz derartiger Feldquellen im allgemeinen ausschließen. Dann ist die Lösung von (4.34), die zu einem im Unendlichen regulären $F_{\mu\nu}$ führt, die lineare Koordinatenabhängigkeit von $\underset{n}{S}$; entsprechend (4.31) gilt

$$\underset{n}{S} = k_i x^i + \text{const} \qquad \text{mit} \qquad k_i = \text{const}\,. \tag{4.40a}$$

Aus (4.40a) und (4.30) folgt

$$\underset{n}{\varphi_i} = k_i\,, \qquad \underset{n}{\varphi_0} = 0\,, \tag{4.40b}$$

wobei wegen (4.31) noch

$$k_i p^i = 0 \tag{4.40c}$$

ist. Ferner muß noch die Fortpflanzungsbedingung (4.36) erfüllt sein. Gehen wir mit (4.40a) in (4.36) ein, so erhalten wir mit (2.21a)

$$p^\tau{}_{,\tau} = p^k{}_{,k} = \Delta f = 0\,. \tag{4.41}$$

---

[1]) Ist ein Feld $F_{\mu\nu}$ eine reguläre Lösung der Maxwellschen Feldgleichungen sowohl für $z \leq 0$ als auch für $z > 0$ und ist dieses Feld auf $z = 0$ stetig, so sind die Sprungrelationen zweiter und höherer Ordnung von selbst erfüllt. Liegen hingegen Singularitäten etwa des $F^+{}_{\mu\nu}$-Feldes entweder auf der Wellenfront $z = 0$ oder auf den zur Wellenfront infinitesimal benachbarten Nullflächen $z = \varepsilon > 0$, so liefert die Kontinuitätsgleichung $I^\mu{}_{,\mu} = 0$ nicht von selbst erfüllte skalare Sprungrelationen, die dann notwendige und hinreichende Bedingungen für die Anschließbarkeit liefern.

Hieraus und aus $\delta^{ik} f_{,i} f_{,k} = 1$ folgt sofort, daß die Flächen $f = \text{const}$ Ebenen sind[1]). Die Gleichung für die Hyperflächenschar (2.21) lautet also

$$z = x^0 + c_i x^i = \text{const} \quad \text{mit} \quad p_i = c_i = \text{const}, \quad c_i c_k \delta^{ik} = 1\,. \tag{4.42}$$

Bei einem elementaren Wellenfeld ohne Feldquellen auf den Wellenflächen sind diese notwendig Hyperebenen. Aus den in § 2 angegebenen Bedingungen für das Vierbeinfeld folgt dann, daß auch die Vektoren ω_μ und $\overline{\omega}_\mu$ als Konstanten eingeführt werden können. Bei dieser Wahl von ω_μ und $\overline{\omega}_\mu$ bedeutet $\underset{n}{\varphi_\mu} = \text{const}$ nicht nur $\underset{n}{J} = \text{const}$, sondern auch $\underset{n}{\varkappa} = \text{const}$.

Läßt man hingegen zu, daß auf den Wellenflächen mit Lichtgeschwindigkeit bewegte Singularitäten liegen, dann sind die Gleichungen (4.30), (4.31), (4.34), (4.36) und (4.39) zusammen mit (2.21 a, b) simultan zu lösen. Es besteht hier also eine Beziehung zwischen den Singularitäten des skalaren Feldes $\underset{n}{S}$ und der Geometrie der Wellenflächen (2.21). Wir werden diese Beziehung im Anhang zu § 4 behandeln und zeigen, daß auch bei Existenz von polartigen Singularitäten von $\underset{n}{S}$ die Wellenflächen Ebenen sein müssen.

Unter Verwendung der bereits hergeleiteten Ausdrücke (4.30) und (4.35) für $\underset{n}{\varphi_\mu}$ und $\underset{n+1}{\varphi_\mu}$ können wir nun durch sukzessive Anwendung der Sprungrelationen (4.11), (4.22) und (4.23) für beliebiges $k > 0$ einen vollständigen Induktionsschluß durchführen: Durch Anwendung der Sprungrelationen (4.11), (4.22) und (4.23) bis einschließlich derjenigen von der Ordnung $(n + k - 1)$ sei bereits gezeigt, daß alle $\underset{n+l}{\varphi_\mu}$ (mit $l \leqq k - 2$) Gradienten von Skalaren $\underset{n+l}{S}$ sind, die der gewöhnlichen Laplace-Gleichung genügen, d. h., es sei gezeigt, daß gilt

$$\underset{n+l}{\varphi_\mu} = \underset{n+l}{S}_{,\mu} \quad \text{mit} \quad \underset{n+l}{S}_{,ik}\, \delta^{ik} = 0\,. \tag{4.43}$$

Aus denselben Sprungrelationen folgt weiter, daß ebenfalls für alle $l \leqq k - 2$ gilt

$$\underset{n+l}{\varphi_\mu}\, p^\mu = \underset{n+l+1}{\varphi_\mu}\, p^\mu = \underset{n+l}{\varphi_\mu}\, d^\mu = \underset{n+l+1}{\varphi_\mu}\, d^\mu = 0\,, \tag{4.44a}$$

d. i.

$$\underset{u+l}{\varphi_\mu} = \underset{n+l}{(\varphi_\mu)}_{\text{Homogen}} \quad \text{und} \quad \underset{n+l+1}{\varphi_\mu} = \underset{n+l+1}{(\varphi_\mu)}_{\text{Homogen}}\,. \tag{4.44b}$$

Hierbei müssen auf Grund der aus den Maxwellschen Gleichungen folgenden Sprungrelationen die $\underset{n+l}{S}$ jeweils noch die Fortpflanzungsbedingungen

$$2\, \underset{n+l}{S}_{,il}\, p^l + \underset{n+l}{S}_{,i}\, p^k{}_{;k} = 0 \tag{4.45}$$

---

[1]) Für einen elementaren Beiweis s. STELLMACHER l. c., Anm. p. 7.

erfüllen. Dann folgt aus den Sprungrelationen $(n + k)$-ter Ordnung die Gültigkeit von (4.43) und (4.45) für alle Größen bis einschließlich derjenigen der Ordnung $(n + k - 1)$ und die Gültigkeit von (4.44a, b) bis zur Ordnung $(n + k)$.

Aus den Sprungrelationen (4.22) folgt nämlich mit (4.43) die Gleichung

$$\underset{n+k+1}{\varphi_{\nu,\mu}} - \underset{n+k+1}{\varphi_{\mu,\nu}} + \underset{n+k}{\varphi_\nu} p_\mu - \underset{n+k}{\varphi_\mu} p_\nu = \underset{n+k-1}{v_\nu} \; p_\mu - \underset{n+k-1}{v_\mu} \; p_\nu . \tag{4.46}$$

Damit (4.46) erfüllbar ist, muß gelten

$$\underset{n+k-1}{\varphi_{\nu,\mu}} - \underset{n+k-1}{\varphi_{\mu,\nu}} \equiv \underset{n+k-1}{\alpha_\nu} \; p_\mu - \underset{n+k-1}{\alpha_\mu} \; p_\nu . \tag{4.47}$$

Aus (4.47) folgt mit (4.44 a), (3.37 a) und (4.7) durch Überschieben mit d^μ und Einsetzen des Resultats in (4.46)

$$\underset{n+k-1}{\varphi_{\nu,\mu}} - \underset{n+k-1}{\varphi_{\mu,\nu}} = 0 . \tag{4.48}$$

Aus (4.48) ergibt sich, daß $\underset{n+k-1}{\varphi_\mu}$ ein Gradient ist:

$$\underset{n+k-1}{\varphi_\nu} = \underset{n+k-1}{S_{,\nu}} , \tag{4.48a}$$

wobei gemäß (4.44b)

$$\underset{n+k-1}{\varphi_\nu} \; p^\nu = \underset{n+k-1}{\varphi_\nu} \; d^\nu = \underset{n+k-1}{S_{,\nu}} \; d^\nu = \underset{n+k-1}{S_{,\nu}} \; p^\nu = 0 \tag{4.48b}$$

gilt. Anderseits folgt mit (4.48) aus (4.46) und (4.23), daß gelten muß

$$\underset{n+k}{\varphi_\mu} p^\mu = 0 , \qquad \text{d. h. } \underset{n+k}{\varphi_\mu} = \underset{n+k}{(\varphi_\mu)_{\text{Homogen}}} . \tag{4.49}$$

Aus (4.11) folgt mit (4.43) und (4.44a, b), daß die Sprungrelationen $(n + k)$-ter Ordnung hier einfach

$$\left[\frac{\partial^{n+k-2}}{\partial z^{n+k-2}} F_\mu{}^\nu{}_{,\nu}\right] = p_\mu \underset{n+k-1}{\varphi^\tau{}_{;\tau}} + p_\mu \underset{n+k}{\varphi_\tau} p^\tau - 2 \underset{n+k-1}{S_{,\mu k}} p^k - \underset{n+k-1}{S_{,\mu}} p^k{}_{,k} = 0 \tag{4.50}$$

lauten. Indem wir (4.50) mit d^μ überschieben, erhalten wir sofort

$$\underset{n+k}{\varphi} = \underset{n+k}{(\varphi_\mu)_{\text{Homogen}}} - d_\mu \underset{n+k-1}{S_{,k}{}^{k}} . \tag{4.50a}$$

Der Vergleich von (4.50a) und (4.49) ergibt, daß $\underset{n+k-1}{S}$ und damit erst recht auch $\underset{n+k-1}{S_{,i}}$ Laplace-Gleichungen befriedigen müssen:

$$\Delta \underset{n+k-1}{S} = \Delta \underset{n+k-1}{S_{,i}} = 0. \tag{4.50b}$$

Gemäß ihrer Herleitung gelten die Gleichungen (4.48a, b), (4.49) und (4.50) für beliebiges $k \geqq 0$ (und selbstverständlich für beliebiges $n > 0$). Bei einem elementaren Wellenfeld mit den Wellenflächen (2.21) und dem Nullvektor q_ν aus (4.3) und (4.4) als (zeitlich konstantem) Wellenvektor gilt also: Die Entwicklungskoeffizienten $\underset{n+k}{\varphi_\mu}$ der Reihe (4.9) sind Gradienten, die nur von den Koordinaten der in den Wellenflächen $z = \text{const}$ liegenden, zu den Bicharakteristiken orthogonalen Unterräumen $x^0 = \text{const}$, $z = \text{const}$ abhängen und die gewöhnliche Laplace-Gleichung befriedigen. Die Reihe (4.9) lautet also

$$A^+_\mu = \sum_{k \geq 0} \underset{n+k}{S_{,\mu}} \frac{z^{n+k}}{(n+k)!} \quad \text{mit} \quad \underset{n+k}{S_{,\mu}} p^\mu = \underset{n+k}{S_{,0}} = \Delta \underset{n+k}{S} = 0. \tag{4.51}$$

Verlangen wir nun, daß $F_{\mu\nu}$ auch im Unendlichen regulär ist und auf den Wellenflächen keine Feldquellen liegen, so sind notwendig alle $\underset{n+k}{\varphi_\mu}$ Konstanten, und es gilt

$$\underset{n+k}{S} = \underset{n+k}{k_\mu} x^\mu + \text{const} \tag{4.51 a}$$

mit

$$\underset{n+k}{\varphi_\mu} = \underset{n+k}{k_\mu} = \text{const} \quad \text{und} \quad \underset{n+k}{k_\mu} d^\mu = \underset{n+k}{k_\mu} p^\mu = 0. \tag{4.51 b}$$

Hierbei sind die Wellenflächen $z = \text{const}$ die isotropen Hyperebenen (4.42). Das durch die Reihe (3.3) gegebene für $z \geqq 0$ definierte Feld $F^+_{\mu\nu}$ ist also in demjenigen Bereich des V^+, in dem diese Reihe gleichmäßig konvergiert, eine analytische ebene Welle.

Wir können aber mit Hilfe der Sprungrechnung auch als allgemeinste Form eines singularitätsfreien elementaren Wellenfeldes im V^+ eine ebene Welle herleiten, die für $z > 0$ nur stückweise analytisch von z abhängt. Hierzu führen wir zunächst eine neue Sprungfläche Σ^* ein, die überall rechts von der Sprungfläche $z = 0$ verläuft, und nehmen an, daß das Feld im Bereich $z^* < 0$ durch die Entwicklung (4.21) mit $\underset{n+k}{v_\mu} = \underset{n+k}{{}_H\varphi_\mu}$ und $p_\nu = \text{const}$ gegeben ist. Σ^* möge die Gleichung

$$z^* \equiv x^0 + f^*(x^i) = 0$$

haben. Für das Feld $F^*_{\mu\nu}$ gilt die Entwicklung

$$F^*_{\mu\nu} = v_\nu p_\mu - v_\mu p_\nu + \sum_k \left(\underset{m+k-1}{\varphi^*_{\nu,\mu}} - \underset{m+k-1}{\varphi^*_{\mu,\nu}} + \underset{m+k}{\varphi^*_\nu} p^*_\mu - \underset{m+k}{\varphi^*_\nu} p^*_\mu\right) \underset{m+k-1}{h}(z^*). \tag{4.52}$$

In (4.52) sind die $\underset{l}{h}(z^*)$ entsprechend (4.1) 3 definierte Sprungfunktionen, und es ist $v_\mu p^\mu = 0$. Verlangen wir nun, daß das Feld $F^*_{\mu\nu}$ ein elementares Wellenfeld mit dem Wellenfaktor $q_\nu \equiv p_\nu = (p_\nu)_{z=0}$ ist, so folgt durch Bildung der (4.11), (4.22) und (4.23) entsprechenden Sprungrelationen an der Sprungfläche Σ^* zunächst, daß die Nullflächenschar $z^* = \text{const}$ mit der Hyperebenenschar (4.42) zusammenfällt.

Die weitere Rechnung verläuft völlig analog wie im Fall $F^-_{\mu\nu} = 0$. Die Bedingungen (4.1) und (4.2) ergeben zusammen mit den Maxwellschen Gleichungen für die $\underset{n+l}{\varphi^*_\mu}$ dieselben algebraischen und Differentialbedingungen wie für die $\underset{n+k}{\varphi_\mu}$.

Liegen also auf den Wellenflächen $z = \text{const} \geqq 0$ keine sich mit Lichtgeschwindigkeit bewegende singuläre Feldquellen, so sind die $\underset{m+l}{\varphi^*_\mu}$ Konstanten mit den algebraischen Eigenschaften

$$\underset{m+l}{\varphi^*_\mu} p^\mu = \underset{m+l}{\varphi^*_\mu} d^\mu = 0. \tag{4.53}$$

Wir können nun nacheinander eine beliebige Zahl von Sprungflächen $\underset{M}{\Sigma}$ vorgeben, die, damit die Bedingungen (4.1) und (4.2) erfüllbar sind, sämtlich zu einer Schar von isotropen Hyperebenen (4.42) gehören müssen. Für die Sprungkoeffizienten der entsprechenden Sprungentwicklung gelten immer dieselben Argumente wie oben, so daß wir folgendes finden: Das allgemeinste „elementare elektromagnetische Wellenfeld" mit dem (zeitlich konstanten) Wellenvektor q_ν, auf dessen Wellenflächen keine mit Lichtgeschwindigkeit bewegte Feldsingularitäten liegen, ist eine ebene Welle. Diese Welle ist zunächst durch eine Reihenentwicklung von der Form

$$A_\mu = \sum_M \sum_{l \geqq n_M} \overset{M}{\underset{l}{\varphi_\mu}} \underset{l}{h}(z - \overset{M}{C}) \tag{4.54}$$

gegeben, wobei gilt

$$z_{,\nu} = p_\nu = \text{const}, \qquad \underset{l}{\varphi_\mu} = \underset{l}{k_\mu} = \text{const} \qquad \text{mit} \qquad \overset{M}{\underset{l}{k_\mu}} d^\mu = \overset{M}{\underset{l}{k_\mu}} p^\mu = 0. \tag{4.55}$$

In einem Bereich, in dem die Entwicklung (4.54) gleichmäßig konvergiert, ist das zu (4.54) gegebene ebene Wellenfeld $F_{\mu\nu}$ mit Hilfe von 2 beliebigen, stückweise analytischen Funktionen ${}_1H(z)$ und ${}_2H(z)$ des Arguments $z = c_\nu x^\nu$ dargestellt:

$$F_{\mu\nu} = {}_1K_{\mu\nu}\, {}_1H(z) + {}_2K_{\mu\nu}\, {}_2H(z). \tag{4.56}$$

In (4.56) ist etwa

$${}_1K_{\mu\nu} = (\omega_\mu + \omega_\mu)\, p_\nu - (\omega_\nu + \overline{\omega}_\nu)\, p_\mu \tag{4.57a}$$

und

$${}_2K_{\mu\nu} = \frac{1}{i} \left((\omega_\mu - \overline{\omega}_\mu)\, p_\nu - (\omega_\nu - \overline{\omega}_\nu)\, p_\mu\right) \tag{4.57b}$$

mit konstanten Vektoren ω_μ und p_μ. — Hierbei haben ${}_1H(z)$ und ${}_2H(z)$ herleitungsgemäß die Eigenschaft, für $z < 0$ identisch zu verschwinden.

Wie können aber ${}_1H(z)$ und ${}_2H(z)$ auch ohne weiteres analytisch in den Bereich $z \leqq 0$ fortsetzen. Hierzu brauchen wir nur mit $F^-_{\mu\nu} = 0$ in der Entwicklung (3.3) die Sprungfunktionen $\underset{l}{h}(z)$ durch die Polynome $\frac{1}{l!} z^l$ zu ersetzen. Wegen der z-Unabhängigkeit der $\underset{n+k}{\varphi_\mu}$ und der p_μ gibt dies für $F_{\mu\nu}$ die Taylor-Reihe

$$\begin{aligned} F_{\mu\nu} = {} & (\underset{n}{\varphi_\nu} p_\mu - \underset{n}{\varphi_\mu} p_\nu) \frac{z^{n-1}}{(n-1)!} + (\underset{n}{\varphi_{\nu,\mu}} - \underset{n}{\varphi_{\mu,\nu}} + \underset{n+1}{\varphi_\nu} p_\mu - \underset{n+1}{\varphi_\mu} p_\nu) \frac{z^n}{n!} \\ & + \cdots + (\underset{n+k}{\varphi_{\nu,\mu}} - \underset{n+k}{\varphi_{\mu,\nu}} + \underset{n+k+1}{\varphi_\mu} p_\nu - \underset{n+k+1}{\varphi_\nu} p_\mu) \frac{z^{n+k}}{(n+k)!} + \cdots. \end{aligned} \tag{4.58}$$

Aus (3.1) folgt, daß das durch (4.58) gegebene $F_{\mu\nu}$ für $z = 0$ den Bedingungen

$$\left(\frac{\partial^{n+k-2}}{\partial z^{n+k-2}} F^{\mu\nu}{}_{,\nu}\right)_{z=0} = 0 \tag{4.59}$$

mit beliebigem positiven k gehorcht.

Wenn nun $F_{\mu\nu}$ ein elementares Wellenfeld mit den Wellenflächen (2.21) und dem Wellenvektor $q_\nu \equiv p_\nu = (p_\nu)_{z=0}$ sein soll, so müssen auch noch die Gleichungen

$$\left(\frac{\partial^{n+k-1}}{\partial z^{n+k-1}} F_{\mu\nu}\right)_{z=0} = \underset{n+k}{v_\nu}\, p_\mu - \underset{n+k}{v_\mu}\, p_\nu \tag{4.60}$$

und

$$\left(\frac{\partial^{n+k-1}}{\partial z^{n+k-1}} (p^\nu F_{\mu\nu})\right)_{z=0} = p^\nu \underset{n+k}{v_\nu}\, p_\mu = 0\,. \tag{4.61}$$

gelten. Mit der Entwicklung (4.58) bekommen (4.59), (4.60) und (4.61) dieselbe Form wie die entsprechenden Sprungrelationen (4.11), (4.22) und (4.23). Somit ergeben sich aus (4.59, (4.60) und (4.61) dieselben Bedingungen für die Taylor-Koeffizienten $\underset{n+k}{\varphi_\mu}$ wie sie aus den Sprungrelationen (4.11), (4.22) und (4.23) für die entsprechenden Sprungkoeffizienten folgten.

Bei einer Welle, die in Form der Reihe (4.58) gegeben ist, ist für $z = 0$ notwendig $F_{\mu\nu} = \underset{1}{\varphi_\nu}\, p_\mu - \underset{1}{\varphi_\mu}\, p_\nu$. Entwickeln wir also an der Stelle $z = 0$ das Potential A_μ nach steigenden Potenzen von z:

$$A_\mu = \underset{0}{\varphi_\mu} + \sum_{l \geqq 1} \underset{l}{\varphi_\mu} \frac{z^l}{l!}\,,$$

so muß der Koeffizient $\underset{0}{\varphi_\mu}$ ein Gradient sein. Für das behandelte elementare Wellenfeld ist dies aber keine Einschränkung der Allgemeinheit. Denn aus (4.21) folgt

$$\underset{0}{\varphi_{\nu,\mu}} - \underset{0}{\varphi_{\mu,\nu}} + \underset{1}{\varphi_\mu}\, p_\nu - \underset{1}{\varphi_\nu}\, p_\mu = \underset{1}{v_\mu}\, p_\nu - \underset{1}{v_\nu}\, p_\mu\,. \tag{4.62}$$

A_μ kann nun so geeicht werden, daß $\underset{0}{\varphi_\mu} d^\mu = 0$ ist. Durch Überschieben von (4.62) mit d^μ folgt dann auf dieselbe Weise wie oben: $\underset{0}{\varphi_i} = \underset{0}{S}{}_{,i}$.

Jedes singularitätsfreie Wellenfeld mit den Wellenflächen $z = \text{const}$, dessen (zeitlich konstanter) Wellenvektor p_ν die Bedingungen (4.3) und (4.4) für den Nullvektor q_ν eines elektromagnetischen Nullfeldes befriedigt, ist somit eine ebene Welle von der Form (4.56). Hierbei sind die ${}_1H(z)$ und ${}_2H(z)$ beliebige Wellenfunktionen des Arguments $z = p_\mu x^\mu$ mit konstantem Nullvektor p_μ.

Anhang zu § 4

Zu den elementaren Wellenfeldern mit Singularitäten

Im folgenden soll noch gezeigt werden, daß auch dann, wenn auf den Wellenflächen $z = \text{const} > 0$ polartige Singularitäten von der Form (4.37) liegen, diese Wellenflächen bei den behandelten elementaren Wellenfeldern isotrope Hyperebenen sind.

Entsprechend (2.21) wird der durch $x^0 = \text{const}$ bestimmte dreidimensionale Raum von einer Schar von zweidimensionalen momentanen Wellenflächen $f(x^i) = \text{const}$ mit $f_{,i} f_{,k} \delta^{ik} = 1$ überdeckt. Die orthogonalen Trajektorien von $f = \text{const}$, d. h. die Strahlen, sind die dreidimensionalen Geraden mit den Tangentialvektoren $f_{,i}$.

Betrachten wir nun das in § 4 definierte Skalarfeld $S = \underset{n}{S}$. Gemäß Abb. 1 und (4.31) ist S längs jeder dieser Strahlen konstant. Liegt eine Singularität von S auf einer momentanen Wellenfläche $f = C$ an einem Punkt P, so liegt gemäß (4.39) dieselbe Singularität mit derselben Polstärke ΔS auch auf allen Punkten P', die auf dem durch P gehenden Strahl liegen. Besitzt der Punkt P die Koordinaten $x^1 = x^2 = x^3 = 0$, so können wir den durch P gehenden Strahl z. B. durch $x^1 = x^2 = 0$ beschreiben, so daß dieser Strahl mit der x^3-Achse zusammenfällt. Längs dieser Achse darf ΔS nicht von x^3 abhängen. — Der Einfachheit halber nehmen wir nun an, daß S einen Monopol besitzt. Wir bemerken aber, daß die folgenden Schlüsse auch dann gelten, wenn die Singularitäten von S multipolartig sind.

Mit explizit hingeschriebener Singularität lautet die Differentialgleichung für S

$$\Delta S = \text{const}\, \delta(x^1, x^2). \tag{4.63}$$

Da voraussetzungsgemäß alle Quellen des Feldes S auf der rechten Seite von (4.62) stehen, folgt aus (4.63), daß S eine harmonische Funktion von x^1 und x^2 allein ist und daher

$$S_{,3} = 0 \tag{4.63a}$$

gilt[1]). Die Flächen $S = \text{const}$ enthalten also die Koordinatenlinien von x^3.

Lassen wir die Indizes a, b und c von 1 bis 2 und die Indizes i und k von 1 bis 3 gehen, so folgt mit (4.63 a) aus (4.31) und (4.36)

$$S_{,a} f_{,b} \delta^{ab} = 0 \tag{4.64a}$$

und

$$\begin{aligned} &2 S_{,a}{}^{b} f_{,b} + S_{,a} f_{,k}{}^{k} \\ &= -2 \delta^{bc} S_{,ac} f_{,b} - S_{,a} \delta^{ik} f_{,ik} = 0. \end{aligned} \tag{4.64b}$$

Außerdem gilt gemäß (2.21 a, b)

$$f_{,a} f_{,b} \delta^{ab} + f_{,3} f_{,3} = 1. \tag{4.64c}$$

1) Für $S_{,3} = \text{const}$ folgt aus (4.36) sofort $p^{\tau}{}_{,\tau} = p^{k}{}_{,k} = 0$.

Durch Kombination von (4.64a) und (4.64b) folgt noch

$$\delta^{bc} 2 f_{,ab} S_{,c} - S_{,a} \delta^{ik} f_{,ik} = 0 . \tag{4.64d}$$

Man kann nun leicht einsehen, daß diese Gleichungen nur die Lösung $f_{,i} = \text{const}$ besitzen. — Ist $f_{,1} = f_{,2} = 0$, so folgt aus (4.64c), daß $f_{,3} = 1$ ist. Wir können also annehmen, daß $f_{,2} \neq 0$ ist. Dann muß $S_{,1} \neq 0$ sein und (4.64a) liefert

$$-\frac{S_{,2}}{S_{,1}} = \frac{f_{,1}}{f_{,2}} . \tag{4.65a}$$

Hieraus folgt, daß entweder

$$S_{,2} = f_{,1} = 0 \qquad (S_{,1} \neq 0, \quad f_{,2} \neq 0) \tag{4.65b}$$

ist oder

$$f_{,a} = \Phi(x^3)\, \varphi(x^1, x^2)_{,a} \tag{4.65c}$$

gilt.

Im Fall (4.65b) ist S längs den Koordinatenlinien von x^2 konstant. Aus (4.64b) oder (4.64d) folgt hier sofort $\Delta f = 0$ und hieraus mit (4.64c) $f_{,i} = \text{const}$. Im weiteren können wir also annehmen, daß auch $S_{,2} \neq 0$ ist und daher (4.65c) gilt. f hat dann die Form

$$f = \Phi(x^3)\, \varphi(x^1, x^2) + \Theta(x^3) + \text{const} . \tag{4.66}$$

Geht man mit (4.66) in (4.64c) ein und differenziert das Resultat nach x^i, so findet man durch Vergleich, daß gelten muß:

$$\Theta_{,3} = \text{const}, \qquad \Phi = \text{const} = 1 \tag{4.67}$$

und

$$\det \varphi_{,ab} = 0 . \tag{4.68}$$

Indem man schließlich mit (4.66), (4.67) und (4.68) in (4.64d) eingeht, erhält man als Lösbarkeitsbedingung für (4.64d)

$$\varphi_{,11} + \varphi_{,22} = 0 . \tag{4.69}$$

Die Gleichungen (4.66) bis (4.69) liefern zusammen sofort $f_{,i} = \text{const}$. Wegen (4.64 a, c) sind die momentanen Wellenflächen daher die Ebenen

$$f \equiv x^3 = \text{const} . \tag{4.70}$$

Liegen auf den Wellenflächen $z = \text{const}$ mehrere sich mit Lichtgeschwindigkeit bewegende Singularitäten, so gibt es im dreidimensionalen Raum $x^0 = \text{const}$ mehrere Geraden, die singuläre Quellen des S-Feldes sind. Hierbei sind die Quellstärken ΔS jeweils längs jeder dieser Geraden konstant. Durch Anwendung der Bedingung (4.64a) längs jeder dieser belegten Geraden leitet man dann leicht her, daß diese zueinander parallel verlaufen müssen. — Die Wiederholung der obigen Überlegungen ergibt dann wieder, daß die Flächen $f = \text{const}$ die Ebenen (4.70) sind.

§ 5. Die Sprungreihe für den Einstein-Tensor

Die isotrope Hyperfläche Σ, deren Darstellung die in § 2 geforderten Eigenschaften haben möge, soll nun eine Unstetigkeitsfläche der Einsteinschen Gravitationsgleichungen (1.1) sein. Beim Durchgang durch Σ sollen also wesentliche Unstetigkeiten der n-ten Ableitungen auftreten, was dann auch Unstetigkeiten der höheren Ableitungen zur Folge hat.

Gemäß § 1 ist das Gesamtfeld $g_{\mu\nu}$ durch die Sprungreihe (1.2) gegeben. Für das gestörte Feld $g^+{}_{\mu\nu}$ im V^+ folgt aus (1.2) eine für $z \geqq 0$ gültige Reihe

$$g^+{}_{\mu\nu} = g^-{}_{\mu\nu+} + \frac{1}{n!}\underset{n}{\gamma_{\mu\nu}} z^n + \frac{1}{(n+1)!}\underset{n+1}{\gamma_{\mu\nu}} z^{n+1} + \cdots + \frac{1}{(n+k)!}\underset{n+k}{\gamma_{\mu\nu}} z^{n+k} + \cdots. \tag{5.1}$$

Gemäß § 2 nehmen wir $z(x^\nu)$ als analytische Funktion an und verstehen unter $g^-{}_{\mu\nu+}$ die analytische Fortsetzung des metrischen Tensors $g^-{}_{\mu\nu}$ aus dem V^- in den V^+. Desgleichen sollen die Sprungkoeffizienten $\underset{n+k}{\gamma_{\mu\nu}}$ in (5.1) analytische Funktionen sein.

In (5.1) kann n jede natürliche Zahl sein. Hingegen ist die Existenz von nicht forttransformierbaren Unstetigkeiten der $g_{\mu\nu}$ selbst mit den Einsteinschen Feldgleichungen unverträglich[1]). Der Fall $n = 1$, also die Sprünge der ersten Ableitungen von $g_{\mu\nu}$, ist bereits in einer früheren Arbeit[2]) soweit untersucht worden, daß wir uns für das Weitere auf diese stützen können (s. hierzu den Anhang zu § 7).

Indem wir zunächst $n \geqq 2$ annehmen, bemerken wir, daß es wegen der Nichtlinearität der Einsteinschen Gleichungen (1.1) und wegen der geometrischen Bedeutung der $g_{\mu\nu}$ als metrischen Tensor bei der Behandlung der Sprünge von höherer als n-ter Ordnung einen Unterschied macht, mit welcher Zahl die Entwicklung (5.1) einsetzt.

Bei der Aufstellung einer Sprungrelation wird der Grenzübergang $z \to 0$ durchgeführt. Da der Einstein-Tensor $R_{\mu\nu}$ linear in den zweiten Ableitungen der $g_{\mu\nu}$ ist, muß er $(n-2)$mal differenziert werden, damit der Sprung der betreffenden Ableitung linear von den $\underset{n}{\gamma_{\mu\nu}}$ abhängt. Ferner ist der Einstein-Tensor aber noch bilinear in den $\Gamma^\sigma{}_{\mu\nu}$ und die in den $g_{\mu\nu,\sigma\tau}$ linearen Terme enthalten als Koeffizienten die $g^{\varkappa\lambda}$. Daher treten in den Sprungrelationen genügend hoher Ordnung auch Produkte der Sprungkoeffizienten $\underset{n+i}{\gamma_{\mu\nu}}$ niederer Ordnung auf. — Aus der Reihe (5.1) entnimmt man, daß in den Sprungkoeffizienten niedrigster Ordnung $\underset{n}{\gamma_{\mu\nu}}$

---

1) Siehe hierzu A. Papapetrou und H. Treder l. c., Anm. p. 35. — Es gibt somit nur forttransformierbare Unstetigkeiten der $g_{\mu\nu}$. Wir werden im folgenden annehmen, daß diese durch die Wahl des Koordinatensystems eliminiert sind.

2) Papapetrou und Treder l. c., Anm. p. 8.

bilinear Terme in der Sprungrelation 2 n-ter Ordnung $\left[\frac{\partial^{2n-2}}{\partial z^{2n-2}} R_{\mu\nu}\right] = 0$ auftreten. Alle Sprungrelationen von niedrigerer als $2n$-ter Ordnung enthalten hingegen keine Produkte der Entwicklungskoeffizienten $\gamma_{\mu\nu}$.

Im folgenden wollen wir zunächst das Sprungproblem mit $n = 2$ ausführlicher diskutieren. Für $n = 2$ enthalten bereits die Sprungrelationen vierter Ordnung die $\underset{2}{\gamma}_{\mu\nu}$ nichtlinear. Gemäß der in § 1 formulierten Aufgabenstellung werden wir also beim Sprungproblem mit $n = 2$ die ersten 3 Terme in der Entwicklung (5.1) genauer untersuchen.

Mit $n = 2$ lautet die Reihe (5.1)

$$g^{+}_{\mu\nu} - g^{-}_{\mu\nu+} = \frac{1}{2!}\underset{2}{\gamma}_{\mu\nu} z^2 + \frac{1}{3!}\underset{3}{\gamma}_{\mu\nu} z^3 + \frac{1}{4!}\underset{4}{\gamma}_{\mu\nu} z^4 + \cdots + \frac{1}{(2+k)!}\underset{2+k}{\gamma}_{\mu\nu} z^{2+k} + \cdots. \tag{5.2}$$ [1]

Gemäß der allgemeinen Beziehung

$$\begin{aligned}[g_{\mu\nu,\lambda\ldots\tau}] &= (g_{\mu\nu,\lambda\ldots\tau})_{z\to+0} - (g_{\mu\nu,\lambda\ldots\tau})_{z\to-0} \\ &= (g^{+}_{\mu\nu,\lambda\ldots\tau} - g^{-}_{\mu\nu+,\lambda\ldots\tau})_{z\to+0}\end{aligned} \tag{5.3}$$

erhalten wir durch zweimaliges Differenzieren der rechten Seite von (5.2) und anschließenden Grenzübergang $z \to 0$ definitionsgemäß

$$[g_{\mu\nu,\lambda\tau}] = \underset{2}{\gamma}_{\mu\nu} p_\lambda p_\tau. \tag{5.3a}$$

Das dreimalige Differenzieren mit anschließendem Grenzübergang $z \to 0$ liefert für die Sprünge der dritten Ableitungen von $g_{\mu\nu}$ den Ausdruck

$$\begin{aligned}[g_{\mu\nu,\lambda\tau\alpha}] &= \lim_{z\to 0}\left(\left(\frac{1}{2}\underset{2}{\gamma}_{\mu\nu} z^2\right)_{,\lambda\tau\alpha} + \left(\frac{1}{6}\underset{3}{\gamma}_{\mu\nu} z^3\right)_{,\lambda\tau\alpha}\right) \\ &= \underset{2}{\gamma}_{\mu\nu,\lambda} p_\tau p_\alpha + \underset{2}{\gamma}_{\mu\nu,\tau} p_\lambda p_\alpha + \underset{2}{\gamma}_{\mu\nu,\alpha} p_\tau p_\lambda + \underset{2}{\gamma}_{\mu\nu} p_{\tau,\alpha} p_\lambda \\ &\quad + \underset{2}{\gamma}_{\mu\nu} p_\tau p_{\lambda,\alpha} + \underset{3}{\gamma}_{\mu\nu} p_\lambda p_\tau p_\alpha.\end{aligned} \tag{5.3b}$$

Das viermalige Differenzieren mit anschließendem Grenzübergang $z \to 0$ liefert die Sprünge der vierten Ableitungen

$$\begin{aligned}[g_{\mu\nu,\lambda\tau\alpha\beta}] = (&\underset{2}{\gamma}_{\mu\nu,\lambda} p_\tau p_\alpha + \underset{2}{\gamma}_{\mu\nu,\tau} p_\lambda p_\alpha + \underset{2}{\gamma}_{\mu\nu,\alpha} p_\tau p_\lambda + \underset{2}{\gamma}_{\mu\nu} p_{\tau,\alpha} p_\lambda \\ &+ \underset{2}{\gamma}_{\mu\nu} p_\tau p_{\lambda,\alpha} + \underset{2}{\gamma}_{\mu\nu} p_{\lambda,\tau} p_\alpha)_{,\beta}\end{aligned}$$

---

[1]) Durch (5.2) ist das Koordinatensystem im V^{+} bis auf Transformationen festgelegt, die an Σ in den dritten Ableitungen unstetig sind, s. unten.

$$+ p_\beta (\underset{2}{\gamma}_{\mu\nu,\lambda} p_\tau + \underset{2}{\gamma}_{\mu\nu,\tau} p_\lambda + \underset{2}{\gamma}_{\mu\nu} p_{\lambda,\tau})_{,\alpha} + p_\alpha p_\beta \underset{2}{\gamma}_{\mu\nu,\lambda\tau}$$

$$+ (\underset{3}{\gamma}_{\mu\nu} p_\alpha p_\lambda p_\tau)_{,\beta} + p_\beta (\underset{3}{\gamma}_{\mu\nu} p_\lambda p_\tau)_{,\alpha}$$

$$+ p_\alpha p_\beta (\underset{3}{\gamma}_{\mu\nu} p_{\lambda,\tau} + \underset{3}{\gamma}_{\mu\nu,\lambda} p_\tau + \underset{3}{\gamma}_{\mu\nu,\tau} p_\lambda) + \underset{4}{\gamma}_{\mu\nu} p_\lambda p_\tau p_\alpha p_\beta \tag{5.3c}$$

usf. In (5.3b) usw. sind für die $\underset{2}{\gamma}_{\mu\nu}$, $\underset{3}{\gamma}_{\mu\nu}$, $\underset{4}{\gamma}_{\mu\nu}$ etc. sowie für den Vektor p_α jeweils ihre Werte auf Σ zu nehmen.

Unter Verwendung der Entwicklung (5.2) können wir nun den Einstein-Tensor $R^+{}_{\mu\nu}$ des V^+ als Funktion der Metrik $g^-{}_{\mu\nu+}$ der Sprungkoeffizienten $\underset{2+k}{\gamma}_{\mu\nu}$ und deren Ableitungen ausdrücken. Wir erhalten so den Einstein-Tensor $R^+{}_{\mu\nu}$ des V^+ in Form einer Reihe nach steigenden Potenzen von z

$$R^+{}_{\mu\nu} = R^-{}_{\mu\nu+} + \underset{0}{A}_{\mu\nu} + \underset{1}{A}_{\mu\nu}\, z + \underset{2}{A}_{\mu\nu} \frac{z^2}{2} + \cdots + \underset{k}{A}_{\mu\nu} \frac{z^k}{k!} + \cdots, \tag{5.4}$$

wobei $R^-{}_{\mu\nu+}$ gemäß den Feldgleichungen (1.4) gleich Null ist. Hierbei sind die Entwicklungskoeffizienten $\underset{l}{A}_{\mu\nu}$ bestimmte Ausdrücke aus den Koeffizienten $\underset{2+k}{\gamma}_{\mu\nu}$ und deren ersten und zweiten Ableitungen, wobei notwendig $k \leqq l$ ist. Die $\underset{l}{A}_{\mu\nu}$ enthalten ferner die $g^-{}_{\mu\nu+}$ nebst ersten und zweiten Ableitungen und p_μ nebst ersten Ableitungen. Die konkreten Ausdrücke für die $\underset{l}{A}_{\mu\nu}$ wollen wir im folgenden herleiten.

Um diese etwas komplexe Rechnung übersichtlich zu gestalten ist es zweckmäßig, zunächst den Speziafall zu betrachten, daß der V^- ein ebener Raum ist, so daß global $g^-{}_{\mu\nu} = g^-{}_{\mu\nu+} = \eta_{\mu\nu}$ gesetzt werden kann. Wir bestimmen dann durch eine direkte Rechnung die explizite Form der Koeffizienten $\underset{0}{A}_{\mu\nu}$, $\underset{1}{A}_{\mu\nu}$ und $\underset{2}{A}_{\mu\nu}$ in der Reihe (5.4) für

$$R^+{}_{\mu\nu} \equiv g^{+\sigma\tau} R^+{}_{\sigma\mu\nu\lambda} = \left(\eta^{\sigma\tau} - \frac{1}{2} \underset{2}{\gamma}_{\alpha\beta}\, \eta^{\alpha\tau} \eta^{\beta\sigma} z^2 + \ldots\right) R^+{}_{\sigma\mu\nu\tau}\,. \tag{5.5}$$

Wir erhalten die Ausdrücke:

$$\underset{0}{A}_{\mu\nu} = \frac{1}{2} \eta^{\sigma\tau} (p_\sigma p_\tau \underset{2}{\gamma}_{\mu\nu} - \underset{2}{\gamma}_{\mu\tau} p_\sigma p_\nu - \underset{2}{\gamma}_{\nu\sigma} p_\tau p_\mu + \underset{2}{\gamma}_{\sigma\tau} p_\mu p_\nu)\,, \tag{5.6}$$

$$\underset{1}{A}_{\mu\nu} = \frac{1}{2} \eta^{\sigma\tau} (2 \underset{2}{\gamma}_{\mu\nu,\sigma} p_\tau + \underset{2}{\gamma}_{\mu\nu} p_{\sigma,\tau} - \underset{2}{\gamma}_{\mu\sigma,\nu} p_\tau - \underset{2}{\gamma}_{\mu\sigma} p_{\tau,\nu} - \underset{2}{\gamma}_{\mu\sigma,\tau} p_\nu$$

$$- \underset{2}{\gamma}_{\nu\sigma,\mu} p_\tau - \underset{2}{\gamma}_{\nu\sigma} p_{\tau,\mu} - \underset{2}{\gamma}_{\nu\sigma,\tau} p_\mu + \underset{2}{\gamma}_{\sigma\tau} p_{\mu,\nu} + \underset{2}{\gamma}_{\sigma\tau,\nu} p_\mu + \underset{2}{\gamma}_{\sigma\tau,\mu} p_\nu$$

$$- \underset{3}{\gamma}_{\mu\tau} p_\sigma p_\nu - \underset{3}{\gamma}_{\nu\sigma} p_\tau p_\mu + \underset{3}{\gamma}_{\sigma\tau} p_\mu p_\nu + \underset{3}{\gamma}_{\mu\nu} p_\sigma p_\tau) \tag{5.7}$$

und

$$\underset{2}{A}_{\mu\nu} = \frac{1}{2}\,\eta^{\sigma\tau}\,(\underset{2}{\gamma}_{\mu\nu,\sigma\tau} + \underset{2}{\gamma}_{\sigma\tau,\mu\nu} - \underset{2}{\gamma}_{\mu\sigma,\nu\tau} - \underset{2}{\gamma}_{\nu\sigma,\mu\tau} + 2\,\underset{3}{\gamma}_{\mu\nu,\sigma}\,p_\tau + \underset{3}{\gamma}_{\mu\nu}\,p_{\sigma,\tau}$$

$$- \underset{3}{\gamma}_{\mu\sigma,\nu}\,p_\tau - \underset{3}{\gamma}_{\mu\sigma}\,p_{\tau,\nu} - \underset{3}{\gamma}_{\mu\sigma,\tau}\,p_\nu - \underset{3}{\gamma}_{\nu\sigma,\mu}\,p_\tau - \underset{3}{\gamma}_{\nu\sigma}\,p_{\tau,\mu} - \underset{3}{\gamma}_{\nu\sigma,\tau}\,p_\mu$$

$$+ \underset{3}{\gamma}_{\sigma\tau}\,p_{\mu,\nu} + \underset{3}{\gamma}_{\sigma\tau,\nu}\,p_\mu + \underset{3}{\gamma}_{\sigma\tau,\mu}\,p_\nu - \underset{4}{\gamma}_{\mu\tau}\,p_\sigma\,p_\nu - \underset{4}{\gamma}_{\nu\sigma}\,p_\tau\,p_\mu$$

$$+ \underset{4}{\gamma}_{\sigma\tau}\,p_\mu\,p_\nu + \underset{4}{\gamma}_{\mu\nu}\,p_\sigma\,p_\tau) + {}_1B_{\mu\nu} + {}_2B_{\mu\nu}\,. \tag{5.8}$$

In (5.8) sind ${}_1B_{\mu\nu}$ und ${}_2B_{\mu\nu}$ in den $\underset{2}{\gamma}_{\mu\nu}$ bilineare Ausdrücke. ${}_1B_{\mu\nu}$ ergibt sich aus den in den Christoffel-Symbolen bilinearen Termen von $R^{+}{}_{\mu\nu}$ und lautet

$${}_1B_{\mu\nu} = \frac{1}{2}\,\eta^{\alpha\beta}\eta^{\sigma\tau}\{(-\underset{2}{\gamma}_{\mu\nu}\,p_\sigma + \underset{2}{\gamma}_{\nu\sigma}\,p_\mu + \underset{2}{\gamma}_{\sigma\mu}\,p_\nu)\,(-\underset{2}{\gamma}_{\alpha\beta}\,p_\tau + \underset{2}{\gamma}_{\beta\tau}\,p_\alpha + \underset{2}{\gamma}_{\tau\alpha}\,p_\beta)$$

$$-(-\underset{2}{\gamma}_{\mu\alpha}\,p_\sigma + \underset{2}{\gamma}_{\alpha\sigma}\,p_\mu + \underset{2}{\gamma}_{\sigma\mu}\,p_\alpha)\,(-\underset{2}{\gamma}_{\beta\nu}\,p_\tau + \underset{2}{\gamma}_{\nu\tau}\,p_\beta + \underset{2}{\gamma}_{\beta\tau}\,p_\nu)\}\,. \tag{5.9a}$$

${}_2B_{\mu\nu}$ entsteht aus $\frac{1}{2}\,g^{\sigma\tau}\,(g_{\sigma\tau,\mu\nu} + g_{\mu\nu,\sigma\tau} - g_{\nu\sigma,\tau\mu} - g_{\mu\tau,\sigma\nu})$ und lautet

$${}_2B_{\mu\nu} = -\frac{1}{2}\,\underset{2}{\gamma}^{\underline{\sigma}\underline{\tau}}\,(p_\sigma\,p_\tau\,\underset{2}{\gamma}_{\mu\nu} - \underset{2}{\gamma}_{\mu\tau}\,p_\sigma\,p_\nu - \underset{2}{\gamma}_{\nu\sigma}\,p_\tau\,p_\mu + \underset{2}{\gamma}_{\sigma\tau}\,p_\mu\,p_\nu)\,. \tag{5.9b}$$

Hierbei bedeutet das Unterstreichen eines Index, daß dieser mit $\eta^{\alpha\beta}$ gehoben worden ist: $B^{\underline{\alpha}} \equiv \eta^{\alpha\beta}B_\beta$. — (5.9a) und (5.9b) werden wir unten mit Hilfe der Sprungrelationen zweiter Ordnung vereinfachen und zusammenfassen.

Im Fall eines beliebigen Fundamentaltensors $g^{-}{}_{\mu\nu}$ ist im Entwicklungskoeffizienten $\underset{0}{A}_{\mu\nu}$ aus (5.4) nur $\eta^{\sigma\tau}$ durch $(g^{-\sigma\tau})_+$ zu ersetzen. Das Unterstreichen eines Index bedeutet dann, daß dieser mit $(g^{-\sigma\tau})_+$ gehoben ist: $B^{\underline{\sigma}} \equiv (g^{-\sigma\tau})_+\,B_\tau$. — In bezug auf den Term $\sim z$ in (5.4) bemerken wir, daß der Koeffizient $\underset{1}{A}_{\mu\nu}$ nur erste partielle Ableitungen enthält. Die Form (5.7) von $\underset{1}{A}_{\mu\nu}$ ist somit die allgemeine Form von $\underset{1}{A}_{\mu\nu}$ in einem Koordinatensystem, das in der Umgebung eines auf der Sprungfläche Σ gelegenen Punktes P in bezug auf $g^{-}{}_{\mu\nu}$ geodätisch ist. Wir erhalten also die kovariante Form des Terms $\sim z$ dadurch, daß wir im Ausdruck (5.7) für $\underset{1}{A}_{\mu\nu}$ den Minkowski-Term $\eta^{\mu\nu}$ durch $(g^{-\mu\nu})_+$ ersetzen und ferner anstelle der partiellen Ableitungen die mit Hilfe der $\Gamma^{-\sigma}{}_{\mu\nu}$ bzw. ihrer analytischen Fortsetzung $\Gamma^{-\sigma}{}_{\mu\nu+}$ in den V^+ gebildeten kovarianten Ableitungen einführen. Für diese Ableitungen schreiben wir

$$v_{\mu,\nu} - v_\sigma\,\Gamma^{-\sigma}{}_{\mu\nu+} = v_{\mu;\nu}\,.$$

In bezug auf die kovariante Form des Terms $\sim z^2$ in (5.4) bemerken wir wieder, daß die in $\underset{2}{A}_{\mu\nu}$ enthaltenen ersten partiellen Ableitungen wiederum einfach nur durch die entsprechenden kovarianten Ableitungen zu ersetzen sind. In der Tat treten diese ersten Ableitungen nur bei den $\underset{3}{\gamma}_{\mu\nu}$ auf, und wir können formal so rechnen, als ob $\underset{2}{\gamma}_{\mu\nu} \equiv 0$ wäre. — Die direkte Berechnung der kovarianten Form der Ausdrücke mit den zweiten Ableitungen von $\underset{2}{\gamma}_{\mu\nu}$ ist ziemlich umständlich. Man erhält die kovariante Form dieser Terme jedoch einfacher auf Grund der Bemerkung, daß sie die einzigen Summanden sind, die keine Ableitungen des Entwicklungsparameters z enthalten. (Sie enthalten weder den Vektor p_μ noch dessen Ableitungen.) Demnach lassen sich diese Terme auch als das Ergebnis einer Variation des ungestörten Tensors $g^{-}{}_{\mu\nu+}$ gemäß

$$g^{-}{}_{\mu\nu+} + \delta g_{\mu\nu} = g^{-}{}_{\mu\nu+} + \frac{1}{2} z^2 \underset{2}{\gamma}_{\mu\nu}, \tag{5.10a}$$

$$(g^{-\mu\nu})_+ + \delta g^{\mu\nu} = (g^{-\mu\nu})_+ - \frac{1}{2} z^2 \underset{2}{\gamma}^{\mu\nu} \tag{5.10b}$$

deuten, wobei der kleine Variationsparameter der konstant gehaltene Faktor $\frac{1}{2} z^2$ ist. Die kovariante Form derjenigen Terme in $\underset{2}{A}_{\mu\nu}$, die zweite Ableitungen der $\underset{2}{\gamma}_{\mu\nu}$ enthalten, ist somit gleich der Änderung $\delta R_{\mu\nu}$ des Einstein-Tensors $R^{-}{}_{\mu\nu+}$ bei der Variation (5.10). Die Formel von Palatini liefert hierfür

$$\delta R_{\mu\nu} = \frac{1}{2} (g^{-\sigma\tau})_+ (\underset{2}{\gamma}_{\mu\nu\underline{;}\sigma\tau} + \underset{2}{\gamma}_{\sigma\tau\underline{;}\mu\nu} - \underset{2}{\gamma}_{\mu\sigma\underline{;}\nu\tau} - \underset{2}{\gamma}_{\nu\sigma\underline{;}\mu\tau}) \frac{z^2}{2}. \tag{5.11}$$

Auf Grund dieser Bemerkungen können wir die allgemeine Form der Entwicklungskoeffizienten $\underset{0}{A}_{\mu\nu}$, $\underset{1}{A}_{\mu\nu}$ und $\underset{2}{A}_{\mu\nu}$ aus (5.4) für einen beliebigen Fundamentaltensor $g^{-}{}_{\mu\nu}$ sofort hinschreiben. Es ist

$$\underset{0}{A}_{\mu\nu} = \frac{1}{2} (g^{-\sigma\tau})_+ (p_\sigma p_\tau \underset{2}{\gamma}_{\mu\nu} - \underset{2}{\gamma}_{\mu\tau} p_\sigma p_\nu - \underset{2}{\gamma}_{\nu\sigma} p_\tau p_\mu + \underset{2}{\gamma}_{\sigma\tau} p_\mu p_\nu), \tag{5.12}$$

$$\begin{aligned} \underset{1}{A}_{\mu\nu} = \frac{1}{2} (g^{-\sigma\tau})_+ (& 2 \underset{2}{\gamma}_{\mu\nu\underline{;}\sigma} p_\tau + \underset{2}{\gamma}_{\mu\nu} p_{\sigma\underline{;}\tau} - \underset{2}{\gamma}_{\mu\sigma\underline{;}\nu} p_\tau - \underset{2}{\gamma}_{\mu\sigma} p_{\tau\underline{;}\nu} - \underset{2}{\gamma}_{\mu\sigma\underline{;}\tau} p_\nu \\ & - \underset{2}{\gamma}_{\nu\sigma\underline{;}\mu} p_\tau - \underset{2}{\gamma}_{\nu\sigma} p_{\tau\underline{;}\mu} - \underset{2}{\gamma}_{\nu\sigma\underline{;}\tau} p_\mu + \underset{2}{\gamma}_{\sigma\tau} p_{\mu\underline{;}\nu} + \underset{2}{\gamma}_{\sigma\tau\underline{;}\nu} p_\mu \\ & + \underset{2}{\gamma}_{\sigma\tau\underline{;}\mu} p_\nu - \underset{3}{\gamma}_{\mu\tau} p_\sigma p_\nu - \underset{3}{\gamma}_{\nu\sigma} p_\tau p_\mu + \underset{3}{\gamma}_{\sigma\tau} p_\mu p_\nu + \underset{3}{\gamma}_{\mu\nu} p_\sigma p_\tau), \end{aligned} \tag{5.13}$$

$$\begin{aligned} \underset{2}{A}_{\mu\nu} = \frac{1}{2} (g^{-\sigma\tau})_+ \big(& \underset{2}{\gamma}_{\mu\nu;\sigma\tau} + \underset{2}{\gamma}_{\sigma\tau;\mu\nu} - \underset{2}{\gamma}_{\mu\sigma;\nu\tau} - \underset{2}{\gamma}_{\nu\sigma;\mu\tau} + 2\, \underset{3}{\gamma}_{\mu\nu;\sigma} p_\tau \\ & + \underset{3}{\gamma}_{\mu\nu} p_{\sigma;\tau} - \underset{3}{\gamma}_{\mu\sigma;\nu} p_\tau - \underset{3}{\gamma}_{\mu\sigma} p_{\tau;\nu} - \underset{3}{\gamma}_{\mu\sigma;\tau} p_\nu - \underset{3}{\gamma}_{\nu\sigma;\mu} p_\tau + \underset{3}{\gamma}_{\sigma\tau;\nu} p_\mu \\ & + \underset{3}{\gamma}_{\sigma\tau} p_{\mu;\nu} + \underset{3}{\gamma}_{\sigma\tau;\mu} p_\nu - \underset{4}{\gamma}_{\mu\tau} p_\sigma p_\nu - \underset{4}{\gamma}_{\nu\sigma} p_\tau p_\mu + \underset{4}{\gamma}_{\sigma\tau} p_\mu p_\nu + p_\sigma p_\tau \underset{4}{\gamma}_{\mu\nu} \big) \\ & + \frac{1}{2} (g^{-\alpha\beta})_+ (g^{-\sigma\tau})_+ \{ (- \underset{2}{\gamma}_{\mu\nu} p_\sigma + \underset{2}{\gamma}_{\nu\sigma} p_\mu + \underset{2}{\gamma}_{\sigma\mu} p_\nu)(- \underset{2}{\gamma}_{\alpha\beta} p_\tau + \underset{2}{\gamma}_{\beta\tau} p_\alpha + \underset{2}{\gamma}_{\tau\alpha} p_\beta) \\ & - (- \underset{2}{\gamma}_{\mu\alpha} p_\sigma + \underset{2}{\gamma}_{\alpha\sigma} p_\mu + \underset{2}{\gamma}_{\sigma\mu} p_\alpha)(- \underset{2}{\gamma}_{\beta\nu} p_\tau + \underset{2}{\gamma}_{\nu\tau} p_\beta + \underset{2}{\gamma}_{\beta\tau} p_\nu) \} \\ & - \frac{1}{2} \underset{2}{\gamma}^{\sigma\tau} (p_\sigma p_\tau \underset{2}{\gamma}_{\mu\nu} - \underset{2}{\gamma}_{\mu\sigma} p_\tau p_\nu - \underset{2}{\gamma}_{\nu\sigma} p_\tau p_\mu + \underset{2}{\gamma}_{\sigma\tau} p_\mu p_\nu) . \end{aligned} \tag{5.14}$$

Der sich mit (5.12), (5.13) und (5.14) aus (5.4) ergebende Ausdruck wird sofort eingehender diskutiert werden. Vorher wollen wir jedoch noch einen für das Weitere wichtigen Punkt anmerken:

Wir betrachten eine für $z = 0$ in den $(n + 1)$-ten und den höheren Ableitungen unstetige Koordinatentransformation, die für $z < 0$ in die identische Transformation übergeht; diese Transformation kann mit Hilfe der Sprungfunktionen (1.3) geschrieben werden

$$\bar{x}^\nu = x^\nu - \sum_{l \geq n} \underset{l}{a}^\nu \underset{l+1}{h}(z). \qquad (5.15)^{1)}$$

Transformieren wir den durch die Entwicklung (5.1) gegebenen Tensor $g_{\mu\nu}$ gemäß (5.15), so enthält der transformierte Tensor

$$g_{\sigma\tau} = \frac{\partial x^\mu}{\partial \bar{x}^\sigma} \frac{\partial x^\nu}{\partial \bar{x}^\tau} g_{\mu\nu}$$

im Bereich $z > 0$ außer den $\underset{n+m}{\gamma}_{\sigma\tau}$ aus (5.1) noch Terme, die von $4(l - n)$ Vektoren $\underset{l}{a}^\nu$ abhängen. Da diese Terme aber durch die Umkehrtransformation zu (5.15) eliminierbar sind, besitzen sie keine physikalische Bedeutung. In die physikalisch wesentlichen Ausdrücke für den Einstein-Tensor $R^+{}_{\mu\nu}$ und den Riemann-Tensor

---

[1]) Die Vektoren $\underset{l}{a}_\nu$ können hierbei auch analytisch (bzw. genügend oft stetig differenzierbar) von z abhängig sein. Prinzipiell ist in (5.15) auch $l < n$ möglich. Dann setzt die Reihe (5.1) mit Sprungkoeffizienten $\underset{l}{\gamma}_{\mu\nu}$ ein, die koordinatenbedingte Diskontinuitäten darstellen, und der Sprungkoeffizient $\underset{n}{\gamma}_{\mu\nu}$ bekommt eine von der unten angegebenen Formel (5.22) verschiedene Form. — Vgl. hierzu unten § 10, wo derartige Transformationen anläßlich eines konkreten Problems ausführlicher behandelt werden.

$R^+_{\sigma\mu\nu\lambda}$ gehen die neuen Größen $\underset{l}{a^\nu}$ ebenfalls nur über die Transformationsmatrix ein. Ist $R^+_{\mu\nu}$ bzw. $R^+_{\sigma\mu\nu\tau}$ der Einstein- bzw. der Riemann-Tensor des V^+ für $\underset{l}{a^\nu} \equiv 0$, so sind die entsprechenden Tensoren mit den in (5.15) eingehenden $\underset{l}{a^\nu}$ durch

$$\bar{R}^+_{\sigma\tau} = \frac{\partial x^\mu}{\partial \bar{x}^\tau} \frac{\partial x^\nu}{\partial \bar{x}^\sigma} R^+_{\mu\nu} \tag{5.16a}$$

und

$$\bar{R}^+_{\varkappa\alpha\beta\omega} = \frac{\partial x^\sigma}{\partial \bar{x}^\varkappa} \frac{\partial x^\mu}{\partial \bar{x}^\alpha} \frac{\partial x^\nu}{\partial \bar{x}^\beta} \frac{\partial x^\tau}{\partial \bar{x}^\omega} R^+_{\sigma\mu\nu\tau} \tag{5.16b}$$

gegeben.

Aus der Regel (3.42) für die Sprünge von Produkten entnimmt man, daß der Sprung der l-ten Normalableitung von $g_{\mu\nu}$ beim Durchgang durch Σ (und somit jeder Sprungkoeffizient $\underset{l}{\gamma_{\mu\nu}}$ für $z \to +0$) 4 unabhängige Größen von der Form

$$\left[\frac{\partial^l}{\partial z^l}\left(\frac{\partial x^\alpha}{\partial \bar{x}^\mu} \frac{\partial x^\beta}{\partial \bar{x}^\nu}\right)\right] g_{\alpha\beta(z=0)} = \underset{l}{a_\mu} p_\nu + \underset{l}{a_\nu} p_\mu \tag{5.17}$$

enthält. Diese Größen (5.17) können ihrerseits durch eine Koordinatentransformation von der Form

$$\bar{x}^\nu = x^\nu + \sum_{s \geq l} \underset{s}{a^\nu} \underset{s+1}{h}(z) \tag{5.18}$$

eliminiert werden. Die Transformation (5.18) ändert nichts an den Sprüngen von niederer als l-ter Ordnung und somit auch nichts an der Form der Terme $\sim z^{n+m}$ (mit $n + m < l$) in der Entwicklung (1.2). Hingegen wird durch die Transformation (5.18) die Form der Sprünge von höherer als l-ter Ordnung verändert. Diese Sprünge werden aber erst später nach erfolgter Bestimmung der $\underset{l}{\gamma_{\mu\nu}}$ berechnet. Daher können wir in jedem Sprung $\left[\frac{\partial^l}{\partial z^l} g_{\mu\nu}\right]$ einen Term von der Form (5.17) dadurch eliminieren, daß wir das Koordinatensystem im V^+ geeignet wählen (s. auch § 7).

Dies vorausgeschickt, wenden wir uns jetzt der Diskussion der allgemeinen Reihe (5.4) für $R^+_{\mu\nu}$ zu. Die Ausdrücke (5.12), (5.13) und (5.14) sind zunächst recht unhandlich. Um das in § 2 eingeführte Vierbeinfeld vorteilhaft verwenden zu können, müssen wir zunächst eine Vereinbarung über das Heben und Senken der Indizes treffen, und wir müssen insbesondere festsetzen, ob wir die Bedingungen (2.18) und (2.19) in bezug auf den lokalen Fundamentaltensor $g^+_{\mu\nu}$ oder in bezug auf die analytisch fortgesetzten ungestörten $g^-_{\mu\nu+}$ fordern.

Um eine möglichst einfache Form für die Ausdrücke (5.13) und (5.14) zu bekommen, lösen wir zunächst die aus (1.1) folgenden Sprungrelationen zweiter Ordnung. Diese besagen einfach, daß der Sprung von $R_{\mu\nu}$ auf Σ verschwindet:

$$(R^+_{\mu\nu} - R^-_{\mu\nu+})_{z\to+0} = [R_{\mu\nu}] = (\underset{0}{A_{\mu\nu}})_{z=0} = 0. \tag{5.19}$$

Die Form von (5.19) ist ersichtlich unabhängig von den Fortsetzungsvorschriften (2.18) und (2.19).

Wir erhalten die explizite Gestalt von (5.19) einfach dadurch, daß wir (1.4), d. h. $R^{-}{}_{\mu\nu} = R^{-}{}_{\mu\nu+} = 0$, beachten und in (5.4) $z \to +0$ gehen lassen. Das Ergebnis muß gemäß (5.19) verschwinden. Dies gibt folgende zunächst auf Σ geltende Beziehung

$$[R_{\mu\nu}] \equiv \underset{0}{A}_{\mu\nu(z\to+0)}$$
$$= \frac{1}{2} g^{\sigma\tau} (p_\sigma p_\tau \underset{2}{\gamma}_{\mu\nu} - \underset{2}{\gamma}_{\mu\tau} p_\sigma p_\nu - \underset{2}{\gamma}_{\nu\sigma} p_\tau p_\mu + \underset{2}{\gamma}_{\sigma\tau} p_\mu p_\nu) = 0. \qquad (5.20)$$

Wäre p_μ nicht isotrop, so wäre (5.20) gleich 6 unabhängigen algebraischen Gleichungen für $\underset{2}{\gamma}_{\mu\nu}$ und würde nur eine forttransformierbare Lösung von der Form (5.17) besitzen. Da aber voraussetzungsgemäß $g^{\sigma\tau} p_\sigma p_\tau = 0$ ist, reduziert sich (5.20) auf

$$-\underset{2}{\gamma}_{\mu\lambda} p^\lambda p_\nu - \underset{2}{\gamma}_{\nu\lambda} p^\lambda p_\mu + \underset{2}{\gamma}_{\sigma\tau} g^{\sigma\tau} p_\mu p_\nu = 0. \qquad (5.21)$$

(5.21) ist identisch mit der aus den linearisierten Einsteinschen Gleichungen folgenden Sprungrelation[1]) und enthält ersichtlich 4 unabhängige Gleichungen. Die allgemeine Lösung von (5.21) können wir gemäß STELLMACHER mit Hilfe der 3 Vektoren p_μ, ω_μ und $\bar{\omega}_\mu$ darstellen (vgl. auch den Anhang zu § 6):

$$\underset{2}{\gamma}_{\mu\nu} = \underset{2}{\pi}_\mu \underset{2}{\tilde{\pi}}_\nu + \underset{2}{\tilde{\pi}}_\mu \underset{2}{\pi}_\nu + \underset{2}{a}_\mu p_\nu + \underset{2}{a}_\nu p_\mu . \qquad (5.22)$$

In (5.22) bedeuten $\underset{2}{\pi}_\mu$ und $\underset{2}{\tilde{\pi}}_\mu$ die reellen Vektoren

$$\underset{2}{\pi}_\mu = \left(\frac{1}{2}\right)^{\frac{1}{4}} (\underset{2}{E})^{\frac{1}{4}} \left(\omega_\mu e^{\frac{i\delta}{2}} + \bar{\omega}_\mu e^{\frac{-i\delta}{2}}\right) \qquad (5.23\text{a})$$

und

$$\underset{2}{\tilde{\pi}}_\mu = \frac{1}{i} \left(\frac{1}{2}\right)^{\frac{1}{4}} (\underset{2}{E})^{\frac{1}{4}} \left(\omega_\mu e^{\frac{i\delta}{2}} - \bar{\omega}_\mu e^{\frac{-i\delta}{2}}\right). \qquad (5.23\text{b})$$

(5.22) enthält also 6 willkürliche Funktionen. Hierbei sind $\underset{2}{E}^{\frac{1}{4}}$ und $\underset{2}{\delta}$ 2 zunächst beliebige reelle Skalare, die nur genügend oft stetig differenzierbar sein müssen. $\underset{2}{E}$ ist die „Sprungerregung des Gravitationsfeldes" und $\underset{2}{\delta}$ ist der Polarisationswinkel der Stoßwelle[2]). $\underset{2}{\pi}_\mu$ und $\underset{2}{\tilde{\pi}}_\mu$ haben nach (5.23a, b), (2.7), (2.8a, b) und (2.11)

---

[1]) A. S. EDDINGTON, Proc. Roy. Soc. London A **102** (1923) 268.

[2]) Siehe STELLMACHER l. c., Anm. p. 1; vgl. auch TREDER l. c., Anm. p. 9. — Im Anschluß an G. HERGLOTZ (Mechanik der Kontinua, Göttinger Vorlesungen 1931) nennt STELLMACHER den Skalar $\underset{n}{E}$ auch die „Sprungenergie des Gravitationsfeldes", jedoch hat $\underset{n}{E}$ für $n > 1$ nicht die Dimension einer Energieströmung pro Fläche.

die algebraischen Eigenschaften

$$\underset{2}{\pi}_\mu \underset{2}{\bar{\pi}}^\mu = \underset{2}{\pi}_\mu p^\mu = \underset{2}{\bar{\pi}}_\mu p^\mu = \underset{2}{\pi}_\mu d^\mu = \underset{2}{\bar{\pi}}_\mu d^\mu = 0 . \tag{5.23c}$$

Der Term $\underset{2}{a}_\mu p_\nu + \underset{2}{a}_\nu p_\mu$ im Sprung (5.22) ist eine Koordinatendiskontinuität von der Form (5.17) und kann somit gemäß (5.18) mit Hilfe einer Transformation

$$\bar{x}^\nu = x^\nu + \sum_{s \geqq 0} \underset{2+s}{a^\nu} \underset{3+s}{h} (z)$$

zum Verschwinden gebracht werden. Wir können daher sofort annehmen, daß das Koordinatensystem so gewählt ist, daß die koordinatenbedingten Sprünge 2. Ordnung verschwinden, daß also $\underset{2}{a}_\mu = 0$ ist. Dann erfüllen die $\underset{2}{\gamma}_{\mu\nu}$ gemäß (5.22) und (5.23c) außer der Sprungrelation (5.21) noch die Koordinatenbedingungen

$$\underset{2}{\gamma}_{\mu\nu} d^\nu = 0 \tag{5.24}$$

durch die das Koordinatensystem im V^+ bis auf Transformationen (5.15) mit $l \geqq 4$ bestimmt wird. Mit (5.24) folgt aus (5.21), daß gilt

$$\underset{2}{\gamma}_{\mu\nu} p^\nu = \frac{1}{2} p_\mu g^{\sigma\tau} \underset{2}{\gamma}_{\sigma\tau} = 0 . \tag{5.25}$$

(5.24) und (5.25) sind zusammen 8 unabhängige Gleichungen. Durch diese wird $\underset{2}{\gamma}_{\mu\nu}$ nach

$$\underset{2}{\gamma}_{\mu\nu} = \frac{1}{i} \sqrt{2}\, \underset{2}{E}^{\frac{1}{2}} \left(e^{\frac{i 2 \delta}{2}} \omega_\mu \omega_\nu - e^{-\frac{i 2 \delta}{2}} \bar{\omega}_\mu \bar{\omega}_\nu \right) \tag{5.26}$$

bestimmt. Die Koordinatenbedingung (5.24) reduziert somit die Funktionen, von denen $\underset{2}{\gamma}_{\mu\nu}$ abhängt, auf die beiden wesentlichen Skalare $\underset{2}{E}$ und $\underset{2}{\delta}$. Da

$$\underset{2}{E} = \underset{2}{\gamma}^{\mu\nu} \underset{2}{\gamma}_{\mu\nu} - \frac{1}{2} \underset{2}{\gamma}_\alpha{}^\alpha \underset{2}{\gamma}_\beta{}^\beta = \underset{2}{\pi}^\mu \underset{2}{\pi}_\mu \underset{2}{\bar{\pi}}^\nu \underset{2}{\bar{\pi}}_\nu = \underset{2}{\gamma}^{\mu\nu} \underset{2}{\gamma}_{\mu\nu} \tag{5.26a}$$

positiv definit ist, bedeutet $\underset{2}{E} = 0$ zusammen mit (5.24) $\underset{2}{\gamma}_{\mu\nu} = 0$ und somit das Verschwinden der Sprünge zweiter Ordnung.

Mit Hilfe von (5.26) können wir für $z \to +0$ die beiden in den $\underset{2}{\gamma}_{\mu\nu}$ bilinearen Ausdrücke ${}_1B_{\mu\nu}$ und ${}_2B_{\mu\nu}$ in $A_{\mu\nu}$ schreiben

$${}_1B_{\mu\nu} = \frac{1}{2} p_\mu p_\nu \left(- \underset{2}{\gamma}^{\sigma\tau}_{-\,-} \underset{2}{\gamma}_{\sigma\tau} + \frac{1}{2} \underset{2}{\gamma}_{\alpha -}^{\alpha} \underset{2}{\gamma}_{\tau -}^{\tau} \right) = - \frac{1}{2} p_\mu p_\nu \underset{2}{\gamma}^{\sigma\tau}_{-\,-} \underset{2}{\gamma}_{\sigma\tau} \tag{5.27}$$

und

$$
\begin{aligned}
{}_2B_{\mu\nu} &= -\frac{1}{2}\underset{2}{\gamma}^{\underline{\sigma}\,\underline{\tau}}\,(p_\tau p_\sigma \underset{2}{\gamma}_{\mu\nu} - \underset{2}{\gamma}_{\mu\sigma} p_\tau p_\nu - \underset{2}{\gamma}_{\nu\sigma} p_\tau p_\mu + \underset{2}{\gamma}_{\sigma\tau} p_\mu p_\nu) \\
&= -\frac{1}{2}\, p_\mu p_\nu \underset{2}{\gamma}^{\underline{\sigma}\,\underline{\tau}} \underset{2}{\gamma}_{\sigma\tau}\,. \qquad (5.28)
\end{aligned}
$$

Hierbei bedeutet das Unterstreichen eines Index wieder, daß dieser mit Hilfe von $(g^{-\alpha\beta})_+$ gehoben ist. (5.27) und (5.28) ergeben zusammen

$$
{}_1B_{\mu\nu} + {}_2B_{\mu\nu} = -\,p_\mu p_\nu \underset{2}{\gamma}_{\sigma\tau} \underset{2}{\gamma}^{\underline{\sigma}\,\underline{\tau}} = -\,p_\mu p_\nu \underset{2}{E}\,. \qquad (5.28\,\mathrm{a})
$$

Bisher haben wir nun die Werte auf der Sprungfläche Σ betrachtet. Im folgenden wollen wir auch den Bereich z behandeln. Um zu garantieren, daß die durch (5.26) gegebenen $\underset{2}{\gamma}_{\mu\nu}$ die Gleichungen (5.21) und (5.24) auch im Bereich $z > 0$ erfüllen, setzen wir gemäß § 2 fest, daß das Heben der Indizes mit $(g^{-\mu\nu})_+$ erfolgt, was immer durch Unterstreichen angedeutet wird, und verlangen die Erfüllung von (2.18) in bezug auf $(g^{-\mu\nu})_+$. Dementsprechend führen wir auch in (5.12), (5.13) und (5.14) die Kontraktionen nach $(g^{-\sigma\tau})_+$ aus, was ohne weiteres möglich ist, da die in (5.13) und (5.14) eingehenden kovarianten Ableitungen in bezug auf die $g^-{}_{\mu\nu+}$ gebildet sind.

Mit (5.28a) erhalten wir so als explizite Form der Reihe (5.4)

$$
\begin{aligned}
R^+{}_{\mu\nu} = R^-{}_{\mu\nu+} &+ \frac{1}{2}\,(p^{\underline{\tau}} p_\tau \underset{2}{\gamma}_{\mu\nu} - \underset{2}{\bar{b}}_\mu p_\nu - \underset{2}{\bar{b}}_\nu p_\mu) + \frac{1}{2}\Big(2\,\underset{2}{\gamma}_{\mu\nu;\tau}\, p^{\underline{\tau}} + \underset{2}{\gamma}_{\mu\nu}\, p^{\underline{\tau}}{}_{;\tau} \\
&- \underset{2}{\bar{b}}_{\mu;\nu} - \underset{2}{\bar{b}}_{\nu;\mu} + \frac{1}{2}\,\underset{2}{\bar{\gamma}}_{,\mu} p_\nu + \frac{1}{2}\,\underset{2}{\bar{\gamma}}_{,\nu} p_\mu - \underset{2}{\gamma}_\mu{}^{\underline{\tau}}{}_{;\tau} p_\nu - \underset{2}{\gamma}_\nu{}^{\underline{\tau}}{}_{;\tau} p_\mu \\
&- \underset{3}{\bar{b}}_\mu p_\nu - \underset{3}{\bar{b}}_\nu p_\mu + p^{\underline{\tau}} p_\tau \underset{3}{\gamma}_{\mu\nu}\Big)\, z \\
&+ \frac{1}{4}\,(\underset{2}{\gamma}_{\mu\nu;}{}^{\underline{\tau}}{}_\tau + \underset{2}{\bar{\gamma}}_{;\mu\nu} - \underset{1}{\gamma}_\mu{}^{\underline{\tau}}{}_{;\tau\nu} - \underset{2}{\gamma}_\nu{}^{\underline{\tau}}{}_{;\tau\mu} - 2\,\underset{2}{\gamma}^{\underline{\tau}\,\underline{\lambda}} R^-{}_{\tau\mu\nu\lambda+} + 2\,\underset{3}{\gamma}_{\mu\nu;\tau}\, p^{\underline{\tau}} \\
&+ \underset{3}{\gamma}_{\mu\nu}\, p^{\underline{\tau}}{}_{;\tau} + \frac{1}{2}\,\underset{3}{\bar{\gamma}}_{,\mu} p_\nu + \frac{1}{2}\,\underset{3}{\bar{\gamma}}_{,\nu} p_\mu - \underset{3}{\gamma}_\nu{}^{\underline{\tau}}{}_{;\tau} p_\mu - \underset{3}{\gamma}_\mu{}^{\underline{\tau}}{}_{;\tau} p_\nu \\
&- \underset{3}{\bar{b}}_{\mu;\nu} - \underset{3}{\bar{b}}_{\nu;\mu} + \underset{4}{\gamma}_{\mu\nu}\, p^{\underline{\tau}} p_\tau - \underset{4}{\bar{b}}_\mu p_\nu - \underset{4}{\bar{b}}_\nu p_\mu)\, z^2 \\
&+ \frac{1}{4}\,(-2\,p_\mu p_\nu \underset{2}{\gamma}_{\sigma\tau} \underset{2}{\gamma}^{\underline{\sigma}\,\underline{\tau}} + p_\mu p_\nu \underset{2}{\bar{\gamma}}^2)\, z^2 + \text{Terme} \sim z^3 \text{ und höher.} \qquad (5.29)
\end{aligned}
$$

In (5.29) haben wir die folgenden Abkürzungen benutzt, bei denen das Überstreichen immer andeutet, daß in ihnen der Tensor $(g^{-\sigma\tau})_+$ zur Kontraktion benutzt worden ist:

$$\underset{2}{\bar{\gamma}} = (g^{-\sigma\tau})_+ \underset{2}{\gamma_{\sigma\tau}} = \underset{2}{\gamma_{\tau-}^{\tau}}, \qquad \underset{3}{\bar{\gamma}} = (g^{-\sigma\tau})_+ \underset{3}{\gamma_{\sigma\tau}} = \underset{3}{\gamma_{\tau-}^{\tau}},$$

$$\underset{4}{\bar{\gamma}} = (g^{-\sigma\tau})_+ \underset{4}{\gamma_{\sigma\tau}} = \underset{4}{\gamma_{\tau-}^{\tau}}; \tag{5.30}$$

$$\underset{2}{\bar{b}_\mu} = (g^{-\sigma\tau})_+ \left(\underset{2}{\gamma_{\mu\sigma}} p_\tau - \frac{1}{2} \underset{2}{\gamma_{\sigma\tau}} p_\mu\right) = \underset{2}{\gamma_{\mu\sigma}} p^{\sigma}_{-} - \frac{1}{2} p_\mu \underset{2}{\bar{\gamma}}, \tag{5.31 a}$$

$$\underset{3}{\bar{b}_\mu} = (g^{-\sigma\tau})_+ \left(\underset{3}{\gamma_{\mu\sigma}} p_\tau - \frac{1}{2} \underset{3}{\gamma_{\sigma\tau}} p_\mu\right) = \underset{3}{\gamma_{\mu\tau}} p^{\tau}_{-} - \frac{1}{2} \underset{3}{\bar{\gamma}} \tag{5.31 b}$$

$$\underset{4}{\bar{b}_\mu} = (g^{-\sigma\tau})_+ \left(\underset{4}{\gamma_{\mu\sigma}} p_\tau - \frac{1}{2} \gamma_{\sigma\tau} p_\mu\right) = \underset{4}{\gamma_{\mu\tau}} p^{\tau}_{-} - \frac{1}{2} \underset{4}{\bar{\gamma}}. \tag{5.31 c}$$

In (5.29) verschwindet auf Grund der Einsteinschen Gleichungen, der Sprungrelation (5.21) und der Vorschriften (2.18) der Term $\sim z^0$ überall für sich allein. Bei den Termen mit den zweiten kovarianten Ableitungen haben wir unter Berücksichtigung von $R^-{}_{\mu\nu+} = 0$ eine Vertauschung der Indizes durchgeführt, so daß der Riemann-Tensor $R^-{}_{\sigma\mu\nu\lambda+}$ auftritt.

Mit Hilfe der Reihe (5.29) wollen wir in § 6 die Sprungkoeffizienten $\underset{3}{\gamma_{\mu\nu}}$ und $\underset{4}{\gamma_{\mu\nu}}$ berechnen.

Anhang zu § 5

Die Reihe für den Einstein-Tensor bei Verwendung des lokalen metrischen Tensors $g^+{}_{\mu\nu}$

Die Reihe (5.29) für $R^+{}_{\mu\nu}$ ist so gebildet worden, daß die Erfüllung von (2.18) in bezug auf die analytisch fortgesetzten $g^-{}_{\mu\nu}$ verlangt wurde und dementsprechend die Indizes mit $g^-{}_{\mu\nu+}$ bewegt wurden. Im folgenden wollen wir die Reihe für $R^+{}_{\mu\nu}$ bei Verwendung des wahren lokalen metrischen Tensors $g^+{}_{\mu\nu}$ angeben.

Da jetzt (2.18) in bezug auf $g^+{}_{\mu\nu}$ gefordert wird, bilden wir anstelle des durch (5.31 a) definierten Ausdrucks $\underset{2}{\bar{b}_\mu}$ den Ausdruck

$$\underset{2}{b_\mu} = g^{+\sigma\tau} \left(\underset{2}{\gamma_{\mu\sigma}} p_\tau - \frac{1}{2} \underset{2}{\gamma_{\sigma\tau}} p_\mu\right) = \underset{2}{\gamma_{\mu\sigma}} p^{\sigma} - \frac{1}{2} p_\mu \underset{2}{\gamma}. \tag{5.32}$$

Auf Grund von (5.21) und (2.18) verschwindet (5.32) überall.

Bei der Ausführung von Kontraktionen mit Hilfe von $g^{+\mu\nu}$ müssen wir beachten, daß

$$(g^{+\mu\nu})_{\underline{;}\lambda} = -\underset{2}{\gamma^{\mu\nu}_{--}} p_\lambda z + \text{höhere Terme in } z \tag{5.33 a}$$

und

$$(g^{+\mu\nu})_{\underline{;}\lambda\tau} = -\underset{2}{\gamma^{\mu\nu}_{--}} p_\lambda p_\tau + \text{höhere Terme in } z \tag{5.33 b}$$

gilt. Indem wir mit (5.32) und (5.33a, b) in die früher gefundenen Ausdrücke für $\underset{0}{A}_{\mu\nu}$, $\underset{1}{A}_{\mu\nu}$ und $\underset{2}{A}_{\mu\nu}$ eingehen, finden wir, daß die Entwicklung (5.4) (mit $R^-{}_{\mu\nu} = 0$) geschrieben werden kann

$$
\begin{aligned}
R^+{}_{\mu\nu} = {} & \frac{1}{2}\,(p^\tau p_\tau \underset{2}{\gamma}_{\mu\nu} - \underset{2}{b}_\mu p_\nu - \underset{2}{b}_\nu p_\mu) \\
& + \frac{1}{2}\Big(2\,\underset{2}{\gamma}_{\mu\nu\underline{;}\tau} p^\tau + \underset{2}{\gamma}_{\mu\nu} p^\tau{}_{\underline{;}\tau} - \underset{2}{b}_{\mu\underline{;}\nu} - \underset{2}{b}_{\nu\underline{;}\mu} + \frac{1}{2}\,\underset{2}{\gamma}_{,\mu} p_\nu + \frac{1}{2}\,\underset{2}{\gamma}_{,\nu} p_\mu \\
& - \underset{2}{\gamma}_\mu{}^\tau{}_{\underline{;}\tau} p_\nu - \underset{2}{\gamma}_\nu{}^\tau{}_{\underline{;}\tau} p_\mu - \underset{3}{b}_\mu p_\nu - \underset{3}{b}_\nu p_\mu + p^\tau p_\tau \underset{3}{\gamma}_{\mu\nu}\Big) z \\
& + \frac{1}{2}\bigg(\Big(\frac{1}{2}\,\underset{2}{\gamma}^{\sigma\tau} z^2\Big)_{,\mu}(-\underset{2}{\gamma}_{\sigma\nu} p_\tau) + \Big(\frac{1}{2}\,\underset{2}{\gamma}^{\sigma\tau} z^2\Big)_{,\nu}(-\underset{2}{\gamma}_{\sigma\mu} p_\tau) + \Big(\frac{1}{2}\,\underset{2}{\gamma}_{\sigma\tau} z^2\Big)_{,\mu}\underset{2}{\gamma}_{\sigma\tau} p_\nu \\
& + \Big(\frac{1}{2}\,\underset{2}{\gamma}^{\sigma\tau} z^2\Big)_{,\nu}\underset{2}{\gamma}_{\sigma\tau} p_\mu - \Big(\frac{1}{2}\,\underset{2}{\gamma}^{\sigma\tau} z^2\Big)_{,\tau}(\underset{2}{\gamma}_{\nu\tau} p_\mu + \underset{2}{\gamma}_{\mu\tau} p_\nu)\bigg) z \\
& + \frac{1}{4}\Big(\underset{2}{\gamma}_{\mu\nu\underline{;}}{}^\tau{}_\tau + \underset{2}{\gamma}_{\underline{;}\mu\nu} - \underset{2}{\gamma}_\mu{}^\tau{}_{\underline{;}\tau\nu} - \underset{2}{\gamma}_\nu{}^\tau{}_{\underline{;}\tau\mu} - \underset{2}{\gamma}_\mu{}^\tau R^-{}_{\tau\nu+} - \underset{2}{\gamma}_\nu{}^\tau R^-{}_{\tau\mu+} \\
& - 2\,R^-{}_{\lambda\mu\nu\tau+}\underset{2}{\gamma}^{\lambda\tau} + 2\,\underset{3}{\gamma}_{\mu\nu\underline{;}\tau} p^\tau + \underset{3}{\gamma}_{\mu\nu} p^\tau{}_{\underline{;}\tau} - \underset{3}{b}_{\mu\underline{;}\nu} - \underset{3}{b}_{\nu\underline{;}\mu} \\
& + \frac{1}{2}\,p_\mu \underset{3}{\gamma}_{,} + \frac{1}{2}\,p_\nu \underset{3}{\gamma}_{.\mu} - \underset{3}{\gamma}_\nu{}^\tau{}_{\underline{;}\tau} p_\mu - \underset{3}{\gamma}_\mu{}^\tau{}_{\underline{;}\tau} p_\nu + p^\tau p_\tau \underset{4}{\gamma}_{\mu\nu} \\
& + \underset{4}{b}_\mu p_\nu - \underset{4}{b}_\nu p_\mu\Big) z^2 + \text{Terme höherer Ordnung.}
\end{aligned}
\tag{5.34}
$$

In (5.34) sind alle Indizes mit $g^{+\mu\nu}$ gehoben, und wir haben noch die Abkürzungon

$$\underset{3}{b}_\mu = \underset{3}{\gamma}_{\mu\tau} p^\tau - \frac{1}{2}\, g^{+\sigma\tau}\underset{3}{\gamma}_{\sigma\tau} p_\mu = \underset{3}{\gamma}_{\mu\tau} p^\tau - \frac{1}{2}\,\underset{3}{\gamma}\, p_\mu \tag{5.35a}$$

und

$$\underset{4}{b}_\mu = \underset{4}{\gamma}_{\mu\tau} p^\tau - \frac{1}{2}\, g^{+\sigma\tau}\underset{4}{\gamma}_{\sigma\tau} p_\mu = \underset{4}{\gamma}_{\mu\tau} p^\tau - \frac{1}{2}\,\underset{4}{\gamma}\, p_\mu \tag{5.35b}$$

benutzt. Die in den $\underset{2}{\gamma}_{\mu\nu}$ bilinearen Terme von (5.32) ergeben (bis auf solche, die mindestens $\sim z^3$ sind) zusammen

$$\frac{1}{2}\,(2\,p_\mu p_\nu \underset{2}{\gamma}_{\sigma\tau}\underset{2}{\gamma}^{\sigma\tau} - \underset{2}{\gamma}^2)\, z^2 = p_\mu p_\nu \underset{2}{\gamma}_{\sigma\tau}\underset{2}{\gamma}^{\sigma\tau} z^2. \tag{5.36}$$

Die Reihen (5.29) und (5.34) für $R^{+}{}_{\mu\nu}$ sind natürlich miteinander identisch, und zwar sind die Summen der explizit hingeschriebenen Ausdrücke gleich bis auf Terme, die mindestens $\sim z^3$ sind. Jedoch haben die Entwicklungskoeffizienten der einzelnen Terme in den Reihen (5.29) und (5.34) verschiedene Werte. — Bei den in den $\underset{2}{\gamma}_{\mu\nu}$ linearen Ausdrücken sind die numerischen Koeffizienten zwar in beiden Reihen gleich, jedoch sind die betreffenden Ausdrücke selbst verschieden definiert. Da der Unterschied zwischen den Reihen (5.29) und (5.34) in der Verwendung von $(g^{-\mu\nu})_{+}$ bzw. von $g^{+\mu\nu}$ besteht, sind bei den in den $\underset{2}{\gamma}_{\mu\nu}$ bilinearen Termen auch die numerischen Koeffizienten verschieden.

§ 6. Die Berechnung der Sprungkoeffizienten höherer Ordnung

Auf Grund der Entwicklung (5.29) für den Einstein-Tensor können wir unter Verwendung des aus der Sprungrelation zweiter Ordnung folgenden Ausdrucks (5.26) für $\underset{2}{\gamma}_{\mu\nu}$ die algebraischen Eigenschaften der $\underset{3}{\gamma}_{\mu\nu}$ als Funktion der $\underset{2}{\gamma}_{\mu\nu}$ und deren kovarianten Ableitungen bestimmen. Bei Erfüllung von (2.18) in bezug auf den Tensor $g^{-}{}_{\mu\nu+}$ gelten im ganzen V^{+} die 8 Gleichungen

$$\underset{2}{\bar{b}}_{\mu} = 0\,, \qquad \underset{2}{\bar{\gamma}} = 0\,, \qquad \underset{2}{\gamma}_{\mu\nu} d^{\nu}_{-} = 0\,, \tag{6.1}$$

wo $\underset{2}{\bar{b}}$ und $\underset{2}{\bar{\gamma}}$ die in (5.30) und (5.31 a) definierten Größen sind. Mit (6.1) verschwindet der Koeffizient $\underset{0}{A}_{\mu\nu}$ in (5.4) identisch.

Zur Herleitung der aus den Einsteinschen Feldgleichungen (1.1) folgenden Sprungrelationen dritter Ordnung differenzieren wir nun (5.29) einmal nach z und führen anschließend den Grenzübergang $z \to 0$ durch. Unter Berücksichtigung von (6.1) und von $p_\mu p^{\mu}_{-} = 0$ ergibt dies sofort

$$\begin{aligned} 2\left[\frac{\partial}{\partial z} R_{\mu\nu}\right] &\equiv 2\left(\underset{1}{A}_{\mu\nu} + \frac{\partial}{\partial z}\underset{0}{A}_{\mu\nu}\right)_{z=0} = 2(\underset{1}{A}_{\mu\nu})_{z=0} \\ &= 2\,\underset{2}{\gamma}_{\mu\nu;\tau} p^{\tau}_{-} + \underset{2}{\gamma}_{\mu\nu} p^{\tau}_{-;\tau} - \underset{2}{\gamma}_{\nu-;\tau}^{\tau} p_\mu - \underset{2}{\gamma}_{\mu-;\tau}^{\tau} p_\nu - \underset{3}{\gamma}_{\mu\tau} p^{\tau}_{-} p_\nu \\ &\qquad - \underset{3}{\gamma}_{\nu\tau} p^{\tau}_{-} p_\mu + \underset{3}{\gamma}_{\tau-}^{\tau} p_\mu p_\nu = 0\,. \end{aligned} \tag{6.2}$$

Zur Behandlung der Gleichungen (6.2) verfahren wir analog wie in § 3 bei Behandlung der aus den Maxwellschen Gleichungen folgenden Sprungrelationen. Durch Überschieben von (6.2) mit 10 geeigneten symmetrischen, voneinander algebraisch unabhängigen Tensoren gewinnen wir aus (6.2) 10 äquivalente skalare Gleichungen. 4 dieser Gleichungen fassen wir dann zu einer Vektorgleichung zusammen. — Die 10 unabhängigen Tensoren stellen wir auf geeignete Weise mit den

$\overline{\omega}^{\underline{\mu}}$, $p^{\underline{\mu}}$ und $d^{\underline{\mu}}$ dar (wobei das Unterstreichen wieder bedeutet, daß der betreffende Index mit $(g^{-\mu\nu})_+$ gehoben ist). 6 dieser Tensoren führen wir mit STELLMACHER als algebraisch unabhängige Lösungen der Gleichung

$$\vartheta^{\underline{\mu}\underline{\nu}} p_\nu = 0 \qquad \text{mit } \vartheta^{\underline{\mu}\underline{\nu}} = \vartheta^{\underline{\nu}\underline{\mu}} \tag{6.3}$$

ein. 4 Lösungstensoren von (6.3) sind die „trivialen Lösungen“

$$\tilde{\vartheta}^{\underline{\mu}\underline{\nu}} = a^\mu p^{\underline{\nu}} + a^\nu p^{\underline{\mu}} - (g^{-\mu\nu})_+ a^\tau p_\tau\,, \tag{6.4}$$

die die Form des koordinatenbedingten Teils von

$$\underset{2}{\gamma}^{\underline{\mu}\underline{\nu}} - \frac{1}{2}(g^{-\mu\nu})_+ \underset{2}{\overline{\gamma}}$$

besitzen. Als die beiden anderen unabhängigen Lösungen von (6.3) wählen wir die aus $\underset{2}{\pi}^{\underline{\mu}}$ und $\underset{2}{\tilde{\pi}}^{\underline{\mu}}$ gebildeten Tensoren

$$\underset{\mathrm{I}}{\vartheta}^{\underline{\mu}\underline{\nu}} = \underset{2}{\pi}^{\underline{\mu}} \underset{2}{\tilde{\pi}}^{\underline{\nu}} + \underset{2}{\tilde{\pi}}^{\underline{\mu}} \underset{2}{\pi}^{\underline{\nu}} = \underset{2}{\gamma}^{\underline{\mu}\underline{\nu}} - \frac{1}{2}(g^{-\mu\nu})_+ \underset{2}{\overline{\gamma}} \tag{6.5a}$$

und

$$\underset{\mathrm{II}}{\vartheta}^{\underline{\mu}\underline{\nu}} = \underset{2}{\pi}^{\underline{\mu}} \underset{2}{\pi}^{\underline{\nu}} - \underset{2}{\tilde{\pi}}^{\underline{\mu}} \underset{2}{\tilde{\pi}}^{\underline{\nu}}. \tag{6.5b}$$

Die 4 übrigen aus (6.2) folgenden skalaren Gleichungen erhalten wir dadurch, daß wir (6.2) mit 4 Tensoren überschieben, die die Eigenschaften

$$\underset{(1)}{\Theta}^{\underline{\mu}\underline{\nu}} p_\nu \sim d^{\underline{\mu}}\,, \qquad \underset{(2)}{\Theta}^{\underline{\mu}\underline{\nu}} p_\nu \sim p^{\underline{\mu}}\,,$$

$$\underset{(3)}{\Theta}^{\underline{\mu}\underline{\nu}} p_\nu \sim \omega^{\underline{\mu}}\,, \qquad \underset{(4)}{\Theta}^{\underline{\mu}\underline{\nu}} p_\nu \sim \overline{\omega}^{\underline{\mu}} \tag{6.6}$$

besitzen. Diese 4 $\Theta^{\underline{\mu}\underline{\nu}}$ können wir mit Hilfe von $\underset{2}{\pi}^{\underline{\mu}}$, $\underset{2}{\tilde{\pi}}^{\underline{\mu}}$, $d^{\underline{\mu}}$ und $p^{\underline{\mu}}$ etwa wie folgt darstellen:

$$\underset{1}{\Theta}^{\underline{\mu}\underline{\nu}} = d^{\underline{\mu}} \underset{2}{\pi}^{\underline{\nu}} + d^{\underline{\nu}} \underset{2}{\pi}^{\underline{\mu}}\,, \qquad \underset{2}{\Theta}^{\underline{\mu}\underline{\nu}} = d^{\underline{\mu}} \underset{2}{\tilde{\pi}}^{\underline{\nu}} + d^{\underline{\nu}} \underset{2}{\tilde{\pi}}^{\underline{\mu}}\,,$$

$$\underset{3}{\Theta}^{\underline{\mu}\underline{\nu}} = 2\, d^{\underline{\mu}} d^{\underline{\nu}}\,, \qquad \underset{4}{\Theta}^{\underline{\mu}\underline{\nu}} = d^{\underline{\mu}} p^{\underline{\nu}} + d^{\underline{\nu}} p^{\underline{\mu}}. \tag{6.7}$$

Wegen der Indexsymmetrie der Sprungrelationen sind die 4 skalaren Gleichungen, die man durch Überschieben von (6.2) mit den Tensoren (6.7) erhält, äquivalent derjenigen Vektorgleichung, die durch Überschieben von (6.2) mit $d^{\underline{\nu}}$ entsteht. Nur in diese Gleichungen gehen die 4 algebraisch unabhängigen Kombinationen der $\underset{3}{\gamma}_{\mu\nu}$ ein, die in (6.2) enthalten sind.[1])

---

[1]) Eine ausführliche Begründung der zur Lösung der Sprungrelationen benutzten Überschiebungsmethode enthält der erste Anhang zu § 6.

Das Überschieben von (6.2) mit (6.4) führt zu 4 Gleichungen, die auf Grund der Sprungrelationen zweiter Ordnung, also auf Grund von (6.1), identisch erfüllt sind. Man erhält nämlich die Identität

$$\underset{2}{\bar{\vartheta}}^{\underline{\mu}\underline{\nu}}\,\gamma_{\mu\nu\underline{;}\tau}\,p^{\underline{\tau}} = 2\, a^{\underline{\lambda}}\underset{2}{\bar{b}}_{\lambda\underline{;}\varrho}\,p^{\underline{\varrho}} \equiv 0\,, \tag{6.8}$$

die wegen (2.18) und (2.19) auch für $z > 0$ gilt. (6.8) ist eine direkte Konsequenz der Bianchi-Identität (s. unten § 7) und somit der Kovarianz der Sprungrelationen (6.2). Wegen (6.8) enthält (6.2) nur 6 wesentliche Gleichungen, die durch Überschieben von (6.2) mit (6.5 a, b) und (6.7) entstehen.

Das Überschieben von (6.2) mit (6.5a) liefert STELLMACHERS Erhaltungssatz für die durch (5.26a) definierte Sprungerregung $\underset{2}{E}$, nämlich

$$2\,\underset{2}{\gamma}^{\underline{\mu}\underline{\nu}}\underset{2}{\gamma}_{\mu\nu\underline{;}\tau}\,p^{\underline{\tau}} + \underset{2}{\gamma}^{\underline{\mu}\underline{\nu}}\underset{2}{\gamma}_{\mu\nu}\,p^{\underline{\tau}}{}_{\underline{;}\tau} \equiv (\underset{2}{E}\,p^{\underline{\varrho}})_{\underline{;}\varrho} = 0\,. \tag{6.9}$$

Das Überschieben von (6.2) mit (6.5b) liefert schließlich die Konstanz des Polarisationswinkels $\underset{2}{\delta}$ längs einer Bicharakteristik

$$(\underset{2}{\pi}^{\underline{\mu}}\underset{2}{\pi}^{\underline{\nu}} - \underset{2}{\bar{\pi}}^{\underline{\mu}}\underset{2}{\bar{\pi}}^{\underline{\nu}})\,\underset{2}{\gamma}_{\mu\nu\underline{;}\tau}\,p^{\underline{\tau}} = 2\,\underset{2}{E}\,\underset{2}{\delta}_{,\varrho}\,p^{\underline{\varrho}} = 0\,. \tag{6.10}$$

Beachten wir nun, daß die $\underset{2}{\gamma}_{\mu\nu}$ durch (5.26) gegeben sind, so erhalten wir aus (6.9) und (6.10) wegen (2.19) nach leichter Rechnung

$$\begin{aligned}\underset{2}{\gamma}_{\mu\nu\underline{;}\lambda}\,p^{\underline{\lambda}} &\equiv (\underset{2}{\pi}_{\mu\underline{;}\lambda}\,\underset{2}{\bar{\pi}}_{\nu} + \underset{2}{\pi}_{\mu}\,\underset{2}{\bar{\pi}}_{\nu\underline{;}\lambda} + \underset{2}{\bar{\pi}}_{\mu\underline{;}\lambda}\,\underset{2}{\pi}_{\nu} + \underset{2}{\bar{\pi}}_{\mu}\,\underset{2}{\pi}_{\nu\underline{;}\lambda})\,p^{\underline{\lambda}}\\ &= -\frac{1}{2}\,(\underset{2}{\pi}_{\mu}\,\underset{2}{\bar{\pi}}_{\nu} + \underset{2}{\bar{\pi}}_{\mu}\,\underset{2}{\pi}_{\nu})\,p^{\underline{\tau}}{}_{\underline{;}\tau}\,,\end{aligned} \tag{6.11}$$

was wir als eine homogene Differentialgleichung für die $\underset{2}{\gamma}_{\mu\nu}$ schreiben können

$$2\,\underset{2}{\gamma}_{\mu\nu\underline{;}\lambda}\,p^{\underline{\lambda}} + \underset{2}{\gamma}_{\mu\nu}\,p^{\underline{\tau}}{}_{\underline{;}\tau} = 0\,. \tag{6.12}$$

Im Gegensatz zu den skalaren Gleichungen (6.10) und (6.11) ist die Gleichung (6.9) von der Koordinatenbedingung $\underset{2}{a}_{\nu} = 0$ abhängig.

(6.12) gilt zunächst nur auf der Sprungfläche Σ. Da jedoch gemäß § 2 die z-Abhängigkeit von $\underset{2}{E}$ und $\underset{2}{\delta}$ beliebig wählbar ist, können wir die z-Abhängigkeit der $\underset{2}{\gamma}_{\mu\nu}$ so vorgeben, daß auf Σ mit (6.12) auch alle Ableitungen von (6.12) nach z verschwinden und somit (6.12) im ganzen betrachteten Bereich des V^{+} erfüllt ist. Da das Vierbein die Gleichungen (2.18) und (2.19) befriedigt, bedeutet dies nur, daß die z-Abhängigkeit von $\underset{2}{E}$ und $\underset{2}{\delta}$ so zu wählen ist, daß (6.9) und (6.10) auch für $z > 0$ erfüllt sind. — Wegen $f(z)_{,\varrho}\, p^{\varrho}_{\underline{\ }} = 0$ wird durch die Erfüllung von (6.9) und (6.10) im ganzen V_4 die z-Abhängigkeit der $\underset{2}{\gamma}_{\mu\nu}$ allerdings nicht ganz eindeutig bestimmt. Dies ist aber wieder unwesentlich, da jede mit den obigen Fortsetzungsvorschriften verträgliche z-Abhängigkeit von $\underset{2}{\gamma}_{\mu\nu}$ zwar zu anderen konkreten Werten der später zu berechnenden Sprungkoeffizienten höherer Ordnung führt, die Form der für die Sprungkoeffizienten höherer Ordnung geltenden Sprungrelationen aber nicht ändert.

Überschieben wir schließlich (6.2) mit $d^{\mu}_{\underline{\ }}$, so erhalten wir die Vektorgleichung

$$- \underset{2}{\gamma}_{\nu\underline{\ }}{}^{\tau}{}_{\underline{;}\tau} - d^{\mu}_{\underline{\ }} \underset{2}{\gamma}_{\mu\underline{\ }}{}^{\tau}{}_{\underline{;}\tau} - d^{\mu}_{\underline{\ }} \underset{3}{\gamma}_{\mu\tau}\, p^{\tau}_{\underline{\ }}\, p_{\nu} - \underset{3}{\gamma}_{\nu\tau}\, p^{\tau}_{\underline{\ }} + \underset{3}{\gamma}_{\tau\underline{\ }}{}^{\tau}\, p_{\nu} = 0. \qquad (6.13)$$

Indem man (6.13) mit $d^{\nu}_{\underline{\ }}$ überschiebt und das Resultat in (6.13) einsetzt, bekommt man aus (6.13) die Gleichung

$$- \underset{2}{\gamma}_{\nu\underline{\ }}{}^{\tau}{}_{\underline{;}\tau} - \underset{3}{\bar{b}}_{\nu} = 0, \qquad (6.13\,a)$$

die wir in diesem einfachen Fall auch direkt aus (6.2) und (6.12) hätten herleiten können. — Die Behandlung von (6.13) oder (6.13a) erfolgt analog zur Behandlung der Gleichung (3.20) in der Maxwellschen Theorie. Wir sehen zunächst, daß eine spezielle Lösung von (6.13) der von den ersten kovarianten Ableitungen der $\underset{2}{\gamma}_{\mu\nu}$ abhängige Ausdruck

$$\begin{aligned}(\underset{3}{\gamma}_{\mu\nu})_{\text{Inhomogen}} \equiv {}_{I}\underset{3}{\gamma}_{\mu\nu} = &- \underset{2}{\gamma}_{\mu\underline{\ }}{}^{\lambda}{}_{\underline{;}\lambda}\, d_{\nu} - \underset{2}{\gamma}_{\nu\underline{\ }}{}^{\lambda}{}_{\underline{;}\lambda}\, d_{\mu} + p^{\tau}_{\underline{\ }}\, \underset{2}{\gamma}_{\tau\underline{\ }}{}^{\lambda}{}_{\underline{;}\lambda}\, d_{\mu} d_{\nu} \\ &+ g^{-}{}_{\mu\nu} + \left(d^{\tau}_{\underline{\ }}\, \underset{2}{\gamma}_{\tau\underline{\ }}{}^{\tau}{}_{\underline{;}\lambda} - \frac{1}{2}\, p^{\tau}_{\underline{\ }}\, \underset{2}{\gamma}_{\tau\underline{\ }}{}^{\lambda}{}_{\underline{;}\lambda} \right)\end{aligned} \qquad (6.14)$$

ist. Daß (6.14) tatsächlich eine Lösung von (6.13) ist, sieht man einfach daraus, daß die Einführung von ${}_{I}\underset{3}{\gamma}_{\mu\nu}$ in (6.14) zur identischen Befriedigung von (6.13) führt.

Die allgemeine Lösung von (6.13) setzt sich additiv zusammen aus der inhomogenen Lösung (6.14) und der allgemeinen Lösung $(\underset{3}{\gamma}_{\mu\nu})_{\text{Homogen}} \equiv {}_{H}\underset{3}{\gamma}_{\mu\nu}$ der homogenen Gleichung

$${}_{H}\underset{3}{\gamma}_{\mu\nu}\, p^{\nu}_{\underline{\ }} - \frac{1}{2}\, {}_{H}\underset{3}{\gamma}_{\tau\underline{\ }}{}^{\tau}\, p_{\mu} = 0. \qquad (6.15)$$

Die allgemeine Lösung von (6.15) hat nun wiederum die Form

$${}_{H}\underset{3}{\gamma}_{\mu\nu} = \underset{3}{\pi}_{\mu}\, \underset{3}{\tilde{\pi}}_{\nu} + \underset{3}{\tilde{\pi}}_{\mu}\, \underset{3}{\pi}_{\nu} + \underset{3}{a}_{\mu}\, p_{\nu} + \underset{3}{a}_{\nu}\, p_{\mu} \qquad (6.16)$$

mit

$$\underset{3}{\pi}_{\mu} = \left(\frac{1}{2}\right)^{\frac{1}{4}} (\underset{3}{E})^{\frac{1}{4}} \left(\omega_{\mu}\, e^{\frac{i\delta}{3}} + \bar{\omega}_{\mu}\, e^{\frac{-i\delta}{3}} \right) \qquad (6.16\,a)$$

und

$$\underset{3}{\bar{\pi}}_\mu = \frac{1}{i}\left(\frac{1}{2}\right)^{\frac{1}{4}} (\underset{3}{E})^{\frac{1}{4}} \left(\omega_\mu e^{i\underset{3}{\delta}} - \bar{\omega}_\mu e^{-i\underset{3}{\delta}}\right), \tag{6.16b}$$

wobei $\underset{3}{E}^{\frac{1}{4}}$ und $\underset{3}{\delta}$ 2 neue Skalare sind, die (bis auf „Integrationskonstanten“) durch die später zu behandelnden Sprungrelationen vierter Ordnung bestimmt werden; $\underset{3}{E} \equiv {}_H\underset{3}{\gamma}_{\mu\nu}\, {}_H\underset{3}{\gamma}^{\mu\nu} - \frac{1}{2}\, {}_H\underset{3}{\bar{\gamma}}^2$, die „Sprungerregung dritter Ordnung“, ist notwendig positiv (oder Null). Mit (6.16) lautet die allgemeine Lösung von (6.13)

$$\underset{3}{\gamma}_{\mu\nu} = {}_H\underset{3}{\gamma}_{\mu\nu} + {}_I\underset{3}{\gamma}_{\mu\nu} = \underset{3}{\pi}_\mu \underset{3}{\bar{\pi}}_\nu + \underset{3}{\pi}_\nu \underset{3}{\bar{\pi}}_\mu + \underset{3}{a}_\mu p_\nu + \underset{3}{a}_\nu p_\mu - d_\nu \underset{2}{\gamma}_{\mu\underline{-};\lambda}^{\;\;\lambda} - d_\mu \underset{2}{\gamma}_{\nu\underline{-};\lambda}^{\;\;\lambda}$$

$$+ d_\mu d_\nu p^\tau_- \underset{2}{\gamma}_{\tau\underline{-};\lambda}^{\;\;\lambda} + g^-{}_{\mu\nu+} \left(d^\tau_- \underset{2}{\gamma}_{\tau\underline{-};\lambda}^{\;\;\lambda} - \frac{1}{2}\, p^\tau_- \underset{2}{\gamma}_{\tau\underline{-};\lambda}^{\;\;\lambda}\right). \tag{6.17}$$

Hierbei ist für $\underset{2}{\gamma}_{\mu\nu}$ der durch (6.12) näher bestimmte Ausdruck (5.26) einzusetzen. — Der Term $\underset{3}{a}_\mu p_\nu + \underset{3}{a}_\nu p_\mu$ ist wieder eine von der Wahl des Koordinatensystems abhängige Diskontinuität und kann gemäß oben Gesagtem durch eine in den vierten Ableitungen unstetige Koordinatentransformation von der Form (5.18) eliminiert werden. — Wir können also ohne Einschränkung der Allgemeinheit ${}_H\underset{3}{\gamma}_{\mu\nu}$ der „Koordinatenbedingung“ ${}_H\underset{3}{\gamma}_{\mu\nu} d^\nu_- = 0$ unterwerfen, so daß für ${}_H\underset{3}{\gamma}_{\mu\nu}$ gilt

$${}_H\underset{3}{\gamma}_{\mu\nu} p^\nu_- = {}_H\underset{3}{\gamma}_{\mu\nu} d^\nu_- = 0, \qquad {}_H\underset{3}{\bar{\gamma}} \equiv {}_H\underset{3}{\gamma}_{\tau}{}^{\tau}_{-} = 0\,. \tag{6.18}$$

Die Gleichungen (6.13) und somit der Ausdruck (6.18) für $\underset{3}{\gamma}_{\mu\nu}$ ist zunächst nur auf der Sprungfläche Σ hergeleitet. Wir können aber auf Grund der Bedingungen (2.18) und (2.19) ohne weiteres fordern, daß (6.13) im ganzen betrachteten Bereich des V^+ gilt. Denn auf Grund von (2.18) erfüllt ${}_H\underset{3}{\gamma}_{\mu\nu}$ im ganzen Bereich die Gleichung (6.15), und die Forderung, daß durch den Ansatz (6.17) die Gleichung (6.13) auch für $z > 0$ befriedigt wird, legt nur ${}_I\underset{3}{\gamma}_{\mu\nu}$ für $z > 0$ fest. — Hingegen bemerken wir, daß durch die Forderung der Erfüllung von (6.13) für $z > 0$ die z-Abhängigkeit von $\underset{3}{E}$ und $\underset{3}{\delta}$ unbestimmt bleibt.

Bei der so bestimmten z-Abhängigkeit von $\underset{2}{\gamma}_{\mu\nu}$ und $\underset{3}{\gamma}_{\mu\nu}$ verschwindet wegen (6.1) und (6.13) in (5.4) außer $\underset{0}{A}_{\mu\nu}$ auch $\underset{1}{A}_{\mu\nu}$ identisch. Differenzieren wir also zur Herleitung der Sprungrelationen vierter Ordnung die Reihe (5.4) zweimal nach z, führen den Grenzübergang $z \to 0$ durch und setzen das Ergebnis auf Grund der Einsteinschen Feldgleichungen (1.1) gleich Null, so erhalten wir

$$\left[\frac{\partial^2}{\partial z^2} R_{\mu\nu}\right] \equiv \left(\underset{2}{A}_{\mu\nu} + 2\,\frac{\partial}{\partial z}\underset{1}{A}_{\mu\nu} + \frac{\partial^2}{\partial z^2}\underset{0}{A}_{\mu\nu}\right)_{z=0} = (\underset{2}{A}_{\mu\nu})_{z=0} = 0\,. \tag{6.19}$$

Die explizite Form von (6.19) liefert uns die algebraischen Eigenschaften der Entwicklungskoeffizienten $\underset{4}{\gamma}_{\mu\nu}$ und die Fortpflanzungsbedingungen für die Entwicklungskoeffizienten $\underset{3}{\gamma}_{\mu\nu}$, welche die Lösbarkeitsbedingungen für die algebraischen Gleichungen zur Bestimmung der $\underset{4}{\gamma}_{\mu\nu}$ sind. Unter Beachtung von (6.1) und (6.13) erhalten wir mit (5.29) als explizite Form von (6.19) das Gleichungssystem

$$\begin{aligned}(\underset{2}{A}_{\mu\nu})_{z\to 0} = \frac{1}{2}\Big(&\underset{2}{\gamma}_{\mu\nu;\underline{\ }}{}^{\underline{\tau}}{}_{\tau} - \underset{2}{\gamma}_{\mu\underline{\ }}{}^{\underline{\tau}}{}_{\underline{;}\tau\nu} - \underset{2}{\gamma}_{\nu\underline{\ }}{}^{\underline{\tau}}{}_{\underline{;}\tau\mu} - 2R^{-}{}_{\lambda\mu\nu\tau+}\underset{2}{\gamma}^{\underline{\lambda}\underline{\tau}} + 2\underset{3}{\gamma}_{\mu\nu\underline{;}\tau}p^{\underline{\tau}} + \underset{3}{\gamma}_{\mu\nu}p^{\underline{\tau}}{}_{\underline{;}\tau}\\ &- \underset{3}{\bar{b}}_{\mu\underline{;}\nu} - \underset{3}{\bar{b}}_{\nu\underline{;}\mu} + \frac{1}{2}p_\mu\underset{3}{\bar{\gamma}}_{,\nu} + \frac{1}{2}p_\nu\underset{3}{\bar{\gamma}}_{,\mu} - \underset{3}{\gamma}_{\nu\underline{\ }}{}^{\underline{\tau}}{}_{\underline{;}\tau}p_\mu - \underset{3}{\gamma}_{\mu\underline{\ }}{}^{\underline{\tau}}{}_{\underline{;}\tau}p_\nu\\ &- \underset{4}{\gamma}_{\mu\tau}p^{\underline{\tau}}p_\nu - \underset{4}{\gamma}_{\nu\tau}p^{\underline{\tau}}p_\mu + p_\mu p_\nu\underset{4}{\gamma}_{\tau\underline{\ }}{}^{\underline{\tau}} - 2p_\mu p_\nu\underset{2}{\gamma}_{\sigma\tau}\underset{2}{\gamma}^{\underline{\sigma}\underline{\tau}}\Big) = 0\,.\end{aligned} \tag{6.20}$$

Hierbei haben wir die Abkürzungen (5.30) und (5.31 b) benutzt. (6.20) enthält formal wiederum 10 Gleichungen. — Man sieht, daß die Sprungrelationen vierter gegenüber denjenigen niedrigerer Ordnung insbesondere dadurch ausgezeichnet sind, daß (6.20) einen Term enthält, der bilinear in den $\underset{2}{\gamma}_{\sigma\tau}$ ist.

Wir wenden uns jetzt der Lösung von (6.20) zu. Zunächst bemerken wir, daß auf Grund von (2.18) und (2.19) und der Gleichungen (6.13) für $\underset{3}{\gamma}_{\mu\nu}$ gilt

$$\underset{3}{\bar{b}}_{\mu\underline{;}\nu} \equiv -\underset{2}{\gamma}_{\mu\underline{\ }}{}^{\underline{\tau}}{}_{\underline{;}\tau\nu}\,, \tag{6.21}$$

so daß sich der Term mit den Ableitungen $\underset{3}{\bar{b}}_{\mu}$ gegenüber dem Term mit den Ableitungen der $\underset{2}{\gamma}_{\mu\underline{\ }}{}^{\underline{\tau}}{}_{\underline{;}\tau}$ forthebt. — Die weitere Behandlung von (6.20) geschieht dann nach demselben Schema, nach dem wir oben (6.2) behandelt haben. Wir überschieben (6.2) zunächst nacheinander mit den 6 unabhängigen algebraischen Lösungen der Gleichungen

$$\vartheta'^{\underline{\mu}\underline{\nu}}p_\nu = 0 \tag{6.22}$$

und dann weiter mit einem Vektor $\sim d^{\underline{\mu}}$. Als die 6 unabhängigen Lösungen von (6.22) wählen wir zweckmäßig in Analogie zu (6.4) die 4 „Triviallösungen“ von der Form

$$\tilde{\vartheta}'^{\underline{\mu}\underline{\nu}} = a'^{\underline{\mu}}p^{\underline{\nu}} + a'^{\underline{\nu}}p^{\underline{\mu}} - (g^{-\mu\nu})_+\,a'^{\underline{\sigma}}p_\sigma\,. \tag{6.23}$$

Weiter wählen wir — analog zu (6.5a, b) — 2 symmetrische Tensoren, die aus den Vektoren $\underset{3}{\pi}^{\underline{\mu}}$ und $\underset{3}{\bar{\pi}}^{\underline{\mu}}$ aufgebaut sind, welche den wesentlichen Teil von ${}_{H}\underset{3}{\gamma}^{\underline{\mu}\underline{\nu}}$ bestimmen, nämlich

$$\underset{\mathrm{I}}{\vartheta'}^{\underline{\mu}\underline{\nu}} = \underset{3}{\pi}^{\underline{\mu}}\underset{3}{\bar{\pi}}^{\underline{\nu}} + \underset{3}{\bar{\pi}}^{\underline{\mu}}\underset{3}{\pi}^{\underline{\nu}} \tag{6.24a}$$

und

$$\underset{\mathrm{II}}{\vartheta'}^{\underline{\mu}\underline{\nu}} = \underset{3}{\pi}^{\underline{\mu}}\underset{3}{\pi}^{\underline{\nu}} - \underset{3}{\bar{\pi}}^{\underline{\mu}}\underset{3}{\bar{\pi}}^{\underline{\nu}}\,. \tag{6.24b}$$

Auf Grund der allgemeinen Kovarianz muß das Überschieben von (6.20) mit (6.23) wiederum zu identisch erfüllten Gleichungen führen, wenn für die $\underset{3}{\gamma}_{\mu\nu}$ und die $\underset{2}{\gamma}_{\mu\nu}$ ihre aus den Sprungrelationen zweiter und dritter Ordnung folgenden Ausdrücke eingesetzt werden. In der Tat erhält man mittels einer leichten Rechnung (unter Beachtung von $R^{-}{}_{\mu\nu+} = 0$) zunächst

$$\begin{aligned}
&(a'^{\underline{\mu}} p^{\underline{\nu}} + a'^{\underline{\nu}} p^{\underline{\mu}} - (g^{-\mu\nu})_{+}\, a'^{\underline{\sigma}} p_{\sigma})\,(\underset{2}{\gamma}_{\mu\nu;}{}^{\underline{\tau}}{}_{\tau} - 2\,\underset{2}{\gamma}^{\underline{\sigma}\underline{\tau}} R^{-}{}_{\sigma\mu\nu\tau+} + 2\,\underset{3}{\gamma}_{\mu\nu;\tau}\, p^{\underline{\tau}} + \underset{3}{\gamma}_{\mu\nu}\, p^{\underline{\tau}}{}_{;\tau})\\
&\quad = 2a'^{\underline{\mu}} p^{\underline{\nu}}\, \underset{2}{\gamma}_{\mu\nu;}{}^{\underline{\tau}}{}_{\tau} - 4\,a'^{\underline{\mu}} p^{\underline{\nu}}\, \underset{2}{\gamma}^{\underline{\sigma}\underline{\tau}} R^{-}{}_{\sigma\mu\nu\tau+} - 4\,a'^{\underline{\mu}} p^{\underline{\nu}}\, \underset{2}{\gamma}_{\mu}{}^{\underline{\lambda}}{}_{;\lambda\nu} - 2\,a'^{\underline{\mu}}\, \underset{2}{\gamma}_{\mu}{}^{\underline{\lambda}}{}_{;\lambda}\, p^{\underline{\tau}}{}_{;\tau})\\
&\quad = 2a'^{\underline{\mu}}\,(p^{\underline{\nu}}\, \underset{2}{\gamma}_{\mu\nu;}{}^{\underline{\tau}}{}_{\tau} - 2\,p^{\underline{\nu}}\, \underset{2}{\gamma}_{\mu}{}^{\underline{\lambda}}{}_{;\nu\lambda} - \underset{2}{\gamma}_{\mu}{}^{\underline{\lambda}}{}_{;\lambda}\, p^{\underline{\tau}}{}_{;\tau}) = 0\,.
\end{aligned} \tag{6.25}$$

Da (6.25) für beliebige Vektoren $a'^{\underline{\mu}}$ erfüllt sein muß, muß gelten

$$\begin{aligned}
&p^{\underline{\nu}}\, \underset{2}{\gamma}_{\mu\nu;}{}^{\underline{\tau}}{}_{\tau} - 2\,p^{\underline{\nu}}\, \underset{2}{\gamma}_{\mu}{}^{\underline{\lambda}}{}_{;\nu\lambda} - \underset{2}{\gamma}_{\mu}{}^{\underline{\lambda}}{}_{;\lambda}\, p^{\underline{\tau}}{}_{;\tau}\\
&\quad = (p^{\underline{\nu}}\, \underset{2}{\gamma}_{\mu\nu;}{}^{\underline{\tau}})_{;\tau} + p^{\underline{\nu}}{}_{;\lambda}\, \underset{2}{\gamma}_{\mu}{}^{\underline{\lambda}}{}_{;\nu} - 2\,(\underset{2}{\gamma}_{\mu}{}^{\underline{\lambda}}{}_{;\nu}\, p^{\underline{\nu}})_{;\lambda} + \underset{2}{\gamma}_{\mu}{}^{\underline{\lambda}}\, p^{\underline{\tau}}{}_{;\tau\lambda} - (\underset{2}{\gamma}_{\mu}{}^{\underline{\lambda}}\, p^{\underline{\tau}}{}_{;\tau})_{;\lambda}\\
&\quad = -\,(p^{\underline{\nu}}{}_{;}{}^{\underline{\tau}}\, \underset{2}{\gamma}_{\mu\nu})_{;\tau} + (p^{\underline{\nu}}\, \underset{2}{\gamma}_{\mu\nu})_{;}{}^{\underline{\tau}}{}_{\tau} + \underset{2}{\gamma}_{\mu}{}^{\underline{\nu}}\, p^{\underline{\tau}}{}_{;\tau\nu} + p^{\underline{\nu}}{}_{;}{}^{\underline{\tau}}\, \underset{2}{\gamma}_{\mu\nu;\tau}\\
&\qquad - (2\,\underset{2}{\gamma}_{\mu}{}^{\underline{\lambda}}{}_{;\nu}\, p^{\underline{\nu}} + \underset{2}{\gamma}_{\mu}{}^{\underline{\lambda}}\, p^{\underline{\tau}}{}_{;\tau}) \equiv 0\,.
\end{aligned} \tag{6.26}$$

Auf der rechten Seite von (6.26) verschwindet der Term $(\underset{2}{\gamma}_{\mu\nu}\, p^{\underline{\nu}})_{;}{}^{\underline{\tau}}{}_{\tau}$ wegen (6.1) und (2.18, 19) und weiter verschwindet

$$-\,(2\,\underset{2}{\gamma}_{\mu}{}^{\underline{\lambda}}{}_{;\nu}\, p^{\underline{\nu}} + \underset{2}{\gamma}_{\mu}{}^{\underline{\lambda}}\, p^{\underline{\tau}}{}_{;\tau})_{;\lambda}$$

wegen (6.12). Ferner gilt wegen $R^{-}{}_{\mu\nu+} = 0$ und $p_{\mu} = z_{,\mu}$ noch

$$p^{\underline{\tau}}{}_{;\tau\lambda} - p_{\lambda;}{}^{\underline{\tau}}{}_{\tau} = 0\,,$$

so daß (6.26) in der Tat identisch Null ist. Aus dem Gang der Rechnung entnimmt man, daß wenn entsprechend unseren Voraussetzungen die $\underset{2}{\gamma}_{\mu\nu}$ und die $\underset{3}{\gamma}_{\mu\nu}$ so in den Bereich $z > 0$ fortgesetzt sind, daß auf Grund von (2.18) und (2.19) die Gleichungen (6.1), (6.12) und (6.13) im ganzen Bereich des V_4 gelten, die identische Erfüllung von (6.25) in diesem Bereich folgt. — (6.25) ist wieder eine spezielle Form der Bianchi-Identität.

Das System (6.20) enthält also tatsächlich nur 6 unabhängige Gleichungen. 2 dieser Gleichungen werden die Fortpflanzungsbedingungen für den homogenen Teil ${}_H\underset{3}{\gamma}_{\mu\nu}$ von $\underset{3}{\gamma}_{\mu\nu}$ liefern. Dieser enthält ja noch die beiden unbestimmten Skalare $\underset{3}{E}$ und $\underset{3}{\delta}$, während der inhomogene Teil ${}_I\underset{3}{\gamma}_{\mu\nu}$ bereits durch die Gleichungen für die $\underset{2}{\gamma}_{\mu\nu}$ eindeutig bestimmt ist. Wir wollen nun zunächst annehmen, daß ${}_H\underset{3}{\gamma}_{\mu\nu} \neq 0$ ist. Dann ergeben sich die Fortpflanzungsbedingungen für die ${}_H\underset{3}{\gamma}_{\mu\nu}$ aus den Gleichungen

$$(\underset{3}{\tilde{\pi}}^{\underline{\mu}}\underset{3}{\pi}^{\underline{\nu}} + \underset{3}{\tilde{\pi}}^{\underline{\nu}}\underset{3}{\pi}^{\underline{\mu}})\,(\underset{2}{\gamma}_{\mu\nu;\underline{\ }}{}^{\tau}{}_{\tau} - 2\,\underset{2}{\gamma}^{\underline{\sigma}\underline{\tau}}R^{-}{}_{\sigma\mu\nu\tau+} + 2\,\underset{3}{\gamma}_{\mu\nu;\underline{\tau}}\,p^{\underline{\tau}} + \underset{3}{\gamma}_{\mu\nu}\,p^{\underline{\tau}}{}_{\underline{;}\tau}) = 0 \qquad (6.27)$$

und

$$(\underset{3}{\pi}^{\underline{\mu}}\underset{3}{\pi}^{\underline{\nu}} - \underset{3}{\tilde{\pi}}^{\underline{\nu}}\underset{3}{\tilde{\pi}}^{\underline{\mu}})\,(\underset{2}{\gamma}_{\mu\nu;\underline{\ }}{}^{\tau}{}_{\tau} - 2\,\underset{2}{\gamma}^{\underline{\sigma}\underline{\tau}}R^{-}{}_{\sigma\mu\nu\tau+} + 2\,\underset{3}{\gamma}_{\mu\nu;\underline{\tau}}\,p^{\underline{\tau}} + \underset{3}{\gamma}_{\mu\nu}\,p^{\underline{\tau}}{}_{\underline{;}\tau}) = 0 \qquad (6.28)$$

die durch Überschieben von (6.20) mit (6.24a) und (6.24b) entstehen. Diese Gleichungen können wir mit Hilfe von (6.17) und (2.18) und (2.19) auf die explizite Form

$$(\underset{3}{E}\,p^{\underline{\varrho}})_{\underline{;}\varrho} = -\,(\underset{3}{\tilde{\pi}}^{\underline{\mu}}\underset{3}{\pi}^{\underline{\nu}} + \underset{3}{\tilde{\pi}}^{\underline{\nu}}\underset{3}{\pi}^{\underline{\mu}})\,(\underset{2}{\gamma}_{\mu\nu;\underline{\ }}{}^{\tau}{}_{\tau} - 2\,\underset{2}{\gamma}^{\underline{\sigma}\underline{\tau}}R^{-}{}_{\sigma\mu\nu\tau+}) \qquad (6.29)$$

und

$$2\,\underset{3}{E}\,\underset{3}{\delta}_{,\varrho}\,p^{\underline{\varrho}} = (\underset{3}{\tilde{\pi}}^{\underline{\mu}}\underset{3}{\tilde{\pi}}^{\underline{\nu}} - \underset{3}{\pi}^{\underline{\mu}}\underset{3}{\pi}^{\underline{\nu}})\,(\underset{2}{\gamma}_{\mu\nu;\underline{\ }}{}^{\tau}{}_{\tau} - 2\,\underset{2}{\gamma}^{\underline{\sigma}\underline{\tau}}R^{-}{}_{\sigma\mu\nu\tau+}) \qquad (6.30)$$

bringen; (6.19) besagt die *Nichterhaltung* der Sprungerregung $\underset{3}{E}$.

Ist $\underset{3}{E} \equiv 0$, so verlieren (6.29) und (6.30) zunächst ihren Sinn, da sie trivial werden. Wir erhalten aber anstelle von (6.29) und (6.30) 2 neue Gleichungen etwa dadurch, daß wir (6.20) anstatt mit (6.24a, b) mit dem komplexen Tensor $\omega^{\underline{\mu}}\omega^{\underline{\nu}}$ überschieben. Wegen $\underset{3}{E} \equiv 0$ ist dann auch ${}_H\underset{3}{\gamma}_{\mu\nu} \equiv 0$, so daß wir jetzt die Bedingungen

$$\omega^{\underline{\mu}}\omega^{\underline{\nu}}\,(\underset{2}{\gamma}_{\mu\nu;\underline{\ }}{}^{\tau}{}_{\tau} - 2\,\underset{2}{\gamma}^{\underline{\sigma}\underline{\tau}}R^{-}{}_{\sigma\mu\nu\tau+}) = 0 \qquad (6.31\,a)$$

erhalten. (6.31a) wird aber im allgemeinen nicht erfüllt sein, da die $\underset{2}{\gamma}_{\mu\nu}$ vorgegebene, durch (6.1), (6.12) und die Anfangswerte für $\underset{2}{E}$ und $\underset{2}{\delta}$ bestimmte Funktionen der Koordinaten sind. Daher ist $\underset{3}{E} \equiv 0$ und somit ${}_H\underset{3}{\gamma}_{\mu\nu} \equiv 0$ im allgemeinen nicht mit den Sprungrelationen vierter Ordnung verträglich. Die beiden wesentlichen Komponenten von ${}_{H}\underset{3}{\gamma}_{\mu\nu}$ sind vielmehr so zu wählen, daß die komplexe Differentialgleichung

$$\omega^{\underline{\mu}}\,\omega^{\underline{\nu}}\,(2\,{}_{H}\underset{3}{\gamma}_{\mu\nu\underline{;}\tau}\,p^{\underline{\tau}} + {}_{H}\underset{3}{\gamma}_{\mu\nu}\,p^{\underline{\tau}}{}_{\underline{;}\tau} - 2\,\underset{2}{\gamma}^{\underline{\sigma}\,\underline{\tau}}\,R^{-}{}_{\sigma\mu\nu\tau+} + \underset{2}{\gamma}_{\mu\nu\underline{;}}{}^{\underline{\tau}}{}_{\tau}) = 0 \tag{6.31}$$

befriedigt wird.

In den bisherigen Gleichungen gingen die Sprunggrößen vierter Ordnung $\underset{4}{\gamma}_{\mu\nu}$ nicht ein. Die 4 algebraisch unabhängigen Kombinationen der $\underset{4}{\gamma}_{\mu\nu}$ in (6.20) treten jedoch wieder in denjenigen Gleichungen auf, die durch das Überschieben von (6.20) mit $d^{\underline{\mu}}$ entstehen. Aus diesen Gleichungen können wir $\underset{4}{\gamma}_{\mu\nu}$ berechnen, wenn die ${}_{H}\underset{3}{\gamma}_{\mu\nu}$ die Kompatabilitätsbedingungen (6.31) erfüllen.

Beachten wir beim Überschieben von (6.20) mit $d^{\underline{\mu}}$ die konkrete Form (6.15) der $\underset{3}{\gamma}_{\mu\nu}$, so lauten die so entstehenden 4 Gleichungen

$$\begin{aligned} & d^{\underline{\mu}}\,\underset{2}{\gamma}_{\mu\nu\underline{;}}{}^{\underline{\tau}}{}_{\tau} - 2\,d^{\underline{\mu}}\,\underset{2}{\gamma}^{\underline{\lambda}\,\underline{\tau}}\,R^{-}{}_{\lambda\mu\nu\tau+} + 2\,{}_{I}\underset{3}{\gamma}_{\mu\nu\underline{;}\tau}\,p^{\underline{\tau}}\,d^{\underline{\mu}} + d^{\underline{\mu}}\,{}_{I}\underset{3}{\gamma}_{\mu\nu}\,p^{\underline{\tau}}{}_{\underline{;}\tau} \\ & \quad + \frac{1}{2}\,{}_{I}\underset{3}{\bar{\gamma}}_{,\nu} + \frac{1}{2}\,p_{\nu}\,{}_{I}\underset{3}{\bar{\gamma}}_{,\mu}\,d^{\underline{\mu}} - \underset{3}{\gamma}_{\mu}{}^{\underline{\tau}}{}_{\underline{;}\tau}\,d^{\underline{\mu}}\,p_{\nu} - \underset{3}{\gamma}_{\nu}{}^{\underline{\tau}}{}_{\underline{;}\tau} - 2\,p_{\nu}\,\underset{2}{\gamma}_{\sigma\tau}\,\underset{2}{\gamma}^{\underline{\sigma}\,\underline{\tau}} \\ & \quad - \underset{4}{\gamma}_{\mu\tau}\,p^{\underline{\tau}}\,d^{\underline{\mu}}\,p_{\nu} - \underset{4}{\gamma}_{\nu\tau}\,p^{\underline{\tau}} + p_{\nu}\,\underset{4}{\gamma}^{\underline{\tau}}{}_{\tau} = 0. \end{aligned} \tag{6.32}$$

Die allgemeine Lösung von (6.32) setzt sich wiederum zusammen aus einem inhomogenen Teil ${}_{I}\underset{4}{\gamma}_{\mu\nu}$ und einem homogenen Teil ${}_{H}\underset{4}{\gamma}_{\mu\nu}$. ${}_{I}\underset{4}{\gamma}_{\mu\nu}$ ist eine spezielle Lösung der inhomogenen Gleichung (6.32). Unter Verwendung von (6.14) und der Identität (6.25) können wir diese Lösung schreiben:

$$\begin{aligned} {}_{I}\underset{4}{\gamma}_{\mu\nu} = {} & d_{\mu}\left(\frac{1}{2}\,{}_{I}\underset{3}{\bar{\gamma}}_{,\nu} - \underset{3}{\gamma}_{\nu}{}^{\underline{\tau}}{}_{\underline{;}\tau}\right) + d_{\nu}\left(\frac{1}{2}\,{}_{I}\underset{3}{\bar{\gamma}}_{,\mu} - \underset{3}{\gamma}_{\mu}{}^{\underline{\tau}}{}_{\underline{;}\tau}\right) \\ & + d_{\mu}\,d_{\nu}\left(-\frac{3}{2}\,{}_{I}\underset{3}{\bar{\gamma}}_{,\tau}\,p^{\underline{\tau}} - \frac{1}{2}\,{}_{I}\underset{3}{\bar{\gamma}}\,p^{\underline{\tau}}{}_{\underline{;}\tau} + p^{\underline{\lambda}}\,\underset{3}{\gamma}_{\lambda}{}^{\underline{\tau}}{}_{\underline{;}\tau}\right) \\ & + g^{-}{}_{\mu\nu+}\Big(d^{\underline{\lambda}}\,\underset{3}{\gamma}_{\lambda}{}^{\underline{\tau}}{}_{\underline{;}\tau} - \frac{1}{2}\,p^{\underline{\tau}}\,\underset{3}{\gamma}_{\tau}{}^{\underline{\lambda}}{}_{\underline{;}\lambda} - \frac{1}{2}\,{}_{I}\underset{3}{\bar{\gamma}}_{,\lambda}\,d^{\underline{\lambda}} \\ & \qquad + \frac{3}{4}\,{}_{I}\underset{3}{\bar{\gamma}}_{,\lambda}\,p^{\underline{\lambda}} + \frac{1}{4}\,{}_{I}\underset{3}{\bar{\gamma}}_{,\lambda}\,p^{\underline{\lambda}} + \frac{1}{4}\,{}_{I}\underset{3}{\bar{\gamma}}\,p^{\underline{\tau}}{}_{\underline{;}\tau}\Big) \\ & + d_{\mu}\,d^{\underline{\lambda}}\,(\underset{2}{\gamma}_{\nu\lambda\underline{;}}{}^{\underline{\tau}}{}_{\tau} - 2\,\underset{2}{\gamma}^{\underline{\sigma}\,\underline{\tau}}\,R^{-}{}_{\sigma\lambda\nu\tau+} + 2\,{}_{I}\underset{3}{\gamma}_{\lambda\nu\underline{;}\tau}\,p^{\underline{\tau}} + {}_{I}\underset{3}{\gamma}_{\lambda\nu}\,p^{\underline{\tau}}{}_{\underline{;}\tau}) \end{aligned}$$

$$+ d_\nu d^{\lambda}_{-} \big(\underset{2}{\gamma}_{\mu\lambda;\underline{-}}{}^{\tau}{}_{\tau} - 2\,\underset{2}{\gamma}{}^{\sigma\tau}_{--} R^{-}{}_{\sigma\lambda\mu\tau+} + 2\,{}_{I}\underset{3}{\gamma}_{\lambda\mu;\underline{\tau}}\, p^{\tau}_{-} + {}_{I}\underset{3}{\gamma}_{\lambda\mu}\, p^{\tau}_{-\underline{;\tau}}\big)$$

$$+ \frac{1}{2} g^{-}{}_{\mu\nu+} d^{\lambda}_{-} d^{\sigma}_{-} \big(- \underset{2}{\gamma}_{\lambda\sigma;\underline{-}}{}^{\tau}{}_{\tau} + 2\,\underset{2}{\gamma}{}^{\varrho\tau}_{--} R^{-}{}_{\varrho\lambda\sigma\tau+} - 2\,{}_{I}\underset{3}{\gamma}_{\lambda\sigma;\underline{\tau}}\, p^{\tau}_{-} - {}_{I}\underset{3}{\gamma}_{\lambda\sigma}\, p^{\tau}_{-\underline{;\tau}}\big)$$

$$+ g^{-}{}_{\mu\nu+} \underset{2}{\gamma}_{\sigma\tau} \underset{2}{\gamma}{}^{\sigma\tau}_{--}, \tag{6.33}$$

wo ${}_{I}\underset{3}{\bar{\gamma}} = {}_{I}\underset{3}{\gamma}{}^{\tau}_{-\tau}$. In (6.33) ist für $\underset{2}{\gamma}_{\mu\nu}$ der Ausdruck (5.26) und für $\underset{3}{\gamma}_{\mu\nu}$ der Ausdruck (6.17) (mit $\underset{3}{a}_{\mu} = 0$) einzusetzen, wobei die Skalare $\underset{2}{E}$ und $\underset{2}{\delta}$ bzw. $\underset{3}{E}$ und $\underset{3}{\delta}$ durch (6.9) und (6.10) bzw. (6.29) und (6.30) bestimmt sind. Man prüft (6.33) am einfachsten wieder dadurch, daß man mit (6.33) in (6.32) eingeht, was zur identischer Befriedigung von (6.32) führt.[1])

Zu (6.32) tritt noch additiv die allgemeine Lösung ${}_{H}\underset{4}{\gamma}_{\mu\nu}$ der homogenen Gleichung

$$ {}_{H}\underset{4}{\gamma}_{\mu\nu} p^{\nu}_{-} - \frac{1}{2} p_{\mu}\, {}_{H}\underset{4}{\gamma}{}_{\tau}{}^{\tau}_{-} = 0\,. \tag{6.34}$$

Diese Lösung können wir wiederum schreiben

$$ {}_{H}\underset{4}{\gamma}_{\mu\nu} = \underset{4}{\pi}_{\mu} \underset{4}{\bar{\pi}}_{\nu} + \underset{4}{\pi}_{\nu} \underset{4}{\bar{\pi}}_{\mu} + \underset{4}{a}_{\mu} p_{\nu} + \underset{4}{a}_{\nu} p_{\mu}\,, \tag{6.35}$$

wo

$$\underset{4}{\pi}_{\mu} = \left(\frac{1}{2}\right)^{\frac{1}{4}} (\underset{4}{E})^{\frac{1}{4}} \left(\omega_{\mu} e^{\frac{i\delta}{4}} + \bar{\omega}_{\mu} e^{\frac{-i\delta}{4}}\right) \tag{6.36a}$$

und

$$\underset{4}{\bar{\pi}}_{\mu} = \frac{1}{i} \left(\frac{1}{2}\right)^{\frac{1}{4}} (\underset{4}{E})^{\frac{1}{4}} \left(\omega_{\mu} e^{\frac{i\delta}{4}} - \bar{\omega}_{\mu} e^{\frac{-i\delta}{4}}\right) \tag{6.36b}$$

mit der „Sprungerregung vierter Ordnung“ $\underset{4}{E} \equiv {}_{H}\underset{4}{\gamma}_{\mu\nu}\, {}_{H}\underset{4}{\gamma}{}^{\mu\nu}_{--} - \frac{1}{2}\, {}_{H}\underset{4}{\bar{\gamma}}{}^{2}$ ist.

In (6.35) kann wieder ohne weiteres $\underset{4}{a}_{\mu} = 0$ gesetzt werden, da der Term $\underset{4}{a}_{\mu} p_{\nu} + \underset{4}{a}_{\nu} p_{\mu}$ durch eine in den fünften Ableitungen unstetige Koordinatentransformation eliminierbar ist. Die allgemeine Lösung von (6.32) hat somit die Form

$$\underset{4}{\gamma}_{\mu\nu} = {}_{I}\underset{4}{\gamma}_{\mu\nu} + {}_{H}\underset{4}{\gamma}_{\mu\nu} = {}_{I}\underset{4}{\gamma}_{\mu\nu} + \underset{4}{\pi}_{\mu} \underset{4}{\bar{\pi}}_{\nu} + \underset{4}{\pi}_{\nu} \underset{4}{\bar{\pi}}_{\mu}\,, \tag{6.37}$$

wobei gilt

$$ {}_{H}\underset{4}{\gamma}_{\mu\nu} d^{\nu}_{-} = {}_{H}\underset{4}{\gamma}_{\mu\nu} p^{\nu}_{-} = 0\,, \qquad (g^{-\sigma\tau})_{+}\, {}_{H}\underset{4}{\gamma}_{\sigma\tau} = {}_{H}\underset{4}{\gamma}{}_{\tau}{}^{\tau}_{-} = 0\,. \tag{6.37a}$$

---

[1]) Eine allgemeine Methode zur Behandlung von Gleichungen der Form (6.32) wird im ersten Anhang zu § 6 angegeben.

Wir merken noch eine wichtige Eigenschaft der $\underset{4}{\gamma}_{\mu\nu}$ für den Fall an, daß $g_{\mu\nu} \equiv \eta_{\mu\nu}$ ist, und alle Ableitungen von $\underset{2}{\gamma}_{\mu\nu}$ und $\underset{3}{\gamma}_{\mu\nu}$ verschwinden (s. unten § 9). Dann entnehmen wir aus (6.16), daß $\underset{3}{\gamma}_{\mu\nu} \equiv {}_H\underset{3}{\gamma}_{\mu\nu}$ ist, und wir erhalten aus (6.33) und (6.37)

$$\underset{4}{\gamma}_{\mu\nu} = {}_H\underset{4}{\gamma}_{\mu\nu} + g^{-}{}_{\mu\nu+}\, \underset{2}{\gamma}_{\sigma\tau}\, \underset{2}{\gamma}^{\sigma\tau}_{--} = {}_H\underset{4}{\gamma}_{\mu\nu} + g^{-}{}_{\mu\nu+}\, \underset{2}{E}\,. \tag{6.38}$$

Diese speziellen $\underset{4}{\gamma}_{\mu\nu}$ haben auf Σ ersichtlich allgemeine Eigenschaften:

$$\underset{4}{\gamma}_{\mu\nu}\, p^{\nu}_{-} = \underset{2}{E}\, p_{\mu} \tag{6.38a}$$

und

$$\underset{4}{\gamma}_{\tau-}^{\tau} = 4\, \underset{2}{E}\,. \tag{6.38b}$$

Es sei noch darauf hingewiesen, daß der bilineare Term $g^{-}{}_{\mu\nu+}\underset{4}{E}$ — und somit der inhomogene Teil von (6.38) — nur dann verschwindet, wenn (bis auf Koordinatendiskontinuitäten) $\underset{2}{\gamma}_{\mu\nu} \equiv 0$ ist, also tatsächlich ein Sprungproblem mit $n > 2$ vorliegt. Gibt es hingegen wesentliche Sprünge zweiter Ordnung, so ist der bilineare Term in ${}_I\underset{4}{\gamma}_{\mu\nu}$ notwendig ungleich Null.

Es ist für das Spätere (s. unten § 10) noch von Interesse zu bemerken, daß es unter Umständen nützlich sein kann, das Koordinatensystem so zu wählen, daß der von den Koordinatendiskontinuitäten herrührende Teil von ${}_H\underset{4}{\gamma}_{\mu\nu}$, also $\underset{4}{a}_{\mu}\, p_{\nu} + \underset{4}{a}_{\nu}\, p_{\mu}$, nicht verschwindet. Hat insbesondere $\underset{4}{\gamma}_{\mu\nu}$ die Form (6.38), so kann man wegen (6.38a, b) durch Einführung von geeigneten Koordinatensingularitäten immer erreichen, daß für die neuen Sprungkoeffizienten

$$\underset{4}{\bar{\gamma}}_{\mu\nu}\, d^{\nu}_{-} = \underset{4}{\bar{\gamma}}_{\mu\nu}\, p^{\nu}_{-} = 0 \tag{6.39}$$

gilt. Hierzu ist nur erforderlich, daß wir schreiben

$$\underset{4}{\bar{\gamma}}_{\mu\nu} = \pi_{\mu}\bar{\pi}_{\nu} + \bar{\pi}_{\mu}\pi_{\nu} + g^{-}{}_{\mu\nu+}\, \underset{2}{E} + p_{\mu}\underset{4}{a}_{\nu} + p_{\nu}\underset{4}{a}_{\mu} \tag{6.40}$$

mit

$$\underset{4}{a}_{\mu} = -\frac{1}{2}\, \underset{2}{E}\, (2\, d_{\mu} - p_{\mu})\,. \tag{6.40a}$$

Die Spur von $\underset{4}{\bar{\gamma}}_{\mu\nu}$ beträgt dann

$$\underset{4}{\bar{\gamma}}_{\tau-}^{\tau} = 4\, \underset{2}{E} + 2\, \underset{4}{a}_{\tau}\, p^{\tau}_{-} = 2\, \underset{2}{E}\,. \tag{6.41}$$

Durch die 8 Gleichungen (6.39) und (6.41) ist die algebraische Form von $\underset{4}{\bar{\gamma}}_{\mu\nu}$ bis auf die beiden willkürlichen Skalare $\underset{4}{E}$ und $\underset{4}{\delta}$ bestimmt.

Die z-Abhängigkeit von $\underset{3}{E}$ und $\underset{3}{\delta}$ bestimmen wir wieder (wie gesagt nicht ganz eindeutig) durch die Forderung, daß (6.29) und (6.30) in einem endlichen Bereich $z \geqq 0$ gelten. Durch die Festsetzung der z-Abhängigkeit der $\underset{2}{\gamma}_{\mu\nu}$ und $\underset{3}{\gamma}_{\mu\nu}$ ist dann auch die z-Abhängigkeit von ${}_{I}\underset{4}{\gamma}_{\mu\nu}$ bestimmt, wenn wir verlangen, daß (6.33) auch für $z > 0$ gilt. Hingegen ist über die z-Abhängigkeit der beiden in $\underset{4}{\gamma}_{\mu\nu}$ neu auftretenden Skalare $\underset{4}{E}$ und $\underset{4}{\delta}$ noch nichts gesagt.

Wir bemerken nun, daß es durch Fortführung dieses Verfahrens unter Benutzung der Bedingungen (2.18) und (2.19) für das Vierbeinfeld möglich ist, alle Sprungkoeffizienten $\underset{2+k}{\gamma}_{\mu\nu}$ auf wohldefinierte Weise in den Bereich $z > 0$ fortzusetzen derart, daß die Erfüllung der Sprungrelationen auf der Hyperfläche $z = 0$ und die Gleichung $R^{-}{}_{\mu\nu} = R^{-}{}_{\mu\nu+} = 0$ die Erfüllung der Einsteinschen Gleichungen $R^{+}{}_{\mu\nu} = 0$ im Bereich $z \geqq 0$ garantiert. Dies wollen wir im folgenden Paragraphen näher erörtern.

Beim Sprungproblem n-ter Ordnung (mit $n > 2$) enthält der Sprungkoeffizient $\underset{n+2}{\gamma}_{\mu\nu}$ noch keine in den $\underset{n}{\gamma}_{\mu\nu}$ bilinearen Terme. Derartige Terme treten vielmehr erst beim Sprungkoeffizienten $\underset{2n}{\gamma}_{\mu\nu}$ auf. Beim Sprungproblem erster Ordnung ($n = 1$) ist hingegen ein bilinearer Term schon in den Sprungkoeffizienten $\underset{2}{\gamma}_{\mu\nu}$ vorhanden. Auch diese Sprungprobleme sollen in § 7 behandelt werden.

Erster Anhang zu § 6

Die Überschiebungsoperationen, die zur Lösung der aus den Einsteinschen Gleichungen folgenden Sprungrelation benutzt werden

Wie ausgeführt, folgen durch Differenzieren der Einsteinschen Gleichungen (1.1) und anschließende Sprungbildung Tensorgleichungen zweiter Stufe, welche besagen, daß ein symmetrischer Tensor $T_{\mu\nu}$ verschwindet. Mit Hilfe des Vierbeins ω_μ, $\overline{\omega}_\mu$, p_μ und d_μ können wir diese Gleichungen in der Form

$$\begin{aligned} T_{\mu\nu} \equiv\ & a\,\omega_\mu\,\omega_\nu + b\,\overline{\omega}_\mu\,\overline{\omega}_\nu + c\,(\overline{\omega}_\mu\,\omega_\nu + \omega_\mu\,\overline{\omega}_\nu) + d\,d_\mu\,d_\nu \\ & + e\,(d_\mu\,\omega_\nu + d_\nu\,\omega_\mu) + f\,(d_\mu\,\overline{\omega}_\nu + d_\nu\,\overline{\omega}_\nu\,\omega_\mu) + g\,(d_\mu\,p_\nu + d_\nu\,p_\mu) \\ & + h\,(p_\mu\,\omega_\nu + p_\nu\,\omega_\mu) + i\,(p_\mu\,\overline{\omega}_\nu + p_\nu\,\overline{\omega}_\mu) + k\,p_\mu\,p_\nu = 0 \end{aligned} \tag{6.42}$$

schreiben. In (6.42) sind die 10 Größen a bis k im allgemeinen komplexe Skalare. Die Gleichung $T_{\mu\nu} = 0$ ist äquivalent den 10 unabhängigen skalaren Gleichungen, die das Verschwinden aller 10 Skalare besagen.

Wir erhalten diese Gleichungen durch Überschieben von (6.42) mit 10 algebraisch unabhängigen Tensoren, die wir aus den Vektoren des Vierbeins ω_μ, $\overline{\omega}_\mu$, d^μ und p^μ unter Zuhilfenahme des metrischen Tensors $g^{\mu\nu}$ bilden können. 6 dieser Tensoren können als Lösungen der Gleichungen (6.3) eingeführt werden. Gemäß der Bedeutung π_μ und $\bar{\pi}_\mu$ können wir die entsprechenden Tensoren (6.4), (6.5a, b) bzw. (6.23) und (6.24a, b) usf. ersetzen durch die 6 Tensoren

$$p^\mu p^\nu, \qquad \omega^\mu p^\nu + \omega^\nu p^\mu, \qquad \overline{\omega}^\mu p^\nu + \overline{\omega}^\nu p^\mu$$

$$\text{und} \quad d^\mu p^\nu + d^\nu p^\mu - g^{\mu\nu} d^\sigma p_\sigma, \tag{6.43}$$

sowie

$$\omega^\mu \omega^\nu \quad \text{und} \quad \overline{\omega}^\mu \overline{\omega}^\nu. \tag{6.44}$$

4 weitere Tensoren können durch die Eigenschaften (6.6) definiert werden und die betreffenden Tensoren können wir etwa schreiben

$$d^\mu \omega^\nu + d^\nu \omega^\mu, \qquad d^\mu \overline{\omega}^\nu + d^\nu \overline{\omega}^\mu, \qquad d^\mu p^\nu + d^\nu p^\mu$$

$$\text{und} \quad d^\mu d^\nu. \tag{6.45}$$

Überschieben wir (6.42) nacheinander mit den Tensoren (6.43) und (6.44), so erhalten wir sukzessive

$$d = f = e = c = 0 \quad \text{und} \quad a = b = 0. \tag{6.46}$$

Wir gehen mit (6.46) in (6.42) ein und erhalten so

$$\begin{aligned} T_{\mu\nu} &= g\,(d_\mu p_\nu + d_\nu p_\mu) + h\,(p_\mu \omega_\nu + p_\nu \omega_\mu) \\ &\quad + i\,(p_\mu \overline{\omega}_\nu + p_\nu \overline{\omega}_\mu) + k\, p_\mu p_\nu = 0. \end{aligned} \tag{6.47}$$

Indem wir (6.47) mit den Tensoren (6.45) überschieben, erhalten wir sofort

$$i = h = g = k = 0. \tag{6.48}$$

Anstatt (6.47) mit den 4 Tensoren (6.45) zu überschieben, können wir wegen der Symmetrie von $T_{\mu\nu}$ (6.47) auch mit d^μ überschieben und so die zu (6.48) äquivalente Vektorgleichung

$$(k + g)\, p_\nu + g\, d_\nu + h\, \omega_\nu + i\, \overline{\omega}_\nu = 0 \tag{6.49}$$

erhalten. Die Tensorgleichung $T_{\mu\nu} = 0$ ist also denjenigen Gleichungen äquivalent, die durch Überschieben von (6.42) mit den 6 Tensoren (6.43) und (6.44) und dem Vektor d^μ entstehen.

Anstelle der 10 Tensoren (6.43), (6.44) und (6.45) könen natürlich auch 10 andere Tensoren benutzt werden, die algebraisch unabhängige Kombinationen der ersteren sind. Ferner entnimmt man aus (2.18a), daß man die Tensorgleichung

(6.42) mit neuen Skalaren a bis k auch

$$T_{\mu\nu} = a\,\omega_\mu\,\omega_\nu + b\,\bar{\omega}_\mu\,\bar{\omega}_\nu + c\,g_{\mu\nu} + d\,d_\mu d_\nu + e\,(d_\mu\,\omega_\nu + d_\nu\,\omega_\mu)$$
$$+ f(d_\mu\,\bar{\omega}_\nu + d_\nu\,\bar{\omega}_\mu) + g\,(d_\mu\,p_\nu + d_\nu\,p_\mu) + h\,(p_\mu\,\omega_\nu + p_\nu\,\omega_\mu)$$
$$+ i\,(p_\mu\,\bar{\omega}_\nu + p_\nu\,\bar{\omega}_\mu) + k\,p_\mu\,p_\nu = 0 \qquad (6.50)$$

schreiben kann.

Die durch Überschieben der Tensorgleichungen $\underset{1}{A}_{\mu\nu} = 0$ bzw. $\underset{2}{A}_{\mu\nu} = 0$ mit d^μ entstehenden Vektorgleichungen (6.13) bzw. (6.32) haben die allgemeine Form

$$K_\nu + K\,p_\nu - \alpha_{\omega\tau}\,d^\omega\,p^\tau\,p_\nu - \alpha_{\nu\tau}\,p^\tau + p_\nu\,g^{\sigma\tau}\,\alpha_{\sigma\tau} = 0\,, \qquad (6.51)$$

wobei die 10 Größen $\alpha_{\mu\nu} = \alpha_{\nu\mu}$ die Unbekannten $\underset{3}{\gamma}_{\mu\nu}$ bzw. $\underset{4}{\gamma}_{\mu\nu}$ sind, während der Vektor K_ν und der Skalar K vorgegebene Größen sind. Die allgemeine Lösung der inhomogenen linearen algebraischen Gleichung (6.51) setzt sich zusammen aus einer speziellen Lösung der inhomogenen Gleichung und der allgemeinen Lösung der homogenen Gleichungen

$$-\underset{H}{\alpha}_{\omega\tau}\,d^\omega\,p^\tau\,p_\nu - \underset{H}{\alpha}_{\nu\tau}\,p^\tau + p_\nu\,g^{\sigma\tau}\,\underset{H}{\alpha}_{\sigma\tau} = 0. \qquad (6.52\text{a})$$

(6.52a) können wir schreiben

$$\underset{H}{\alpha}_{\nu\tau}\,p^\tau - \frac{1}{2}\,p_\nu\,\underset{H}{\alpha}_\tau{}^\tau = 0\,, \qquad (6.52)$$

die allgemeine Lösung von (6.52) hat somit die in § 5 angegebene Form

$$\underset{H}{\alpha}_{\mu\nu} = \pi_\mu\,\bar{\pi}_\nu + \bar{\pi}_\mu\,\pi_\nu + a_\mu\,p_\nu + a_\nu\,p_\mu\,. \qquad (6.53)$$

Hierbei sind π_μ und $\bar{\pi}_\mu$ 2 raumartige Vektoren von der Form (5.23a, b) während a_μ ein beliebiger Vektor ist.

Um nun auch eine spezielle Lösung $\underset{I}{\alpha}_{\mu\nu}$ der inhomogenen Gleichung (6.51) zu gewinnen, machen wir den Ansatz

$$\alpha_{\mu\nu} \equiv \underset{I}{\alpha}_{\mu\nu} = M_{\mu\nu} + N_{\mu\nu}\,. \qquad (6.54)$$

Hierbei sollen die symmetrischen Tensoren $M_{\mu\nu}$ und $N_{\mu\nu}$ den Gleichungen

$$K_\nu - M_{\omega\tau}\,d^\omega\,p^\tau\,p_\nu - M_{\nu\tau}\,p^\tau + p_\nu\,g^{\sigma\tau}\,M_{\sigma\tau} = 0 \qquad (6.55)$$

bzw.

$$K\,p_\nu - N_{\omega\tau}\,d^\omega\,p^\tau\,p_\nu - N_{\nu\tau}\,p^\tau + p_\nu\,g^{\sigma\tau}\,N_{\sigma\tau} = 0 \qquad (6.56)$$

gehorchen.

(6.55) lösen wir durch den Ansatz

$$M_{\mu\nu} = c\,(d_\mu K_\nu + d_\nu K_\mu) + a\,d_\mu d_\nu - b\,g_{\mu\nu}\,, \tag{6.57a}$$

wobei a, b und c 3 zunächst willkürliche Skalare sind. Wir bestimmen sie dadurch, daß wir mit (6.57a) in (6.55) eingehen und finden so

$$a = -K_\lambda p^\lambda, \qquad b = \frac{1}{2}\,(d^\lambda K_\lambda - p^\lambda K_\lambda), \quad c = 1. \tag{6.57b}$$

Somit erhalten wir als spezielle Lösung von (6.55)

$$M_{\mu\nu} = d_\mu K_\nu + d_\nu K_\mu - d_\mu d_\nu K_\lambda p^\lambda - \frac{1}{2}\,g_{\mu\nu}\,(K_\lambda d^\lambda - K_\lambda p^\lambda)\,. \tag{6.57}$$

Die Gleichung (6.56) lösen wir mit Hilfe des Ansatzes

$$N_{\mu\nu} = \lambda\,g_{\mu\nu}\,K\,, \tag{6.58a}$$

wobei λ ein zunächst willkürlicher Skalar ist; durch Eingehen mit (6.58a) in (6.56) bestimmen wir ihn zu $\lambda = -\frac{1}{2}$ und erhalten so

$$N_{\mu\nu} = -\frac{1}{2}\,g_{\mu\nu} K. \tag{6.58}$$

Aus (6.54), (6.57) und (6.58) folgt dann, daß

$$\underset{I}{\alpha_{\mu\nu}} = d_\mu K_\nu + d_\nu K_\mu - d_\mu d_\nu K_\lambda p^\lambda - \frac{1}{2}\,g_{\mu\nu}\,(K_\lambda d^\lambda + K - K_\lambda p^\lambda) \tag{6.59}$$

eine spezielle Lösung der inhomogenen Gleichung (6.51) ist. Die allgemeine Lösung $\alpha_{\mu\nu}$ von (6.51) lautet somit

$$\alpha_{\mu\nu} \equiv \underset{H}{\alpha_{\mu\nu}} + \underset{I}{\alpha_{\mu\nu}} = d_\mu K_\nu + d_\nu K_\mu - d_\mu d_\nu K_\lambda p^\lambda - \frac{1}{2}\,g_{\mu\nu}\,(K_\lambda d^\lambda + K - K_\lambda p^\lambda) + \pi_\mu \bar{\pi}_\nu + \bar{\pi}_\mu \pi_\nu + a_\mu p_\nu + a_\nu p_\mu\,. \tag{6.60}$$

Man sieht leicht, daß der durch (6.60) gegebene symmetrische Tensor $\alpha_{\mu\nu}$ im allgemeinen 10 algebraisch unabhängige Komponenten besitzt, wenn nur der Vektor K_μ genügend allgemein ist. Dies folgt am einfachsten daraus, daß für ein K_μ von der Form

$$K_\mu = \alpha\,\omega_\mu + \beta\,\bar{\omega}_\mu + \gamma\,p_\mu + \delta\,d_\mu$$

mit beliebigen Skalaren α, β, γ und δ das identische Verschwinden von (6.60) nur genau dann folgt, wenn das Resultat des Überschiebens von (6.60) mit allen 10 unabhängigen Tensoren (6.43), (6.44) und (6.45) verschwindet.

Zweiter Anhang zu § 6

Die Form der Sprungkoeffizienten bei Verwendung des lokalen Tensors $g^{+}{}_{\mu\nu}$

Wie im Anhang zu § 5 ausgeführt, macht es nur einen Unterschied von der Ordnung $\sim z^5$ und höher aus, wenn man in den ersten Termen der Entwicklung (5.2) die unter Benutzung der Bedingungen (2.18) und (2.19) in bezug auf $g^{-}{}_{\mu\nu+}$ berechneten Sprungkoeffizienten $\underset{2}{\gamma}_{\mu\nu}$, $\underset{3}{\gamma}_{\mu\nu}$, $\underset{4}{\gamma}_{\mu\nu}$ durch diejenigen Koeffizienten ersetzt, die sich aus den Feldgleichungen ergeben, wenn man die Bedingungen 2.18) und (2.19) in bezug auf den lokalen Tensor $g^{+}{}_{\mu\nu}$ fordert. Jedoch haben die einzelnen Koeffizienten eine andere Bedeutung und daher auch eine andere analytische Form.

Die Berechnung der Entwicklungskoeffizienten geschieht jetzt mit Hilfe der Darstellung (5.34) für $R^{+}{}_{\mu\nu}$. Indem man in (5.34) für $R^{+}{}_{\mu\nu}$ den Grenzübergang $z \to 0$ durchführt, erhält man

$$b_\mu = p^\nu \gamma_{\mu\nu} - \frac{1}{2} p_\mu g^{\sigma\tau} \gamma_{\sigma\tau} = 0, \tag{6.61 a}$$

also mit $\underset{2}{a}_\mu = 0$

$$p^\nu \underset{2}{\gamma}_{\mu\nu} = \underset{2}{\gamma}_{\mu\nu} d^\nu = 0, \qquad \underset{2}{\gamma}_\tau{}^\tau = 0. \tag{6.61 b}$$

Denken wir uns in (6.61 a, b) den Index mit $g^{+\mu\nu}$ gehoben, so gelten wegen der Erfüllung von (2.18) in bezug auf $g^{+\mu\nu}$ die Gleichungen (6.61 a, b) im ganzen betrachteten Bereich. Wir sehen dann noch, daß wegen (6.61 a) bis auf Terme, die mindestens $\sim z^2$ sind, $[\Gamma^\tau{}_{\mu\nu}]\, p^\nu = 0$ ist.

Indem wir (6.34) einmal nach z differenzieren und das Ergebnis gleich Null setzen, erhalten wir unter Berücksichtigung von (6.61 a) durch Überschieben mit d^μ den Ausdruck (mit $\underset{3}{a}_\mu = 0$)

$$\underset{3}{\gamma}_{\mu\nu} = {}_H\underset{3}{\gamma}_{\mu\nu} + {}_I\underset{3}{\gamma}_{\mu\nu} = \underset{3}{\pi}_\mu \underset{3}{\bar{\pi}}_\nu + \underset{3}{\bar{\pi}}_\mu \underset{3}{\pi}_\nu - d_\nu \underset{2}{\gamma}_\mu{}^\lambda{}_{\underline{;\lambda}} - d_\mu \underset{2}{\gamma}_\nu{}^\lambda{}_{\underline{;\lambda}} + d_\mu d_\nu p^\tau \underset{2}{\gamma}_\tau{}^\lambda{}_{\underline{;\lambda}}$$
$$+ g^{+}{}_{\mu\nu} \left(d^\tau \underset{2}{\gamma}_\tau{}^\lambda{}_{\underline{;\lambda}} - \frac{1}{2} p^\tau \underset{2}{\gamma}_\tau{}^\lambda{}_{\underline{;\lambda}} \right), \tag{6.62}$$

wobei die $\underset{3}{\pi}_\mu$ und $\underset{3}{\bar{\pi}}_\mu$ so definiert sind, daß gilt

$${}_H\underset{3}{\gamma}_{\mu\nu} p^\nu = {}_H\underset{3}{\gamma}_{\mu\nu} d^\nu = 0, \qquad {}_H\underset{3}{\gamma}_\tau{}^\tau = 0. \tag{6.62 a}$$

Die durch Überschieben mit $\underset{2}{\pi}^\mu \underset{2}{\bar{\pi}}^\nu + \underset{2}{\bar{\pi}}^\mu \underset{2}{\pi}^\nu$ bzw. mit $\underset{2}{\pi}^\mu \underset{2}{\pi}^\nu - \underset{2}{\bar{\pi}}^\mu \underset{2}{\bar{\pi}}^\nu$ entstehenden Fortpflanzungsgesetze sind auf Grund von $[\Gamma^\tau{}_{\mu\nu}]p^\nu = 0$ bis auf Terme, die mindestens $\sim z^2$ sind, mit den Gleichungen (6.9) und (6.10) identisch. Wegen der Bedingungen (2.18) und (2.19) reicht es also aus, die z-Abhängigkeit von $\underset{2}{E}$ und $\underset{2}{\delta}$ so zu bestimmen, daß unter (6.9) und (6.10) auch noch

$$\frac{\partial}{\partial z}((\underset{2}{E}\, p^\varrho)_{;\varrho}) = 0 \quad \text{und} \quad \frac{\partial}{\partial z}(\underset{2}{\delta}_{,\varrho}\, p^\varrho) = 0 \tag{6.63}$$

gilt, um zu erreichen, daß die Sprungrelationen vierter Ordnung einfach das Verschwinden des Terms $\sim z^2$ in der Entwicklung (5.34) besagen.

Differenzieren wir unter diesen Voraussetzungen (5.34) zweimal nach z und führen anschließend den Grenzübergang $z \to 0$ durch, so ergeben sich durch Nullsetzen des Resultats die Sprungrelationen vierter Ordnung in der Form

$$\begin{aligned}
\frac{1}{2}\Big(&\underset{2}{\gamma}_{\mu\nu\underline{;}\tau}{}^{\tau} - \underset{2}{\gamma}_{\mu}{}^{\tau}{}_{\underline{;}\nu\tau} - \underset{2}{\gamma}_{\nu}{}^{\tau}{}_{\underline{;}\mu\tau} - 2\, R^{-}{}_{\lambda\mu\nu\tau+}\, \underset{2}{\gamma}^{\lambda\tau} + 2\, \underset{3}{\gamma}_{\mu\nu\underline{;}\tau}\, p^\tau + \underset{3}{\gamma}_{\mu\nu}\, p^\tau{}_{\underline{;}\tau} \\
&- \underset{3}{b}_{\mu\underline{;}\nu} - \underset{3}{b}_{\nu\underline{;}\mu} + \frac{1}{2}\, p_\mu \underset{3}{\gamma}_{,\nu} + \frac{1}{2}\, p_\nu \underset{3}{\gamma}_{,\mu} - \underset{3}{\gamma}_{\nu}{}^{\tau}{}_{\underline{;}\tau}\, p_\mu - \underset{3}{\gamma}_{\mu}{}^{\tau}{}_{\underline{;}\tau}\, p_\nu - \underset{4}{\gamma}_{\mu\tau}\, p^\tau p_\nu \\
&- \underset{4}{\gamma}_{\nu\tau}\, p^\tau p_\mu + p_\mu p_\nu \underset{4}{\gamma}_{\tau}{}^{\tau} + 4\, p_\mu p_\nu \underset{2}{\gamma}_{\sigma\tau} \underset{2}{\gamma}^{\sigma\tau}\Big) = 0.
\end{aligned} \tag{6.64}$$

Aus (6.64) erhält man (durch Überschieben mit d^μ)

$$\begin{aligned}
\underset{4}{\gamma}_{\mu\nu} &= {}_{H}\underset{4}{\gamma}_{\mu\nu} + {}_{I}\underset{4}{\gamma}_{\mu\nu} \\
&= {}_{H}\underset{4}{\gamma}_{\mu\nu} + d_\mu\left(\frac{1}{2}\, {}_{I}\underset{3}{\gamma}_{,\nu} - \underset{3}{\gamma}_{\nu}{}^{\tau}{}_{\underline{;}\tau}\right) + d_\nu\left(\frac{1}{2}\, {}_{I}\underset{3}{\gamma}_{,\mu} - \underset{3}{\gamma}_{\mu}{}^{\tau}{}_{\underline{;}\tau}\right) \\
&\quad + d_\mu d_\nu\left(-\frac{3}{2}\, {}_{I}\underset{3}{\gamma}_{,\tau}\, p^\tau - \frac{1}{2}\, {}_{I}\underset{3}{\gamma}\, p^\tau{}_{\underline{;}\tau} + p^\lambda \underset{3}{\gamma}_{\lambda}{}^{\tau}{}_{\underline{;}\tau}\right) \\
&\quad + g^{+}{}_{\mu\nu}\left(d^\lambda \underset{3}{\gamma}_{\lambda}{}^{\tau}{}_{\underline{;}\tau} - \frac{1}{2}\, p^\tau \underset{3}{\gamma}_{\tau}{}^{\lambda}{}_{\underline{;}\lambda} - \frac{1}{2}\, {}_{I}\underset{3}{\gamma}_{,\lambda}\, d^\lambda + \frac{3}{4}\, {}_{I}\underset{3}{\gamma}_{,\lambda}\, p^\lambda + \frac{1}{4}\, {}_{I}\underset{3}{\gamma}\, p^\tau{}_{\underline{;}\tau}\right) \\
&\quad + d_\mu d^\lambda\, (\underset{2}{\gamma}_{\nu\lambda\underline{;}}{}^{\tau}{}_{\tau} - 2\, \underset{2}{\gamma}^{\sigma\tau} R^{-}{}_{\sigma\lambda\nu\tau+} + 2\, {}_{I}\underset{3}{\gamma}_{\lambda\nu\underline{;}\tau}\, p^\tau + {}_{I}\underset{3}{\gamma}_{\lambda\nu}\, p^\tau{}_{\underline{;}\tau}) \\
&\quad + d_\nu d^\lambda\, (\underset{2}{\gamma}_{\mu\lambda\underline{;}}{}^{\tau}{}_{\tau} - 2\, \underset{2}{\gamma}^{\sigma\tau} R^{-}{}_{\sigma\lambda\mu\tau+} + 2\, {}_{I}\underset{3}{\gamma}_{\lambda\mu\underline{;}\tau}\, p^\tau + {}_{I}\underset{3}{\gamma}_{\lambda\mu}\, p^\tau{}_{;\tau}) \\
&\quad + \frac{1}{2} g^{+}{}_{\mu\nu} d^\lambda d^\sigma\, (-\underset{2}{\gamma}_{\lambda\sigma\underline{;}}{}^{\tau}{}_{\tau} + 2\, \underset{2}{\gamma}^{\varrho\tau} R^{-}{}_{\varrho\lambda\sigma\tau+} - 2\, {}_{I}\underset{3}{\gamma}_{\lambda\sigma\underline{;}\tau}\, p^\tau - {}_{I}\underset{3}{\gamma}_{\lambda\sigma}\, p^\tau{}_{\underline{;}\tau}) \\
&\quad - 2\, g^{+}{}_{\mu\nu} \underset{2}{\gamma}_{\sigma\tau} \underset{2}{\gamma}^{\sigma\tau}.
\end{aligned} \tag{6.65}$$

Insbesondere finden wir für $g_{\mu\nu} = \eta_{\mu\nu}$ und konstante $\underset{2}{\gamma}_{\mu\nu}$ und $\underset{3}{\gamma}_{\mu\nu}$

$$\underset{4}{\gamma}_{\mu\nu} = {}_H\underset{4}{\gamma}_{\mu\nu} - 2\, g^+{}_{\mu\nu} \underset{2}{\gamma}_{\sigma\tau} \underset{2}{\gamma}^{\sigma\tau} = {}_H\underset{4}{\gamma}_{\mu\nu} - 2\, g^+{}_{\mu\nu} \underset{2}{E}. \tag{6.66}$$

Ein wesentlicher Unterschied von (6.40) und (6.66) ist das negative Vorzeichen des Terms mit $\underset{2}{E}$ im letzteren Ausdruck.

Da in die obigen Ausdrücke für $\underset{3}{\gamma}_{\mu\nu}$ und $\underset{4}{\gamma}_{\mu\nu}$ der selbst erst zu bestimmende lokale metrische Tensor $g^+{}_{\mu\nu}$ eingeht, erhält man bei dieser Behandlung nicht nur $g^+{}_{\mu\nu}$, sondern auch die Werte der einzelnen Entwicklungskoeffizienten für $z > 0$ nur in Form von Reihenentwicklungen nach steigenden Potenzen von z. Für die Berechnung des Feldes $g^+{}_{\mu\nu}$ aus den Sprüngen an der Sprungfläche Σ ist die obige Behandlung daher nur dann brauchbar, wenn die Rechnung bereits bei einer kleinen Potenz von z abgebrochen wird und alle höheren Terme wegen der Kleinheit von z vernachlässigt werden.

§ 7. Das Sprungproblem mit $n > 2$ und die allgemeine Form der Sprungkoeffizienten höherer Ordnung

Aus den Ergebnissen von § 3 entnimmt man, daß beim Sprungproblem in der Maxwellschen Theorie die Art der Abhängigkeit der Sprungkoeffizienten $(n + l)$-ter Ordnung von den Sprungkoeffizienten niederer Ordnung unabhängig von der Ordnung n der niedrigsten unstetigen Ableitung ist. Dies ist eine direkte Folge der Linearität der Maxwellschen Feldgleichungen. — Wegen der Nichtlinearität der Einsteinschen Feldgleichungen ist die Situation beim Sprungproblem in der Einsteinschen Gravitationstheorie verschieden. Wie im Anfang von § 5 bemerkt wurde, hängt das Auftreten der in den Sprungkoeffizienten niederer Ordnung nichtlinearen Terme von der Ordnung n der niedrigsten Unstetigkeit ab.

Als Folge der Nichtlinearität des Einstein-Tensors gehen in die Sprungrelationen von der Ordnung $n + l \geqq 2n$ Terme ein, die Produkte der Sprungkoeffizienten niederer Ordnung $\underset{n+i}{\gamma}_{\mu\nu}$ (und ihrer Ableitungen) enthalten. Diese Terme ergeben sich wieder aus den in den $\Gamma^{+\sigma}{}_{\mu\nu}$ bilinearen Termen von $R^+{}_{\mu\nu}$ und ferner — gemäß der allgemeinen Formel (3.42) für die Sprünge von Produkten — aus

$$\frac{1}{2}\, g^{+\sigma\tau} \left(g^+{}_{\sigma\tau,\mu\nu} + g^+{}_{\mu\nu,\sigma\tau} - g^+{}_{\mu\tau,\nu\sigma} - g^+{}_{\nu\sigma,\mu\tau}\right).$$

Damit die Sprungrelation ein Produkt der Sprungkoeffizienten $\underset{n+i}{\gamma}_{\mu\nu}$ und $\underset{n+s}{\gamma}_{\mu\nu}$ enthält, müssen in dieser Sprungrelation $2\,n + s + i$ Ableitungen enthalten sein. Die betreffende Sprungrelation ist also der Ausdruck

$$\left[\frac{\partial^{2n+s+i-2}}{\partial z^{2n+s+i-2}} R_{\mu\nu}\right] = 0.$$

Daher hängt die Struktur der Sprungkoeffizienten $(n + l)$-ter Ordnung in der Gravitationstheorie von der Ordnung n der niedrigsten unstetigen Ableitung von $g_{\mu\nu}$ ab. Die erste Sprungrelation, die ein Produkt enthält, ist

$$\left[\frac{\partial^{2n-2}}{\partial z^{2n-2}} R_{\mu\nu}\right] = 0.$$

Hierbei ist der numerische Koeffizient des in die Sprungrelation $2n$-ter Ordnung eingehenden in den $\underset{n}{\gamma}_{\mu\nu}$ bilinearen Terms eine Funktion von n, die wir im folgenden zunächst für beliebiges $n \geqq 2$ bestimmen wollen.

Für $n > 2$ können wir die ersten Terme der Reihe (5.4) für $R^{+}{}_{\mu\nu}$ explizit schreiben

$$\begin{aligned}
&R^{+}{}_{\mu\nu} - R^{-}{}_{\mu\nu+} \\
&\quad = \left\{ \frac{1}{(n-2)!}\, \frac{1}{2} \left((g^{+\sigma\tau})_{+} - \frac{1}{n!}\, \underset{n}{\gamma}^{\underline{\sigma}\underline{\tau}} z^{n} + \cdots \right) \right. \\
&\qquad\qquad \left. (p_\sigma p_\tau \underset{n}{\gamma}_{\mu\nu} - \underset{n}{\gamma}_{\mu\tau} p_\sigma p_\nu - \underset{n}{\gamma}_{\nu\sigma} p_\tau p_\mu + \underset{n}{\gamma}_{\sigma\tau} p_\mu p_\nu) \right\} z^{n-2} \\
&\quad + \left\{ \frac{1}{(n-1)!}\, \frac{1}{2} \left((g^{-\sigma\tau})_{+} - \frac{1}{n!}\, \underset{n}{\gamma}^{\underline{\sigma}\underline{\tau}} z^{n} + \cdots \right) (\underset{n}{\gamma}_{\mu\nu\underline{;}\sigma} p_\tau + \underset{n}{\gamma}_{\mu\nu\underline{;}\tau} p_\sigma + \underset{n}{\gamma}_{\mu\nu} p_{\sigma\underline{;}\tau} \right. \\
&\qquad - \underset{n}{\gamma}_{\mu\sigma\underline{;}\nu} p_\tau - \underset{n}{\gamma}_{\mu\sigma} p_{\tau\underline{;}\nu} - \underset{n}{\gamma}_{\mu\sigma\underline{;}\tau} p_\nu - \underset{n}{\gamma}_{\nu\sigma\underline{;}\mu} p_\tau - \underset{n}{\gamma}_{\nu\sigma} p_{\mu\underline{;}\tau} - \underset{n}{\gamma}_{\nu\sigma\underline{;}\tau} p_\mu \\
&\qquad + \underset{n}{\gamma}_{\sigma\tau} p_{\mu\underline{;}\nu} + \underset{n}{\gamma}_{\sigma\tau\underline{;}\nu} p_\mu + \underset{n}{\gamma}_{\sigma\tau\underline{;}\mu} p_\nu - \underset{n+1}{\gamma}_{\mu\tau} p_\sigma p_\nu - \underset{n+1}{\gamma}_{\nu\sigma} p_\tau p_\mu \\
&\qquad \left. + \underset{n+1}{\gamma}_{\sigma\tau} p_\mu p_\nu + \underset{n+1}{\gamma}_{\mu\nu} p_\sigma p_\tau) \right\} z^{n-1} \\
&\quad + \left\{ \frac{1}{n!}\, \frac{1}{2} \left((g^{-\sigma\tau})_{+} - \frac{1}{n!}\, \underset{n}{\gamma}^{\underline{\sigma}\underline{\tau}} z^{n} + \cdots \right) (\underset{n}{\gamma}_{\mu\nu\underline{;}\sigma\tau} + \underset{n}{\gamma}_{\sigma\tau\underline{;}\mu\nu} - \underset{n}{\gamma}_{\mu\sigma\underline{;}\nu\tau} - \underset{n}{\gamma}_{\nu\sigma\underline{;}\mu\tau} \right. \\
&\qquad + 2\, \underset{n+1}{\gamma}_{\mu\nu\underline{;}\sigma} p_\tau + \underset{n+1}{\gamma}_{\mu\nu} p_{\sigma\underline{;}\tau} - \underset{n+1}{\gamma}_{\mu\sigma\underline{;}\nu} p_\tau - \underset{n+1}{\gamma}_{\mu\sigma} p_{\tau\underline{;}\nu} - \underset{n+1}{\gamma}_{\mu\sigma\underline{;}\tau} p_\nu \\
&\qquad - \underset{n+1}{\gamma}_{\nu\sigma\underline{;}\mu} p_\tau - \underset{n+1}{\gamma}_{\nu\sigma} p_{\tau\underline{;}\mu} - \underset{n+1}{\gamma}_{\nu\sigma\underline{;}\tau} p_\mu + \underset{n+1}{\gamma}_{\sigma\tau\underline{;}\nu} p_\mu + \underset{n+1}{\gamma}_{\sigma\tau} p_{\mu\underline{;}\nu} + \underset{n+1}{\gamma}_{\sigma\tau\underline{;}\mu} p_\nu \\
&\qquad \left. - \underset{n+2}{\gamma}_{\mu\tau} p_\sigma p_\nu - \underset{n+2}{\gamma}_{\nu\sigma} p_\tau p_\mu + \underset{n+2}{\gamma}_{\sigma\tau} p_\mu p_\nu + \underset{n+2}{\gamma}_{\mu\nu} p_\sigma p_\tau) \right\} z^{n} + \cdots . \qquad (7.1)
\end{aligned}$$

Der erste Entwicklungskoeffizient in (7.1), der einen in den $\underset{n+l}{\gamma_{\mu\nu}}$ nichtlinearen Anteil enthält, ist $\underset{2n}{A_{\mu\nu}}$; $\underset{2n}{A_{\mu\nu}}$ ist bilinear in $\underset{n}{\gamma_{\mu\nu}}$. Die Sprungrelationen niedrigster Ordnung, in die ein bilinearer Term eingeht, sind somit die Sprungrelationen $2n$-ter Ordnung.

Der in diese Sprungrelationen eingehende bilineare Term setzt sich additiv aus zwei Bestandteilen zusammen, wie wir dies in § 5 für den Fall $n = 2$ gesehen haben:

1. Der erste Beitrag entsteht durch das $(2n-2)$fache Differenzieren des in den Christoffel-Symbolen bilinearen Terms von $R^{+}{}_{\mu\nu}$. Beachten wir, daß die $\underset{n}{\gamma_{\mu\nu}}$ auf Grund der Sprungrelationen n-ter Ordnung eine Gleichung von der Form (5.21) befriedigen, so sehen wir, daß dieser Beitrag bis auf Terme höherer Ordnung analog zu (5.27) gebaut ist, aber einen anderen numerischen Koeffizienten besitzt:

$$\lim_{z\to 0} \frac{\partial^{2n-2}}{\partial z^{2n-2}} \left(-\frac{1}{4} \left(\frac{1}{n!} \underset{n}{\gamma_{\sigma\tau}} z^n\right)_{,\mu} \left(\frac{1}{n!} \underset{n}{\gamma^{\sigma\tau}_{--}} z^n\right)_{,\nu} + \frac{1}{8} \left(\frac{1}{n!} \underset{n}{\bar{\gamma}} z^n\right)_{,\mu} \left(\frac{1}{n!} \underset{n}{\bar{\gamma}} z^n\right)_{,\nu} \right)$$

$$= \lim_{z\to 0} \frac{\partial^{2n-2}}{\partial z^{2n-2}} \left(-\frac{1}{4} \frac{1}{((n-1)!)^2} \left(\underset{n}{\gamma_{\sigma\tau}} \underset{n}{\gamma^{\sigma\tau}_{--}} - \frac{1}{2} \underset{n}{\bar{\gamma}^2} \right) p_\mu p_\nu z^{2n-2} \right)$$

$$= -\frac{1}{4} \frac{(2n-2)!}{((n-1)!)^2} p_\mu p_\nu \left(\underset{n}{\gamma_{\sigma\tau}} \underset{n}{\gamma^{\sigma\tau}_{--}} - \frac{1}{2} \underset{n}{\bar{\gamma}^2} \right). \tag{7.2}$$

2. Der zweite Beitrag ergibt sich beim Heben und Senken der Indizes mit $\mathfrak{g}^{-}{}_{\mu\nu+}$ auf Grund der Entwicklung für $g^{+\mu\nu}$. Er entsteht formal durch $(2n-2)$-faches Differenzieren des ersten Terms auf der rechten Seite von (7.1) und lautet:

$$-\frac{1}{2} \frac{(2n-2)!}{n!\,(n-2)!} \left(\underset{n}{\gamma_{\sigma\tau}} \underset{n}{\gamma^{\sigma\tau}_{--}} - \frac{1}{2} \underset{n}{\bar{\gamma}^2} \right) p_\mu p_\nu. \tag{7.3}$$

(7.3) ist die Verallgemeinerung von (5.28).

Der gesamte in den $\underset{n}{\gamma_{\mu\nu}}$ bilineare Beitrag zu den Sprungrelationen $2n$-ter Ordnung lautet somit für $n > 1$

$$-\frac{1}{2} \left(\frac{(2n-2)!}{n!\,(n-2)!} + \frac{1}{2} \frac{(2n-2)!}{((n-1)!)^2} \right) \left(\underset{n}{\gamma^{\sigma\tau}_{--}} \gamma_{\sigma\tau} - \frac{1}{2} \underset{n}{\bar{\gamma}^2} \right) p_\mu p_\nu. \tag{7.4}$$

Für $n = 2$ ergibt sich aus (7.4) wieder der Term $- p_\mu p_\nu \underset{2}{E}$ aus (6.20)[1][2].

[1]) Kontrahiert man in (7.1) mit $g^{+}{}_{\mu\nu}$ und fordert dementsprechend die Erfüllung von (2.18) in bezug auf $g^{+}{}_{\mu\nu}$, so tritt anstelle von (7.3) der Ausdruck

$$\frac{1}{2} (2n-2)! \left(\frac{2}{((n-1)!)^2} + \frac{(n-1)}{n!\,(n-1)!} \right) \left(\underset{n}{\gamma^{\sigma\tau}} \underset{n}{\gamma_{\sigma\tau}} - \frac{1}{2} \underset{n}{\gamma^2} \right) p_\mu p_\nu. \tag{*}$$

Unter Verwendung der allgemeinen Reihen (5.4) oder (7.1) können wir auch die allgemeine Form der Sprungrelationen $(n + k)$-ter Ordnung (1.5) herleiten und daraus die allgemeine Struktur der $\underset{n+k}{\gamma_{\mu\nu}}$ ablesen. — Durch eine Rechnung analog derjenigen in den §§ 5 und 6 erhält man als allgemeine Form der Sprungrelationen $(n + k)$-ter Ordnung die Gleichungen

$$\left[\frac{\partial^{n+k-2}}{\partial z^{n+k-2}} R_{\mu\nu}\right]$$

$$= \frac{1}{2}\Big(- \underset{n+k}{\gamma_{\mu\tau}} p^{\underline{\tau}} p_\nu - \underset{n+k}{\gamma_{\nu\tau}} p^{\underline{\tau}} p_\mu + \underset{n+k}{\gamma_{\tau}{}^{\underline{\tau}}} p_\mu p_\nu + 2 \underset{n+k-1}{\gamma_{\mu\nu;\underline{\tau}}} p^{\underline{\tau}} + \underset{n+k-1}{\gamma_{\mu\nu}} p^{\underline{\tau}}{}_{;\underline{\tau}}$$

$$+ \frac{1}{2} \underset{n+k-1}{\gamma_{\tau}{}^{\underline{\tau}}{}_{,\mu}} p_\nu + \frac{1}{2} \underset{n+k-1}{\gamma_{\tau}{}^{\underline{\tau}}{}_{,\nu}} p_\mu - \underset{n+k-1}{\gamma_{\nu}{}^{\underline{\tau}}{}_{;\underline{\tau}}} p_\mu - \underset{n+k-1}{\gamma_{\mu}{}^{\underline{\tau}}{}_{;\underline{\tau}}} p_\nu + \underset{n+k}{\Theta_{\mu\nu}}\Big)$$

$$\equiv \frac{1}{2}\,(- \underset{n+k}{\gamma_{\mu\tau}} p^{\underline{\tau}} p_\nu - \underset{n+k}{\gamma_{\nu\tau}} p^{\underline{\tau}} p_\mu + \underset{n+k}{\gamma_{\tau}{}^{\underline{\tau}}} p_\mu p_\nu - \underset{n+k}{T_{\mu\nu}}) = 0\,. \tag{7.5}$$

In (7.5) ist $\underset{n+k}{\Theta_{\mu\nu}} = \underset{n+k}{\Theta_{\nu\mu}}$ ein Ausdruck, der nur aus den $g^{-}{}_{\mu\nu+}$ und den $\underset{n+l}{\gamma_{\mu\nu}}$ (mit $l \leqq k - 2$) und deren Ableitungen gebildet ist, also weder die $\underset{n+k}{\gamma_{\mu\nu}}$ noch die $\underset{n+k-1}{\gamma_{\mu\nu}}$ enthält. Die Gleichungen (7.5) gelten zunächst auf der Sprungfläche $z = 0$, so daß für alle Größen in (7.5) ihre Werte für $z \to 0$ zu nehmen sind.

Das Gleichungssystem (7.5) läßt sich auf dieselbe Weise behandeln wie oben die Gleichungen (6.2) bzw. (6.20). Insbesondere ergeben sich durch Überschieben von (7.5) mit $d^{\underline{\mu}}$ 4 algebraische Gleichungen für die $\underset{n+k}{\gamma_{\mu\nu}}$, deren allgemeine Lösung entsprechend § 6 geschrieben werden kann:

$$\underset{n+k}{\gamma_{\mu\nu}} = \underset{n+k}{(\gamma_{\mu\nu})}_{\text{Homogen}} + \underset{n+k}{(\gamma_{\mu\nu})}_{\text{Inhomogen}} \equiv \underset{n+k}{{}_H\gamma_{\mu\nu}} + \underset{n+k}{{}_I\gamma_{\mu\nu}}$$

$$= \underset{n+k}{\pi_\mu}\, \underset{n+k}{\tilde{\pi}_\nu} + \underset{n+k}{\tilde{\pi}_\mu}\, \underset{n+k}{\pi_\nu} + \underset{n+k}{a_\mu}\, p_\nu + \underset{n+k}{a_\nu}\, p_\mu + d_\mu \underset{n+k}{T_{\nu\tau}} d^{\underline{\tau}} + d_\nu \underset{n+k}{T_{\mu\tau}} d^{\underline{\tau}}$$

$$- d_\mu d_\nu \underset{n+k}{T_{\sigma\tau}} d^{\underline{\sigma}} p^{\underline{\tau}} - \frac{1}{2} g^{-}{}_{\mu\nu+} (\underset{n+k}{T_{\sigma\tau}} d^{\underline{\sigma}} d^{\underline{\tau}} - \underset{n+k}{T_{\sigma\tau}} d^{\underline{\sigma}} p^{\underline{\tau}})\,. \tag{7.6}$$

Dieser ist das Ergebnis des $(2n - 2)$-fachen Differenzierens des zweiten und dritten Terms auf der rechten Seite von (7.1). Bei dieser Schreibweise setzt sich der gesamte bilineare Beitrag zu den Sprungrelationen $2n$-ter Ordnung aus (7.2) und (*) zusammen und lautet:

$$\frac{1}{2}\,(2\,n - 2)!\,\left(\frac{3}{2\,((n-1)!)^2} + \frac{(n-1)}{n!\,(n-1)!}\right) \underset{n}{E}\, p_\mu\, p_\nu\,. \tag{**}$$

[2]) Die entsprechenden $\underset{2n}{\gamma_{\mu\nu}}$ sind in der Reihe (5.1) mit dem Faktor $\frac{1}{(2\,n)!}$ versehen. (Dies sichert die Konvergenz für $n \to \infty$.)

In (7.6) hängt $\underset{n+k}{T_{\mu\nu}} = \underset{n+k}{T_{\nu\mu}}$ gemäß (7.5) nur von den $g^-_{\mu\nu+}$, den $\underset{n+l}{\gamma_{\mu\nu}}$ (mit $l \leqq k-2$) und den $\underset{n+k-1}{\gamma_{\mu\nu}}$ nebst Ableitungen ab. (7.6) gilt für beliebige $k > 0$ und für $n \geqq 2$.

Gemäß (6.60) enthält der durch (7.6) gegebene Sprungkoeffizient $\underset{n+k}{\gamma_{\mu\nu}}$ im allgemeinen 10 algebraisch unabhängige Komponenten. Nach § 5 kann das Koordinatensystem im V^+ jedoch so gewählt werden, daß in allen Sprüngen

$$\left[\frac{\partial^{n+k}}{\partial z^{n+k}}\, g_{\mu\nu}\right]$$

der Anteil $\underset{n+k}{a_\mu}\, p_\nu + \underset{n+k}{a_\nu}\, p_\mu$ verschwindet. Wir setzen dementsprechend immer $\underset{n+k}{a_\mu} \equiv 0$.[1]) Die $\underset{n+k}{\pi_\mu}$ und die $\underset{n+k}{\tilde{\pi}_\mu}$ sind die analog zu (5.23a, b) definierten von 2 Skalaren $\underset{n+k}{E}$ und $\underset{n+k}{\delta}$ abhängigen Vektoren

$$\underset{n+k}{\pi_\mu} = \left(\frac{1}{2}\right)^{\frac{1}{4}} (\underset{n+k}{E})^{\frac{1}{4}} \left(e^{\frac{i\,\delta}{n+k}}\, \omega_\mu + e^{\frac{-i\,\delta}{n+k}}\, \overline{\omega}_\mu\right) \tag{7.7a}$$

und

$$\underset{n+k}{\tilde{\pi}_\mu} = \frac{1}{i}\left(\frac{1}{2}\right)^{\frac{1}{4}} (\underset{n+k}{E})^{\frac{1}{4}} \left(e^{\frac{i\,\delta}{n+k}}\, \omega_\mu - e^{\frac{-i\,\delta}{n+k}}\, \overline{\omega}_\mu\right), \tag{7.7b}$$

wo $\underset{n+k}{E} = \underset{n+k}{{}_H\gamma_{\mu\nu}}\, \underset{n+k}{{}_H\gamma^{\mu\nu}_{--}} \geqq 0$ die *Sprungerregung* $(n+k)$*-ter Ordnung* ist. Somit gehorchen alle $\underset{n+k}{{}_H\gamma_{\mu\nu}}$ den 8 Gleichungen

$$\underset{n+k}{{}_H\gamma_{\mu\nu}}\, p^\nu_- = \underset{n+k}{{}_H\gamma_{\mu\nu}}\, d^\nu_- = \frac{1}{2}\, p_\mu\, \underset{n+k}{{}_H\gamma_{\tau-}^{\tau}} = 0\,. \tag{7.7c}$$

Das durch (7.7 c) bestimmte Koordinatensystem im V^+ ist dadurch ausgezeichnet, daß aus $\underset{n+k}{E} = 0$ (für alle $k \geqq 0$) folgt, daß $g^+_{\mu\nu}$ die analytische Fortsetzung $g^-_{\mu\nu+}$ von $g^-_{\mu\nu}$ ist. — Wenn wir das Vierbein ω_μ, $\overline{\omega}_\mu$, p_μ und d_μ so wählen, daß die Bedingungen (2.18) in bezug auf $g^-_{\mu\nu+}$ erfüllt sind, gelten die Gleichungen (7.7c) im ganzen betrachteten Bereich des V_4.

Die Skalare $\underset{n+k}{E}$ und $\underset{n+k}{\delta}$ sind die beiden einzigen in (7.6) neu auftretenden Größen, während $\underset{n+k}{T_{\mu\nu}}$ ein wohlbestimmter Ausdruck aus den Sprungkoeffizienten niederer Ordnung ist. Da die Form (7.6) der $\underset{n+k}{\gamma_{\mu\nu}}$ für beliebiges $k \geqq 0$ gilt, folgt, daß $\underset{n+k}{{}_I\gamma_{\mu\nu}}$ ein Ausdruck aus den $2(k-1)$ Skalaren $\underset{n+l}{E}$, $\underset{n+l}{\delta}$ und $\underset{n+k-1}{E}$, $\underset{n+k-1}{\delta}$ sowie deren Ableitungen ist. (Als rein geometrische Größen gehen hierbei noch die $g^-_{\mu\nu+}$ und die Vektoren des Vierbeins ω_μ, $\overline{\omega}_\mu$, d_μ und p_μ nebst Ableitungen ein.) Insgesamt

[1]) Mit $\underset{n+k}{a_\mu} = 0$ folgt aus $R^+{}_{\sigma\mu\nu\lambda} - R^-{}_{\sigma\mu\nu\lambda+} = 0$ auch $g^+{}_{\mu\nu} - g^-{}_{\mu\nu+} = 0$; das Koordinatensystem im V^+ ist also die analytische Fortsetznng des Koordinatensystems im V^-.

ist also $\underset{n+k}{\gamma_{\mu\nu}}$ ein Ausdruck, der von $2k$ Skalaren E und δ abhängt; bei Vorgabe dieser $2k$ Skalare sind alle Sprungkoeffizienten bis einschließlich $\underset{n+k}{\gamma_{\mu\nu}}$ durch Gleichungen von der Form (7.6) bestimmt.

Ist in dem Ausdruck (7.6) $k < n$, so hängt $\underset{n+k}{{}_I\gamma_{\mu\nu}}$ nur linear von den Sprungkoeffizienten niederer Ordnung und ihren Ableitungen ab. Der Ausdruck für $\underset{n+k}{{}_I\gamma_{\mu\nu}}$ kann die $\underset{n}{\gamma_{\mu\nu}}$ und ihre Ableitungen bis einschließlich zu den k-ten und allgemein die $\underset{n+i}{{}_{II}\gamma_{\mu\nu}}$ (mit $i < k$) und deren Ableitungen bis einschließlich zu den $(k-1)$-ten enthalten. — Ist hingegen $k > n$, so hängen die $\underset{n+k}{{}_I\gamma_{\mu\nu}}$ auch noch nichtlinear von den Entwicklungskoeffizienten niederer Ordnung und deren Ableitungen ab. Für höhere Koeffizienten, d. h. für die $\underset{2n+s}{\gamma_{\mu\nu}}$ (mit $s > 0$), ergibt sich weiter eine nichtlineare Abhängigkeit auch von den Ableitungen der Sprungkoeffizienten $\underset{n+i}{{}_{II}\gamma_{\mu\nu}}$ mit genügend kleinem $i \geqq 0$. Auch treten in den $\underset{n+k}{\gamma_{\mu\nu}}$ Summanden auf, die verschiedene Sprungkoeffizienten niederer Ordnung enthalten.

Die allgemeine Regel für das Auftreten von nichtlinearen Termen in den inhomogenen Anteilen der $\underset{n+k}{\gamma_{\mu\nu}}$ ist sofort zu erkennen. Jeder Summand auf der rechten Seite von

$$\underset{n+k}{{}_I\gamma_{\mu\nu}} = d_\mu \underset{n+k}{T_{\nu\tau}} d_-^\tau + d_\nu \underset{n+k}{T_{\mu\tau}} d_-^\tau - d_\mu d_\nu \underset{n+k}{T_{\sigma\tau}} d_-^\sigma p_-^\tau$$
$$- \frac{1}{2} g^-{}_{\mu\nu} + (\underset{n+k}{T_{\sigma\tau}} d_-^\sigma d_-^\tau - \underset{n+k}{T_{\sigma\tau}} d_-^\sigma p_-^\tau)$$

muß für sich allein die Ordnung $n + k$ haben, wenn die Ordnungen der einzelnen Faktoren des betreffenden Summanden addiert werden und beachtet wird, daß entsprechend der Diskussion in § 3 das l-fache Differenzieren eines Faktors seine Ordnung um l erhöht. Letzteres erkennt man durch Differenzieren der Reihe (1.2). — Aus diesen Überlegungen entnimmt man, daß mit wachsendem k die Zahl der Terme, die in den expliziten Ausdruck für $\underset{n+k}{{}_I\gamma_{\mu\nu}}$ eingehen können, stark anwachsen kann. Da aber die $\underset{n+k}{\gamma_{\mu\nu}}$ mit dem Faktor $\frac{1}{(n+k)!}$ versehen in die Reihe (5.1) eingehen, werden sich hieraus keine Konvergenzschwierigkeiten ergeben.

Durch (7.6) werden diejenigen 4 algebraisch unabhängigen Kombinationen der Gleichungen (7.5) befriedigt, die durch Überschieben von (7.5) mit d_-^μ entstehen. Formal sind die Gleichungen (7.5) aber jeweils 10 Gleichungen. Hiervon sind auf Grund der allgemeinen Kovarianz 4 allgebraisch unabhängige Kombinationen identisch erfüllt, wenn für die $\underset{n+l}{\gamma_{\mu\nu}}$ (mit $l \leqq k-2$) und für die $\underset{n+k-1}{\gamma_{\mu\nu}}$ ihre aus den Sprungrelationen $(n+l)$-ter und $(n+k-1)$-ter Ordnung folgenden Ausdrücke eingesetzt werden (s. unten). Es sind also in den Gleichungen (7.5) jeweils noch 2 unabhängige Gleichungen enthalten, die durch

(7.6) nicht erfüllt sind. Diese beiden Gleichungen stellen Differentialbedingungen an die $\underset{n+k-1}{\gamma_{\mu\nu}}$ dar und sind für die Kompatabilität der Sprungrelationen $(n + k)$-ter Ordnung (7.5) notwendig und hinreichend.

Aus den Sprungrelationen $(n + k + 1)$-ter Ordnung ergibt sich für die $\underset{n+k-1}{\gamma_{\mu\nu}}$ analog zu (7.6) der Ausdruck

$$\begin{aligned}\underset{n+k-1}{\gamma_{\mu\nu}} = {} & \underset{n+k-1}{\pi_\mu}\;\underset{n+k-1}{\bar{\pi}_\nu} + \underset{n+k-1}{\bar{\pi}_\mu}\;\underset{n+k-1}{\pi_\nu} + d_\mu \underset{n+k-1}{T_{\nu\tau}}\, d^\tau_- \\ & + d_\nu \underset{n+k-1}{T_{\mu\tau}}\, d^\tau_- - d_\mu d_\nu \underset{n+k-1}{T_{\sigma\tau}}\, d^\sigma_- d^\tau_- \\ & - \frac{1}{2} g^{-}{}_{\mu\nu+} \big(\underset{u+k-1}{T_{\sigma\tau}}\, d^\sigma_- d^\tau_- - \underset{n+k-1}{T_{\sigma\tau}}\, d^\sigma_- p^\tau_-\big).\end{aligned} \tag{7.8}$$

Hierbei sind die $\underset{n+k-1}{T_{\mu\nu}}$ Ausdrücke aus den $\underset{n+l}{\gamma_{\mu\nu}}$ (mit $l \leqq k - 2$). Ferner enthält (7.8) noch die beiden unbestimmten Skalare $\underset{n+k-1}{E}$ und $\underset{n+k-1}{\delta}$. Diese Skalare stehen also zur Befriedigung der Gleichungen (7.5) zur Verfügung.

In der Tat, überschieben wir (7.5) mit $\underset{n+k-1}{\pi^\mu_-}\;\underset{n+k-1}{\bar{\pi}^\nu_-} + \underset{n+k-1}{\bar{\pi}^\mu_-}\;\underset{n+k-1}{\pi^\nu_-}$ und mit $\underset{n+k-1}{\pi^\mu_-}\;\underset{n+k-1}{\pi^\nu_-} - \underset{n+k-1}{\bar{\pi}^\mu_-}\;\underset{n+k-1}{\bar{\pi}^\nu_-}$, so erhalten wir auf Grund der Form (7.8) der $\underset{n+k-1}{\gamma_{\mu\nu}}$ und der Eigenschaft der Vektoren π^μ_- und $\bar{\pi}^\mu_-$ 2 Gleichungen von der Form

$$(\underset{n+k-1}{E}\; p^\varrho_-)_{;\varrho} = -\,(\underset{n+k-1}{\bar{\pi}^\mu_-}\;\underset{n+k-1}{\pi^\nu_-} + \underset{n+k-1}{\pi^\mu_-}\;\underset{n+k-1}{\bar{\pi}^\nu_-})\; \underset{n+k}{\Theta_{\mu\nu}} \tag{7.9a}$$

und

$$2\,\underset{n+k-1}{E}\;\underset{n+k-1}{\delta_{,\varrho}}\; p^\varrho_- = (\underset{n+k-1}{\bar{\pi}^\mu_-}\;\underset{n+k-1}{\bar{\pi}^\nu_-} - \underset{n+k-1}{\pi^\mu_-}\;\underset{n+k-1}{\pi^\nu_-})\; \underset{n+k}{\Theta_{\mu\nu}}. \tag{7.9b}$$

Aus (7.9a, b) folgt eine komplexe lineare Differentialgleichung erster Ordnung für die $\underset{n+k-1}{\gamma_{\mu\nu}}$:

$$\omega^\mu_-\,\omega^\nu_-\,(2\,\underset{n+k-1}{{}_H\gamma_{\mu\nu;\tau}}\, p^\tau_- + \underset{n+k-1}{{}_H\gamma_{\mu\nu}}\, p^\tau_{-;\tau} + \underset{n+k}{\Theta_{\mu\nu}}) = 0. \tag{7.10}$$

Die Gleichungen (7.10) sind inhomogen, wenn nicht auf Grund der Vorgabe spezieller Anfangswerte für die $\underset{n+i}{\gamma_{\mu\nu}}$ (mit $i < n + k - 1$) zufällig $\omega^\mu_-\,\omega^\nu_-\,\underset{n+k}{\Theta_{\mu\nu}} \equiv 0$ ist. Nur der Sprungkoeffizient niedrigster Ordnung $\underset{n}{\gamma_{\mu\nu}}$ gehorcht immer einer homogenen Differentialgleiching (6.12).

Die Erfüllung der Fortpflanzungsgesetze (7.9) für $\underset{n+k-1}{E}$ und $\underset{n+k-1}{\delta}$ ist notwendig und hinreichend dafür, daß die Sprungrelationen $(n + k)$-ter Ordnung (7.5) kompatibel sind und daher eine Lösung (7.6) besitzen. Wegen der Inhomogenität dieser Gleichungen ergibt sich, daß zur Lösbarkeit der Sprungrelationen $(n + k)$-ter Ordnung im allgemeinen die Existenz einer nicht verschwindenden „Sprungerregung" $(n + k - 1)$-ter Ordnung $\underset{n+k-1}{E}$ notwendig ist. Nur für die Lösbarkeit der Sprungrelationen $(n + 1)$-ter Ordnung ist wegen der Homogenität von (6.12) $\underset{n}{E} \neq 0$ nicht notwendig. Daher gibt es „starke Lösungen" der Einsteinschen Gleichungen (1.1).

Durch die Gleichungen (7.9) sind die $\underset{n+k-1}{E}$ und $\underset{n+k-1}{\delta}$ auf der Sprungfläche $z = 0$ bestimmt (bis auf Funktionen, die die Rolle von „Integrationskonstanten" spielen). Da Gleichungen von der Form (7.9) für alle $k \geqq 0$ gelten, sind daher gemäß (7.6) auch alle $\underset{n+k}{\gamma_{\mu\nu}}$ auf $z = 0$ bestimmt. Wegen der Wahl des Vierbeinfeldes gemäß (2.18) und (2.19) folgt aus (7.6) weiter, daß auch die z-Abhängigkeit der $\underset{n+k}{\gamma_{\mu\nu}}$ bestimmt ist, wenn die z-Abhängigkeit aller Skalare $\underset{n+k}{E}$ und $\underset{n+k}{\delta}$ festgelegt ist und verlangt wird, daß $\underset{n+k}{\gamma_{\mu\nu}}$ im ganzen Bereich $z \geqq 0$ durch (7.6) gegeben ist. Die z-Abhängigkeit dieser Skalare bestimmen wir wie in § 6 mit Hilfe von (2.18) und (2.19) durch die Forderung, daß die Gleichungen (7.9) nicht nur für $z = 0$, sondern im ganzen betrachteten Bereich des V^+ gelten. Durch diese Bestimmung der z-Abhängigkeit der $\underset{n+k}{\gamma_{\mu\nu}}$ erreichen wir, daß für $z = 0$ nicht nur die linke Seite von (7.9), sondern auch alle ihre Ableitungen nach z verschwinden.

Wie bereits in § 6 bemerkt, ist diese Fortsetzungsvorschrift für $\underset{n+k}{E}$ und $\underset{n+k}{\delta}$ nicht völlig eindeutig. Jede mit den obigen Fortsetzungsvorschriften verträgliche z-Abhängigkeit der $\underset{n+k}{E}$ und $\underset{n+k}{\delta}$ beeinflußt jedoch nur die konkreten Werte der Sprungkoeffizienten von höherer als $(n + k)$-ter Ordnung, ändert jedoch nichts an der Form der für diese Sprungkoeffizienten geltenden Gleichungen. Daher gelten die folgenden Resultate für jede mit den obigen Vorschriften vereinbare z-Abhängigkeit[1]).

Indem wir die Schlüsse von § 6 auf unser allgemeines Problem anwenden, sehen wir folgendes: Beim Sprungproblem n-ter Ordnung (mit $n \geqq 2$) sind in der Reihe (5.4) für den Einstein-Tensor $R^+{}_{\mu\nu}$ alle Koeffizienten $\underset{k}{A_{\mu\nu}}$ (mit $k < n - 2$) identisch Null. Die Sprungrelationen n-ter Ordnung werden gemäß (5.21) und (5.24) durch den Ansatz $\underset{n}{\gamma_{\mu\nu}} = \underset{n}{\pi_\mu} \underset{n}{\tilde{\pi}_\nu} + \underset{n}{\tilde{\pi}_\mu} \underset{n}{\pi_\nu}$ befriedigt. Auf Grund der Fortsetzungsbedingungen (2.18) bedeutet dies, daß in (5.4) auch der Koeffizient $\underset{n-2}{A_{\mu\nu}}$ überall gleich Null ist. Befriedigen wir nun die Sprungrelationen $(n + 1)$-ter Ordnung entsprechend § 6 durch die (7.6) (mit $k = 1$) gegebene Lösung $\underset{n+1}{\gamma_{\mu\nu}}$ und durch die Wahl von $\underset{n}{\mathrm{E}}$ und $\underset{n}{\delta}$ gemäß den Kompatabilitätsbedingungen (7.10)

---

[1]) Ist speziell $g^-{}_{\mu\nu} = \eta_{\mu\nu}$, so können die obigen Fortsetzungsvorschriften insbesondere dadurch erfüllt werden, daß das Vierbeinfeld gemäß (2.21), (2.22) und (2.23) gewählt wird und alle Skalare $\underset{n+k}{E}$ und $\underset{n+k}{\delta}$ als nicht explizit von x^0 abhängig definiert werden (s. hierzu § 9).

(mit $k = 1$), so verschwindet auf Grund der Fortsetzungsvorschriften auch $\underset{n-1}{A_{\mu\nu}}$ im ganzen V^+ usw. — Sukzessive sehen wir, daß bei Erfüllung aller Sprungrelationen (7.5) bis einschließlich derjenigen von $(n + k - 1)$-ter Ordnung der Ansatz (7.6) — mit (7.7) — zusammen mit den jeweiligen Fortpflanzungsbedingungen (7.10) dazu führt, daß auf Grund der Fortsetzungsvorschriften alle Koeffizienten $\underset{m}{A_{\mu\nu}}$ (mit $m \leqq n + k - 2$) in der Reihe (5.4) überall gleich Null sind. Wir haben somit für $m \leqq n + k - 2$

$$\left[\frac{\partial^m}{\partial z^m} R_{\mu\nu}\right] = \underset{m}{A_{\mu\nu}} = 0\,. \tag{7.11}$$

Da dies für beliebiges $n \geqq 2$ und $k \geqq 0$ gilt, folgt: Bei der Wahl eines Vierbeinfeldes ω_μ, $\overline{\omega}_\mu$, $p_\mu = z_{,\mu}$ und d_μ gemäß den Vorschriften (2.18) und (2.19) und bei Benutzung der obigen Fortsetzungsbedingungen für die Skalare $\underset{n+k}{E}$ und $\underset{n+k}{\delta}$ kann auf Grund der Einsteinschen Gleichungen (1.1) die Reihe (5.4) für $R^+{}_{\mu\nu}$ formal geschrieben werden

$$R^+{}_{\mu\nu} = R^-{}_{\mu\nu+} + \sum_{l \geq n-2} \left[\frac{\partial^l}{\partial z^l} R_{\mu\nu}\right] \frac{z^l}{l!} \qquad (\text{für } z \geqq 0 \text{ und } n \geqq 2). \tag{7.12}$$

Alle Koeffizienten in (7.12) sind hierbei gemäß den Einsteinschen Feldgleichungen für den V^- (1.4) und der Sprungrelation (1.5) jeweils für sich allein gleich Null. Diese Sprungrelationen sind erfüllt, wenn $g^-{}_{\mu\nu}$ eine Lösung von (1.4) ist, für die $\underset{n+k}{\gamma_{\mu\nu}}$ die Ausdrücke (7.6) eingesetzt werden und die $\underset{n+k}{E}$ und $\underset{n+k}{\delta}$ aus (7.7) die Differentialgleichungen (7.9) befriedigen.

Bei der Formulierung dieses Ergebnisses haben wir bereits benutzt, daß die jeweiligen Sprungrelationen (7.5) auf Grund der allgemeinen Kovarianz von (1.1) jeweils nur 6 unabhängige Gleichungen enthalten, so daß bis zur Befriedigung von (7.5) die Erfüllung der 6 unabhängigen Bedingungen (7.6) und (7.10) ausreicht. Gemäß § 6 erhalten wir (7.6) und (7.10) durch Überschieben von (7.5) mit den entsprechenden Tensoren (6.44) und (6.45). Daher muß als Folge der allgemeinen Kovarianz der Gleichungen (7.5) mit 4 von (6.44) und (6.45) unabhängigen Tensoren $\tilde{\vartheta}^{\mu\nu}_{--}$, die durch (6.43) gegeben sind, zu 4 identisch erfüllten skalaren Gleichungen führen.[1]) Die einzige Voraussetzung ist hierbei, daß die $\underset{n+m}{\gamma_{\mu\nu}}$ (mit $m \leqq k - 1$), die in (7.5) eingehen, so bestimmt sind, daß alle Sprungrelationen von der Ordnung $n + l$ (mit $l < k$) befriedigt sind.

---

[1]) Nach (6.50) bedeutet dies, daß auf Grund der Sprungrelationen niederer Ordnung die linken Seiten der Gleichungen (7.5) keine Terme enthalten, die proportional

$$(d_\mu \omega_\nu + d_\nu \omega_\mu), \quad (d_\mu \overline{\omega}_\nu + d_\nu \overline{\omega}_\mu), \quad d_\mu d_\nu$$

oder $g^-{}_{\mu\nu+}$ sind.

Dann ist das identische Verschwinden der aus (7.5) durch Überschieben mit $\tilde{\vartheta}^{\mu\nu}_{--}$ entstehenden Gleichungen eine direkte Folge der aus der Kovarianz von (1.1) folgenden Noetherschen Identität $\left(\text{der Bianchi-Identität } \left(R_\mu{}^\nu - \frac{1}{2}\delta_\mu{}^\nu R\right)^{;\nu} = 0\right)$. Wir können nämlich $\sqrt{-g}\,\tilde{\vartheta}^{\mu\nu}_{--}$ (mit beliebigem im Unendlichen nur genügend schnell verschwindenden Vektor a_ν) auffassen als Sprung

$$\left[\frac{\partial^l}{\partial z^l}\,\delta^*\,\mathfrak{g}^{\mu\nu}\right]$$

einer Variationstransformation $\delta^*\,\mathfrak{g}^{\mu\nu}$, die durch eine infinitesimale nichtanalytische Koordinatentransformation $\bar{x}^\nu = x^\nu + a^\nu \underset{l+1}{h}(z)$ erzeugt wird. Es ist

$$\delta^*\,\mathfrak{g}^{\mu\nu} \equiv \mathfrak{g}'^{\mu\nu} - \mathfrak{g}^{\mu\nu}$$

$$= \sqrt{-g}\left\{ g^{\tau\nu}(a^\mu \underset{l+1}{h}(z))_{,\tau} + g^{\tau\mu}(a^\nu \underset{l+1}{h}(z))_{,\tau} - g^{\mu\nu}(a^\sigma \underset{l+1}{h}(z))_{,\sigma} - \frac{1}{\sqrt{-g}}\,\mathfrak{g}^{\mu\nu}{}_{,\tau}\,(a^\tau \underset{l+1}{h}(z)) \right\}. \tag{7.13}$$

Aus (7.13) folgt, daß für $z \to 0$ alle Ableitungen von $\delta^*\,\mathfrak{g}^{\mu\nu}$ bis einschließlich der $(l-1)$-ten verschwinden.

Aus der Bianchi-Identität folgt dann für beliebiges $n \geqq 2$ und beliebiges $k \geqq 0$

$$\left[\frac{\partial^{n+k+l-2}}{\partial z^{n+k+l-2}}\,(\delta^*\,\mathfrak{g}^{\mu\nu} R_{\mu\nu})\right] = 0. \tag{7.14}$$

Nun sollen die $\underset{n+m}{\gamma_{\mu\nu}}$ (mit $m \leqq k-1$) so bestimmt sein, daß alle Sprungrelationen (7.5) bis einschließlich der $(k-1)$-ten erfüllt sind und ferner soll (1.4) gelten. Dann folgt auf Grund der Formel (3.42) aus (7.14) sofort

$$\left[\frac{\partial^l}{\partial z^l}\,\delta^*\,\mathfrak{g}^{\mu\nu}\right]\left[\frac{\partial^{n+k-2}}{\partial z^{n+k-2}}\,R_{\mu\nu}\right]$$

$$= \sqrt{-g^-}\,(a^\mu_- p^\nu_- + a^\nu_- p^\mu_- - g^{-\mu\nu} a^\sigma_- p_\sigma)\left[\frac{\partial^{n+k-2}}{\partial z^{n+k-2}}\,R_{\mu\nu}\right]$$

$$= \sqrt{-g^-}\,\tilde{\vartheta}^{\mu\nu}_{--}\left[\frac{\partial^{n+k-2}}{\partial z^{n+k-2}}\,R_{\mu\nu}\right] = 0. \tag{7.15}$$

Das Verschwinden derjenigen Ausdrücke, die durch Überschieben von (7.5) mit $\tilde{\vartheta}^{\mu\nu}_{--}$ entstehen, ist also eine direkte Folge der Bianchi-Identität und der Sprungrelationen niederer Ordnung. — Die Identitäten (6.8) und (6.25) sind Spezialfälle hiervon.

Anhang zu § 7

Das Sprungproblem mit $n = 1$

In den §§ 5 bis 7 haben wir angenommen, daß die ersten Ableitungen von $g_{\mu\nu}$ beim Durchgang durch Σ stetig sind, also $n > 1$ ist. Unter Verwendung der Ergebnisse einer früheren Arbeit[1]) können wir aber auch die mit $n = 1$ einsetzende Sprungreihe behandeln.

Die Reihe für $g^+{}_{\mu\nu}$ lautet jetzt

$$g^+{}_{\mu\nu} = g^-{}_{\mu\nu} + \underset{1}{\gamma_{\mu\nu}}\, z + \frac{1}{2}\,\underset{2}{\gamma_{\mu\nu}}\, z^2 + \frac{1}{3!}\,\underset{3}{\gamma_{\mu\nu}}\, z^3 + \cdots + \frac{1}{k!}\,\underset{k}{\gamma_{\mu\nu}}\, z^k + \cdots \tag{7.16}$$

Aus dem oben Gesagten folgt, daß beim Sprungproblem mit $n = 1$ bereits $\underset{2}{\gamma_{\mu\nu}}$ bilinear von den Sprungkoeffizienten niedrigster Ordnung $\underset{1}{\gamma_{\mu\nu}}$ abhängen muß.

Die algebraische Form der $\underset{2}{\gamma_{\mu\nu}}$ ergibt sich aus den Sprungrelationen zweiter Ordnung

$$[R_{\mu\nu}] = 0. \tag{7.17}$$

Hingegen erfordert die Bestimmung der Sprungkoeffizienten $\underset{1}{\gamma_{\mu\nu}}$ eine weitere Gleichung, die sich nicht durch Differenzieren und Sprungbildung aus der Reihe (5.4) für den Einstein-Tensor $R^+{}_{\mu\nu}$ ergibt. — Wie in der früheren Arbeit gezeigt wurde, werden die $\underset{1}{\gamma_{\mu\nu}}$ durch die Integralbedingung

$$\lim_{z \to 0} \int_{-\varepsilon}^{+\varepsilon} R_{\mu\nu}\, d\, z = 0 \tag{7.18}$$

bestimmt, welche ausdrückt, daß es als Folge von (1.1) auf der Sprungfläche $z = 0$ keine Flächenbelegungen $\sim\delta(z)$ gibt.[2])

Explizit ist (7.18) ein Ausdruck von der Form (5.21) und hat die Lösung

$$\underset{1}{\gamma_{\mu\nu}} = \underset{1}{\pi_\mu}\,\underset{1}{\bar{\pi}_\nu} + \underset{1}{\bar{\pi}_\mu}\,\underset{1}{\pi_\nu} + \underset{1}{a_\mu}\, p_\nu + \underset{1}{a_\nu}\, p_\mu\,. \tag{7.19}$$

Hierbei läßt sich der Term $\underset{1}{a_\mu}\, p_\nu + \underset{1}{a_\nu}\, p_\mu$ gemäß (5.17) durch eine Koordinatentransformation von der Form $\bar{x}^\nu = x^\nu + \underset{1}{a^\nu}\,\underset{2}{h}(z)$ eliminieren; wir können also ohne weiteres $\underset{1}{a_\mu} = 0$ setzen.

[1]) Siehe Papapetrou und Treder l. c., Anm. p. 2.

[2]) Siehe auch St. O' Brien und J. L. Synge, Communications of the Dublin Inst. for Advanced Studios A **9** (1959).

Unter Berücksichtigung von (7.19) berechnen wir mit Hilfe der Reihe (7.16) $[R_{\mu\nu}]$ und erhalten so als explizite Form der Sprungrelationen (7.17)

$$[R_{\mu\nu}] = \frac{1}{2}\,(g^{-\sigma\tau})_+ \Big(\underset{1}{\gamma}_{\mu\nu\underline{;}\sigma}\,p_{\underline{\tau}} + \underset{1}{\gamma}_{\mu\nu\underline{;}\tau}\,p_{\sigma} + \underset{1}{\gamma}_{\mu\nu}\,p_{\sigma\underline{;}\tau} - \underset{1}{\gamma}_{\mu\sigma\underline{;}\nu}\,p_{\tau} - \underset{1}{\gamma}_{\mu\sigma}\,p_{\tau\underline{;}\nu} - \underset{1}{\gamma}_{\mu\sigma\underline{;}\tau}\,p_{\nu}$$

$$- \gamma_{\nu\sigma\underline{;}\tau}\,p_{\mu} - \underset{1}{\gamma}_{\nu\sigma\underline{;}\mu}\,p_{\tau} - \underset{1}{\gamma}_{\nu\sigma}\,p_{\tau\underline{;}\mu} + \underset{1}{\gamma}_{\sigma\tau}\,p_{\mu\underline{;}\nu} + \underset{1}{\gamma}_{\sigma\tau\underline{;}\nu}\,p_{\mu} + \underset{1}{\gamma}_{\sigma\tau\underline{;}\nu}\,p_{\mu}$$

$$- \underset{2}{\gamma}_{\mu\sigma}\,p_{\tau}\,p_{\nu} - \underset{2}{\gamma}_{\nu\sigma}\,p_{\tau}\,p_{\mu} + \underset{2}{\gamma}_{\sigma\tau}\,p_{\mu}\,p_{\nu} + \underset{2}{\gamma}_{\mu\nu}\,p_{\sigma}\,p_{\tau}$$

$$- \frac{1}{2}\,p_{\mu}\,p_{\nu}\Big(\underset{1}{\gamma}_{\alpha\sigma}\,\underset{1}{\gamma}^{\underline{\alpha}}{}_{\underline{\ }\tau} - \frac{1}{2}\,\underset{1}{\gamma}_{\sigma\tau}\,\underset{1}{\gamma}_{\alpha}{}^{\underline{\alpha}}{}_{\underline{\ }}\Big)\Big) = 0\,. \tag{7.20}$$

Wir fordern wieder die Erfüllung der Bedingungen (2.18) und (2.19) in bezug auf $g^{-}{}_{\mu\nu+}$. Da dann aus (7.19) (mit $\underset{1}{a}_{\mu} = 0$) folgt, daß im ganzen V^+

$$\underset{1}{\bar{b}}_{\mu} \equiv \underset{1}{\gamma}_{\mu\nu}\,p^{\underline{\nu}} - \frac{1}{2}\,p_{\mu}\,\underset{1}{\bar{\gamma}} = 0 \quad \text{und} \quad \underset{1}{\bar{\gamma}} = 0$$

ist, erhalten wir aus (7.20) nach leichter Rechnung

$$[R_{\mu\nu}] = \underset{1}{\gamma}_{\mu\nu;\varrho}\,p^{\underline{\varrho}} + \frac{1}{2}\,\underset{1}{\gamma}_{\mu\nu}\,p^{\underline{\tau}}{}_{\underline{;}\tau} - \frac{1}{2}\,p_{\mu}\,\underset{1}{\gamma}^{\underline{\lambda}}{}_{\nu\underline{;}\lambda} - \frac{1}{2}\,p_{\nu}\,\underset{1}{\gamma}^{\underline{\lambda}}{}_{\mu\underline{;}\lambda}$$

$$- \frac{1}{2}\Big(\underset{2}{\gamma}_{\mu\varrho}\,p^{\underline{\varrho}}\,p_{\nu} + \underset{2}{\gamma}_{\nu\varrho}\,p^{\underline{\varrho}}\,p_{\mu} - p_{\mu}\,p_{\nu}\,\underset{2}{\gamma}_{\tau}{}^{\underline{\tau}}$$

$$+ \frac{1}{2}\,p_{\mu}\,p_{\nu}\,\underset{1}{\gamma}_{\sigma\tau}\,\underset{1}{\gamma}^{\underline{\sigma}\underline{\tau}}\Big) = 0\,. \tag{7.21}$$ [1]

(7.21) enthält wiederum 6 wesentliche Gleichungen, da diejenigen 4 Gleichungen, die durch das Überschieben von (7.21) mit einem Tensor $\tilde{\vartheta}^{\underline{\mu}\underline{\nu}}$ entstehen, wieder identisch erfüllt sind. Das Überschieben von (7.21) mit

$$\underset{1}{\gamma}^{\mu\nu} = \underset{1}{\bar{\pi}}^{\underline{\mu}}\,\underset{1}{\pi}^{\underline{\nu}} + \underset{1}{\pi}^{\underline{\mu}}\,\underset{1}{\bar{\pi}}^{\underline{\nu}} \tag{7.22a}$$

und

$$\underset{1}{\pi}^{\underline{\mu}}\,\underset{1}{\pi}^{\underline{\nu}} - \underset{1}{\bar{\pi}}^{\underline{\mu}}\,\underset{1}{\bar{\pi}}^{\underline{\nu}} \tag{7.22b}$$

liefert die Fortpflanzungsbedingungen für die $\underset{1}{\gamma}_{\mu\nu}$ auf der Sprungfläche Σ

$$(\underset{1}{\gamma}_{\sigma\tau}\,\underset{1}{\gamma}^{\underline{\sigma}\underline{\tau}}\,p^{\underline{\mu}})_{\underline{;}\mu} \equiv (\underset{1}{E}\,p^{\underline{\mu}})_{\underline{;}\mu} = 0 \tag{7.23a}$$

[1] Man beachte, daß jetzt gilt $g^{+\mu\nu} = (g^{-\mu\nu})_+ - z\,\underset{1}{\gamma}^{\underline{\mu}\underline{\nu}} + \cdots$; daher ist für ein in bezug auf $g^{-}{}_{\mu\nu+}$ geodätisches Koordinatensystem (7.21) mit der bei Papapetrou und Treder l. c., Anm. p. 8, stehenden Formel identisch, wenn außerdem noch (2.18) berücksichtigt wird.

und

$$\underset{1}{\delta}_{,\varrho}\, p^{\underline{\varrho}} = 0. \tag{7.23b}$$

Mit $\underset{1}{a}_\mu = 0$ folgt hieraus

$$\underset{1}{\gamma}_{\mu\nu;\varrho}\, p^{\underline{\varrho}} - \frac{1}{2}\, \underset{1}{\gamma}_{\mu\nu}\, p^{\underline{\varrho}} = 0. \tag{7.24}$$

Die 4 übrigen in (7.21) enthaltenen Gleichungen erhalten wir gemäß der Methode von § 6 durch Überschieben von (7.21) mit $d^{\underline{\mu}}$. Auf Grund analoger Rechnungen wie in § 6 folgt so für $\underset{2}{\gamma}_{\mu\nu}$ der Ausdruck

$$\begin{aligned}\underset{2}{\gamma}_{\mu\nu} &= {}_{H}\underset{2}{\gamma}_{\mu\nu} + {}_{I}\underset{2}{\gamma}_{\mu\nu} \\ &= \underset{2}{\tilde{\pi}}_\mu\, \underset{2}{\pi}_\nu + \underset{2}{\tilde{\pi}}_\nu\, \underset{2}{\pi}_\mu + \underset{2}{a}_\mu\, p_\nu + \underset{2}{a}_\nu\, p_\mu - \underset{1}{\gamma}_{\mu\underline{\ }}{}^{\lambda}{}_{\underline{;}\lambda}\, d_\nu - \underset{1}{\gamma}_{\nu\underline{\ }}{}^{\lambda}{}_{\underline{;}\lambda}\, d_\mu + p^{\underline{\tau}}\, \underset{1}{\gamma}_{\tau\underline{\ }}{}^{\lambda}{}_{\underline{;}\lambda}\, d_\mu\, d_\nu \\ &\quad + g^{-}{}_{\mu\nu+} \left(d^{\underline{\tau}}\, \underset{1}{\gamma}_{\tau\underline{\ }}{}^{\lambda}{}_{\underline{;}\lambda} - \frac{1}{2}\, p^{\underline{\tau}}\, \underset{1}{\gamma}_{\tau\underline{\ }}{}^{\lambda}{}_{\underline{;}\lambda} + \frac{1}{4}\, \underset{1}{\gamma}_{\sigma\tau}\, \underset{1}{\gamma}^{\underline{\sigma}\underline{\tau}} \right).\end{aligned} \tag{7.25}$$

Gemäß dem in § 7 Gesagten kann mit Hilfe von (2.18) und (2.19) immer erreicht werden, daß auch die Gleichungen (7.24) und (7.25) im V^+ gültig sind.

Benutzt man in der Bedingung (2.18) anstelle von $g^{-}{}_{\mu\nu+}$ den wahren metrischen Tensor $g^{+}{}_{\mu\nu}$ und kontrahiert dementsprechend mit $g^{+\sigma\tau}$, so bekommt man statt (7.25) für $\underset{2}{\gamma}_{\mu\nu}$ den Ausdruck

$$\begin{aligned}\underset{1}{\gamma}_{\mu\nu} &= {}_{H}\underset{2}{\gamma}_{\mu\nu} - \underset{1}{\gamma}_{\mu}{}^{\lambda}{}_{\underline{;}\lambda}\, d_\nu - \underset{1}{\gamma}_{\nu}{}^{\lambda}{}_{\underline{;}\lambda}\, d_\mu + p^\tau\, \underset{1}{\gamma}_{\tau}{}^{\lambda}{}_{\underline{;}\lambda}\, d_\mu\, d_\nu \\ &\quad + g^{+}{}_{\mu\nu} \left(d^\tau\, \underset{1}{\gamma}_{\tau}{}^{\lambda}{}_{\underline{;}\lambda} - \frac{1}{2}\, p^\tau\, \underset{1}{\gamma}_{\tau}{}^{\lambda}{}_{\underline{;}\lambda} - \frac{3}{4}\, \underset{1}{E} \right).\end{aligned} \tag{7.26}$$

Das Gesamtergebnis für $g^{+}{}_{\mu\nu}$ stimmt natürlich bis auf Terme, die mindestens $\sim z^3$ sind, uberein.

§ 8. Beweis eines Satzes über Sprünge an zeitunabhängigen Nullflächen

Mit Hilfe der Ergebnisse aus den §§ 5, 6 und 7 ist es möglich, Existenz- und Eindeutigkeitsfragen für nichtanalytische wesentlich zeitabhängige Gravitationsfelder zu untersuchen, wenn diese Felder genügende Symmetrie-Eigenschaften besitzen und mit einer Stoßwelle Σ an ein Gravitationsfeld anschließen, das ebenfalls Symmetrie-Eigenschaften aufweist.

Bei den hierbei benötigten Rechnungen kann es zweckmäßig sein, die in § 2 bemerkte Willkür in der Wahl der z-Abhängigkeit der $\underset{n+k}{\gamma_{\mu\nu}}$ und ferner diejenige Willkür, die in der Darstellung der Sprungfläche Σ und somit in der Konstruktion des Vierbeinfeldes vorhanden ist, auf etwas andere Weise als in §§ 5 bis 7 auszunutzen. Man kann bereits in der Darstellung der Sprungfläche Σ und bei der Vorgabe des Vierbeinfeldes die geforderten Symmetrie-Eigenschaften der $g_{\mu\nu}$ berücksichtigen und hierzu eventuell ein Vierbeinfeld einführen, bei dem die Stationaritätsbedingung (2.5a) und erst recht die Bedingungen (2.18) und (2.19) nicht befriedigt sind. — Es ist aber unter Verwendung der allgemeinen Resultate aus den §§ 5 bis 7 leicht möglich, die dort gewonnenen Ausdrücke auf die neue Darstellung zu übertragen, ohne eine wesentlich neue Rechnung auszuführen.

In diesem Paragraphen wollen wir zunächst den Beweis eines in einer früheren Arbeit vermuteten Satzes über Sprünge an sogenannten „zeitunabhängigen Nullflächen" herleiten.[1]) Diesen Satz können wir wie folgt formulieren:

Es ist nicht möglich, ein wesentlich zeitunabhängiges Feld $g^-_{\mu\nu}$ mittels Sprüngen an einer zeitunabhängigen Nullhyperfläche Σ, die von der Form der Schwarzschildschen Nullfläche ist, ein wesentlich zeitlich periodisches Feld $g^+_{\mu\nu}$ anzuschließen.[2]) — Aus der Reihe (5.1) für $g^+_{\mu\nu}$ folgt, daß wir zum Beweise dieses Satzes zu zeigen haben, daß bei zeitunabhänigem $g^-_{\mu\nu}$ und gleichzeitiger Zeitunabhängigkeit des Parameters z keine nicht forttransformierbaren zeitlich periodischen Sprünge der Ableitungen von $g_{\mu\nu}$ beim Durchgang durch Σ möglich sind.

Bei der folgenden Rechnung setzen wir nicht voraus, daß mit der durch $z = 0$ gegebenen zeitunabhängigen Nullfläche Σ auch die Flächen $z = \text{const} \lessgtr 0$ Nullflächen sind. Anstelle des Vierbeinfeldes aus § 2 konstruieren wir ein neues Vierbeinfeld p_μ, ω'_μ, $\overline{\omega}'_\mu$ und d'_μ, das nur auf der Sprungfläche Σ erklärt ist. Dieses Vierbein wählen wir so, daß alle Sprunggrößen auf Σ eine möglichst einfache Form annehmen. Alle Rechnungen werden dann so durchgeführt, daß sie völlig auf Σ verlaufen. Bei der Herleitung der Sprungrelationen höherer Ordnung muß also beachtet werden, daß jetzt aus dem Verschwinden einer bestimmten Sprunggröße für $z = 0$ nicht mehr das Verschwinden ihrer Ableitungen nach z folgt.

Das Koordinatensystem sei so gewählt, daß die wesentlich zeitunabhängigen $g^-_{\mu\nu}$ auch explizit nur von den 3 räumlichen Koordinaten x^i abhängen, daß also

$$g^-_{\mu\nu,0} = 0 \tag{8.1}$$

gilt. — Der metrische Tensor des gewöhnlichen dreidimensionalen Raums ist durch

$$\hat{g}_{ik} = g_{ik} - \frac{g_{i0}\, g_{k0}}{g_{00}} \tag{8.2}$$

gegeben; der hierzu kontragradiente Tensor ist $\hat{g}^{ik}$. — Der V_4 soll nun durch eine Fläche $x^1 = 0$ in einen V^- und einen V^+ zerlegt werden, wobei im V^-, also für

[1]) A. Papapetrou und H. Treder, Ann. d. Physik (7) **6** (1960) 311. — Ein Beispiel für eine zeitunabhängige Nullfläche ist die Schwarzschildsche Fläche $r = 2M$.

[2]) Zur Definition von zeitlich periodischen Gravitationsfeldern siehe A. Papapetrou, Ann. d. Physik (6) **20** (1957) 399.

$x^1 < 0$, immer $g_{00} > 0$ gilt; aus Gründen der Signatur gilt dann auch $g^{11} < 0$ für $x^1 < 0$.

Hingegen soll die Fläche $x^1 = 0$ eine Nullfläche Σ sein. Es gilt also $(g^{11})_{x^1=0} = 0$. Wegen der Stetigkeit der $g_{\mu\nu}$ und der MINKOWSKI-Signatur der Metrik gilt ferner

$$(g_{00})_{x^1=0} = (\det g^{ik})_{x^1=0} = (g^{11})_{x^1=0} = 0. \tag{8.3}$$

Es gibt dann immer ein Koordinatensystem derart, daß im ganzen Raum, also auch für $x^1 = 0$, neben (8.1) noch[1])

$$g^{12} = g^{13} = 0 \tag{8.4}$$

erfüllt ist.

Mit (8.3) und (8.4) lautet der Normalvektor der Nullfläche Σ

$$p = x^1{}_{,\nu} = \delta^1{}_\nu \tag{8.5}$$

mit

$$p_\nu p_\mu (g^{\mu\nu})_\Sigma = (g^{11})_\Sigma = 0.^{2)} \tag{8.6}$$

Der kontravariante Normalvektor p^μ der Fläche Σ bekommt so die Form

$$p^\mu = (g^{1\mu})_\Sigma \quad \text{d.i.}\ p^1 = p^2 = p^3 = 0, \qquad p^0 = (g^{10})_\Sigma. \tag{8.7}$$

Weiter finden wir, daß gilt

$$(p_\mu p_\nu g^{\mu\nu})_{,1} = (g^{11}{}_{,1})_\Sigma \tag{8.8 a}$$

und

$$p^\mu{}_{,\mu} = (g^{11}{}_{,1})_\Sigma. \tag{8.8 b}$$

(8.8a) ist zusammen mit (8.4) und (8.5) der Ausdruck dafür, daß die Bicharakteristiken Geodäten sind. Gemäß (8.7) fallen sie mit den Koordinatenlinien von x^0 zusammen, die also auf Σ die Gleichungen (2.3) erfüllen.

Zur Berechnung der mit den Einsteinschen Gleichungen (1.1) verträglichen Sprünge

$$\left[\frac{\partial^{n+k}}{\partial z^{n+k}} g_{\mu\nu}\right]$$

verfahren wir so, daß wir in der Reihe (5.4) für z einfach x^1 setzen; genügend oft nach x^1 differenzieren und anschließend die Grenzübergänge $x^1 \to +0$ durchführen; die Resultate müssen auf Grund der Einsteinschen Gleichungen verschwinden. Es ist jedoch zu beachten, daß jetzt die Ableitungen der einzelnen Entwicklungskoeffizienten $\underset{l}{A}_{\mu\nu}$ in (5.4) nach $z = x^1$ nicht mehr — wie in §§ 6 und 7 vorausgesetzt — auf Grund der für $x^1 = 0$ geltenden Sprungrelationen verschwinden.

---

[1]) Wenn die Hyperfläche $x^1 = 0$ eine Nullfläche ist, können auf ihr wegen der Minkowskischen Signatur des V_4 keine zeitartigen Koordinatenlinien verlaufen. — Bei der Koordinatenwahl gemäß (8.4) sind bei $x^1 = 0$ die Nullstellen von g_{00} und g^{11} von derselben Ordnung.

[2]) $(A)_\Sigma$ bedeutet die Werte der Funktion A für $x^1 = 0$, d. h. auf Σ.

Wir wählen also die Ableitungen nach x^1 als die aus der Fläche herausführenden Ableitungen. Fordern wir noch für den Vektor $d'^{\underline{\mu}}$ die Bedingung (2.10), dann folgt aus (8.5)

$$d'^{\underline{\mu}} = \delta_1{}^{\mu}. \tag{8.9}$$

Hingegen gilt $d'^{\underline{\mu}} d'_{\mu} = (g^{11})_{\Sigma} < 0$ und auch $d'_{\mu;\nu} p^{\underline{\nu}} d'_{\underline{\mu};0} \neq 0$.[1]) Dies ist aber für das Weitere ohne Bedeutung, da wir im folgenden nicht mit $d'^{\underline{\mu}}$ überschieben werden.

Da durch (8.4) und (8.9) auf Σ die Weltlinien von $p^{\underline{\mu}}$ und $d'^{\underline{\mu}}$ als die Koordinatenlinien von x^0 und x^1 festgelegt sind und das Koordinatensystem zudem noch durch (8.1) spezialisiert ist, lassen sich an die ω'_{μ} und $\overline{\omega}'_{\mu}$ nicht mehr alle Forderungen aus § 2 stellen. Wir können jedoch immer noch die für die Rechnungen auf Σ wesentlichen Bedingungen (2.7) und (2.8a, b) verlangen. Aus diesen folgt, daß auf Σ gelten muß

$$\omega'_{\mu} p^{\underline{\mu}} = \omega'_{\mu} (g^{1\mu})_{\Sigma} = \omega'_0 (g^{10})_{\Sigma} = 0 \tag{8.10a}$$

und

$$(g^{\mu\nu})_{\Sigma}\, \omega'_{\mu}\, \omega'_{\nu} = 0, \qquad (g^{\mu\nu})_{\Sigma}\, \omega'_{\mu}\, \overline{\omega}'_{\nu} = -\frac{1}{2}. \tag{8.10b}$$

Gemäß (8.10a, b) und (8.7) erfüllt ω'_{μ} auf Σ die Differentialgleichung (2.9)

$$\begin{aligned} &p_{\mu}\, \omega'_{\nu;\underline{\tau}}\, p^{\underline{\tau}} - p_{\nu}\, \omega'_{\mu;\underline{\tau}}\, p^{\underline{\tau}} \\ &= \delta^1{}_{\mu} \omega'_{\nu;\underline{0}}\, (g^{10})_{\Sigma} - \delta^1{}_{\nu} \omega'_{\mu;\underline{0}}\, (g^{10})_{\Sigma} = 0\,. \end{aligned} \tag{8.11}$$

Da wegen (8.1), (8.3), (8.4) und (8.6) auf Σ gilt

$$\Gamma^2{}_{00} = \Gamma^3{}_{00} = \Gamma^2{}_{02} = \Gamma^2{}_{03} = \Gamma^3{}_{02} = \Gamma^3{}_{03} = 0$$

kann (8.11) mit dem Ansatz

$$\omega'_0 = \omega'_1 = 0, \qquad \omega'_2 = \omega'_2\,(x^2, x^3), \qquad \omega'_3 = \omega'_3\,(x^2, x^3) \tag{8.12}$$

befriedigt werden. Dann hängen die ω'_{μ} nicht explizit von der Zeit ab, und es gilt identisch

$$\omega'_{\mu,\nu} p^{\underline{\nu}} = \omega'_{\mu,\nu} d'^{\underline{\nu}} = 0 \tag{8.13a}$$

und

$$\omega'_{\mu} d'^{\underline{\mu}} = 0\,. \tag{8.13b}$$

Ferner müssen die beiden komplexen Funktionen ω'_2 und ω'_3 noch so gewählt werden, daß sie die 3 Bedingungen (8.10b) befriedigen. Dies ist ohne weiteres zu erreichen, da $(g^{\mu\nu})_{\Sigma}$ ebenfalls nur von x^2 und x^3 abhängen.

Wir behandeln zunächst die Sprungprobleme mit $n \geqq 2$. Ersichtlich ändern sich die Sprungrelationen der niedrigsten n-ten Ordnung überhaupt nicht. Durch

[1]) Das Unterstreichen eines Index bedeutet jetzt, daß mit dem metrischen Tensor auf der Fläche Σ, d. h. mit $(g^{\mu\nu})_{\Sigma}$ gehoben worden ist.

das $(n-2)$fache Differenzieren von (5.4) nach x^1 und anschließenden Grenzübergang $x^1 \to 0$ erhalten wir gemäß (1.1) einfach

$$\begin{aligned}(g^{\sigma\tau} p_\sigma p_\tau) \underset{n}{\gamma}_{\mu\nu} &- p_\nu \left(\underset{n}{\gamma}_{\mu\sigma} g^{\sigma\tau} p_\tau - \frac{1}{2} p_\mu g^{\sigma\tau} \underset{n}{\gamma}_{\sigma\tau} \right) \\ &- p_\mu \left(\underset{n}{\gamma}_{\nu\sigma} g^{\sigma\tau} p_\tau - \frac{1}{2} p_\nu g^{\sigma\tau} \underset{n}{\gamma}_{\sigma\tau} \right) \\ = (g^{11})_\Sigma \underset{n}{\gamma}_{\mu\nu} &- p_\nu \left(\underset{n}{\gamma}_{\mu\sigma} (g^{\sigma 1})_\Sigma - \frac{1}{2} p_\mu (g^{\sigma\tau})_\Sigma \underset{n}{\gamma}_{\sigma\tau} \right) \\ &- p_\mu \left(\underset{n}{\gamma}_{\nu\sigma} (g^{\sigma 1})_\Sigma - \frac{1}{2} p_\nu (g^{\sigma\tau})_\Sigma \underset{n}{\gamma}_{\sigma\tau} \right) \\ \equiv (g^{11})_\Sigma \underset{n}{\gamma}_{\mu\nu} &- \underset{n}{\bar{b}}_\mu p_\nu - \underset{n}{\bar{b}}_\nu p_\mu = 0. \end{aligned} \tag{8.14}$$

Die allgemeine Lösung von (8.14) können wir entsprechend (5.22) wieder

$$\underset{n}{\gamma}_{\mu\nu} = \underset{n}{\pi}_\mu \underset{n}{\bar{\pi}}_\nu + \underset{n}{\bar{\pi}}_\mu \underset{n}{\pi}_\nu \tag{8.15}$$

schreiben, wobei jetzt

$$\underset{n}{\pi}_\mu = \left(\frac{1}{2}\right)^{\frac{1}{4}} \underset{n}{(E)}^{\frac{1}{4}} \left(\omega'_\mu e^{\frac{i\delta}{n}} + \bar{\omega}'_\mu e^{\frac{-i\delta}{n}} \right) \tag{8.15a}$$

und

$$\underset{n}{\bar{\pi}}_\mu = \frac{1}{i} \left(\frac{1}{2}\right)^{\frac{1}{4}} \underset{n}{(E)}^{\frac{1}{4}} \left(\omega'_\mu e^{\frac{i\delta}{n}} - \bar{\omega}'_\mu e^{\frac{-i\delta}{n}} \right) \tag{8.15b}$$

gilt. In (8.15) haben wir $\underset{n}{a}_\mu = 0$ gesetzt; eine forttransformierbare Unstetigkeit kann zu keiner wesentlichen Zeitabhängigkeit der $g^+{}_{\mu\nu}$ führen (s. auch unten).

Die Fortpflanzungsbedingungen fur die $\underset{n}{\gamma}_{\mu\nu}$ erhalten wir aus (5.4), indem wir $(n-1)$mal nach x^1 differenzieren, anschließend den Grenzübergang $x^1 \to 0$ durchführen und das Resultat gleich Null setzen. Dies gibt mit (8.7) und (8.8a, b) die auf Σ geltende Sprungrelation

$$\begin{aligned}(n-1) \left((g^{11})_\Sigma \underset{n}{\gamma}_{\mu\nu} - \underset{n}{\bar{b}}_\mu p_\nu - \underset{n}{\bar{b}}_\nu p_\mu \right)_{,1} &+ 2 \underset{n}{\gamma}_{\mu\nu;0} (g^{10})_\Sigma + \underset{n}{\gamma}_{\mu\nu} (g^{11}{}_{,1})_\Sigma \\ &- \underset{n}{\bar{b}}_{\mu;\underline{\nu}} - \underset{n}{\bar{b}}_{\nu;\underline{\mu}} + \frac{1}{2} p_\nu (g^{\sigma\tau})_\Sigma \underset{n}{\gamma}_{\sigma\tau;\underline{\mu}} + \frac{1}{2} p_\mu (g^{\sigma\tau})_\Sigma \underset{n}{\gamma}_{\sigma\tau;\underline{\nu}} \\ &- \underset{n}{\gamma}_{\underline{\nu}}{}^{\tau}{}_{;\tau} p_\mu - \underset{n}{\gamma}_{\underline{\mu}}{}^{\tau}{}_{;\tau} p_\nu - \underset{n+1}{\gamma}_{\mu\tau} (g^{1\tau})_\Sigma p_\nu - \underset{n+1}{\gamma}_{\nu\tau} (g^{1\tau})_\Sigma p_\mu \\ &+ \underset{n+1}{\gamma}_{\sigma\tau} (g^{\sigma\tau})_\Sigma p_\mu p_\nu + \underset{n+1}{\gamma}_{\mu\nu} (g^{11})_\Sigma = 0. \end{aligned} \tag{8.16}$$

In (8.16) bedeutet das unterstrichene Semikolon jetzt den für $x^1 = 0$ genommenen Wert der kovarianten Ableitung. Beachten wir nun, daß die Vektoren

$$\underset{n}{\bar{b}_\mu} = \underset{n}{\gamma_{\mu\tau}} (g^{\sigma\tau})_\Sigma \, p_\sigma - \frac{1}{2} p_\mu (g^{\sigma\tau})_\Sigma \underset{n}{\gamma_{\sigma\tau}} = \underset{n}{\gamma_{\mu\tau}} (g^{1\tau})_\Sigma - \frac{1}{2} p_\mu (g^{\sigma\tau})_\Sigma \underset{n}{\gamma_{\sigma\tau}}$$

gemäß (8.14) auf $x^1 = 0$ verschwinden, so sehen wir, daß das Überschieben von $(\underset{n}{\bar{b}_\mu} p_\nu)_{,1}$ und von $\underset{n}{\bar{b}_{\mu;\underline{\nu}}}$ mit einem in der Sprungfläche liegenden Tensor $\vartheta^{\underline{\mu}\underline{\nu}}$ zu einem verschwindenden Ausdruck führt

$$\vartheta^{\underline{\mu}\underline{\nu}} (\underset{n}{\bar{b}_\mu} p_\nu)_{,1} = \vartheta^{\underline{\mu}\underline{\nu}} \underset{n}{\bar{b}_{\mu;\underline{\nu}}} = 0 . \tag{8.17}$$

Überschieben wir also (8.16) wie in §§ 5 und 6 erörtert mit den in der Fläche liegenden Tensoren

$$\underset{\mathrm{I}}{\vartheta^{\underline{\mu}\underline{\nu}}} = \underset{n}{\bar{\pi}^{\underline{\mu}}} \underset{n}{\pi^{\underline{\nu}}} + \underset{n}{\pi^{\underline{\mu}}} \underset{n}{\bar{\pi}^{\underline{\nu}}} \tag{8.17a}$$

und

$$\underset{\mathrm{II}}{\vartheta^{\underline{\mu}\underline{\nu}}} = \underset{n}{\pi^{\underline{\mu}}} \underset{n}{\pi^{\underline{\nu}}} - \underset{n}{\bar{\pi}^{\underline{\mu}}} \underset{n}{\bar{\pi}^{\underline{\nu}}} , \tag{8.17b}$$

so erhalten wir die verallgemeinerten Stellmacherschen Fortpflanzungsbedingungen

$$\begin{aligned}(\sqrt{-g}\,\underset{n}{E})_{,\varrho}\, p^{\underline{\varrho}} + \sqrt{-g}\,\underset{n}{E}\, p^{\underline{\varrho}}{}_{,\varrho} + (n-1)\,(g^{\sigma\tau} p_\sigma p_\tau)_{,1} \sqrt{-g}\,\underset{n}{E} \\ = \sqrt{-g}\,\underset{n}{E}_{,0}\,(g^{10})_\Sigma + n\sqrt{-g}\,\underset{n}{E}\,(g^{11}{}_{,1})_\Sigma = 0\end{aligned} \tag{8.18}$$

und

$$\underset{n}{\delta}_{,\varrho}\, p^{\underline{\varrho}} = \underset{n}{\delta}_{,0}\,(g^{10})_\Sigma = 0 . \tag{8.19}$$

Die Gleichung (8.18) entspricht mit (8.8a, b) der allgemeinen auf Σ geltenden Gleichung

$$p_\mu (\sqrt{-g}\,\underset{n}{E}\, p^{\underline{\varrho}})_{,\varrho} + (n-1)\,(g^{\sigma\tau} p_\sigma p_\tau)_{;\mu} \sqrt{-g}\,\underset{u}{E} = 0 , \tag{8.18a}$$

die in einer früheren Arbeit[1]) auf Grund der Transformationseigenschaften der $\underset{n}{\gamma_{\mu\nu}}$ hergeleitet worden ist. Aus (8.18) und (8.19) folgt zusammen mit (8.15a, b) und (8.12) nach leichter Rechnung

$$\underset{n}{\gamma_{\mu\nu,0}}\,(g^{10})_\Sigma + n\,\underset{n}{\gamma_{\mu\nu}}\,(g^{11}{}_{,1})_\Sigma = 0 . \tag{8.20}$$

---

[1]) TREDER l. c., Anm. p. 13.

Die Gleichung (8.20) gilt auf Σ, d. h. für $x^1 = 0$. Wir bestätigen aus (8.20) zunächst das früher bewiesene Resultat. Wenn auf Σ zwar g^{11}, nicht aber $g^{11}{}_{,1}$, verschwindet, wenn g^{11} für $x^1 = 0$ also eine Nullstelle von erster Ordnung hat, so hängt der wesentliche Teil der Sprünge $\left[\frac{\partial^n}{\partial x^{1n}} g_{\mu\nu}\right]$ und somit $\underset{n}{E^{\frac{1}{2}}}$ exponentiell von der Zeit x^0 ab.[1]) Dies führt dazu, daß in den Reihen für die Transversal-Transversal-Komponenten $g^+{}_{22}$, $g^+{}_{33}$ und $g^+{}_{23}$ die Koeffizienten der Terme $\sim (x^1)_n$ exponentiell von der Zeit abhängen. In der Reihe für den Riemann-Tensor (s. unten die Formel (9.9)) hängt der Term $\sim (x^1)^{n-2}$ exponentiell von der Zeit ab.

Diese Zeitabhängigkeit von $g^+{}_{\mu\nu}$ läßt sich natürlich durch keine Koordinatentransformationen eliminieren, auch nicht durch Koordinatentransformationen von der Form

$$\bar{x}^\nu = x^\nu - \sum_m \underset{m}{a^\nu} \underset{m+1}{h} (x^1) \qquad \text{mit } m < n,$$

die gemäß (5.15) zu koordinatenbedingten Diskontinuitäten der Ableitungen von niedriger als n-ter Ordnung führt (s. auch unten § 10). Führt man nämlich etwa eine Transformation

$$\bar{x}^\nu = x^\nu - \underset{n-1}{a^\nu} \underset{n}{h}(x^1)$$

aus mit dem Ziel, in $g^+{}_{22}$, $g^+{}_{23}$ und $g^+{}_{33}$ die Terme $\sim (x^1)^n$ zeitunabhängig zu machen, so sieht man sofort, daß dann bei den $g^+{}_{1\mu}$ sogar notwendig Terme $\sim (x^1)^{n-1}$ auftreten, die exponentiell von x^0 abhängen.

Für $(g^{11}{}_{,1})_\Sigma \neq 0$ besteht daher überhaupt keine Möglichkeit, ein zeitlich beschränktes Feld $g^+{}_{\mu\nu}$ an das stationäre Feld $g^-{}_{\mu\nu}$ anzuschließen. In diesem Fall ist allein die triviale Lösung

$$\underset{n}{\gamma_{\mu\nu}} \equiv 0$$

möglich, welche eben besagt, daß die n-ten Normalableitungen stetig sind. Auf diese Weise folgt sukzessive die notwendige Stetigkeit aller Ableitungen.

Gilt hingegen für

$$g^{11}{}_\Sigma = (g^{11}{}_{,1})_\Sigma = 0, \tag{8.21}$$

hat also g^{11} für $x^1 = 0$ eine Nullstelle von höherer als erster Ordnung, so folgt aus (8.20), daß $\underset{n}{\gamma_{\mu\nu}}$ zeitunabhängig ist. Zur Prüfung einer möglichen zeitlichen Periodizität des gestörten Feldes $g^+{}_{\mu\nu}$ ist es jetzt nötig, die Eigenschaften der Koeffizienten höherer Ordnung $\underset{n+k}{\gamma_{\mu\nu}}$ zu untersuchen. Hierzu differenzieren wir die Reihe (5.4) einmal nach x^0. Wir erhalten dann eine Reihe für $R^+{}_{\mu\nu,0}$:

$$R^+{}_{\mu\nu,0} = \underset{n-2}{A_{\mu\nu,0}} \frac{(x^1)^{(n-1)}}{(n-2)!} + \underset{n-1}{A_{\mu\nu,0}} \frac{(x^1)^{(n-1)}}{(n-1)!} + \cdots. \tag{8.22}$$

[1]) Siehe Papapetrou und Treder l. c., Anm. p. 94.

In dieser Reihe verschwindet wegen der Zeitunabhängigkeit von p_μ, $\mathfrak{g}_{\mu\nu}$ und $\underset{n}{\gamma_{\mu\nu}}$ der Koeffizient $\underset{n-2}{A_{\mu\nu,0}}$. Ferner entfallen in den Koeffizienten $\underset{n-1}{A_{\mu\nu,0}}$ und $\underset{n}{A_{\mu\nu,0}}$ alle Summanden, die durch das Differenzieren der die $\underset{n}{\gamma_{\mu\nu}}$ enthaltenden Summanden von $\underset{n-1}{A_{\mu\nu}}$ und $\underset{n}{A_{\mu\nu}}$ entstehen.

Differenzieren wir also zunächst (8.22) $(n-1)$-mal nach x^i, führen den Grenzübergang $x^1 \to 0$ durch und setzen das Resultat gleich Null, so erhalten wir mit $\underset{n}{\gamma_{\mu\nu,0}} = 0$ 4 algebraische Gleichungen für die Größen

$$\underset{n+1}{\dot{\gamma}_{\mu\nu}} \equiv \underset{n+1}{\gamma_{\mu\nu,0}}\,. \tag{8.23}$$

Es gilt nämlich auf

$$\left[\frac{\partial^{(n-1)}}{\partial x^{1(n-1)}} R_{\mu\nu}\right] = \left[\frac{\partial^{(n-1)}}{\partial x^{1(n-1)}} (R_{\mu\nu,0})\right] \equiv -\frac{1}{2}(p_\mu \underset{n+1}{\beta_\nu} + p_\nu \underset{n+1}{\beta_\mu}) = 0, \tag{8.24}$$

wo

$$\underset{l}{\beta_\mu} = \underset{l}{\dot{\gamma}_{\nu\tau}}\,(g^{1\tau})_\Sigma - \frac{1}{2}\underset{l}{\dot{\gamma}_{\sigma\tau}}\,(g^{\sigma\tau})_\Sigma\, p_\mu$$

ist. Die Lösung von (8.24) können wir wegen (8.1) und (8.7) schreiben

$$\underset{n+1}{\dot{\gamma}_{\mu\nu}} = (\underset{n+1}{\bar{\pi}_\mu}\ \underset{n+1}{\pi_\nu} + \underset{n+1}{\pi_\mu}\ \underset{n+1}{\bar{\pi}_\nu})_{,0}\,. \tag{8.25}$$

(Hierbei ist der durch eine in den $(n+2)$-ten Ableitungen unstetige Transformation eliminierbare Sprung wieder gleich Null gesetzt worden.) Aus (8.25) und (8.12) folgt, daß $\underset{n+1}{\dot{\gamma}_{\mu\nu}}$ dieselbe algebraische Struktur besitzt wie (8.15):

$$\underset{n+1}{\dot{\gamma}_{\mu\nu}} = \underset{n+1}{\Pi_\mu}\ \underset{n+1}{\tilde{\Pi}_\nu} + \underset{n+1}{\tilde{\Pi}_\mu}\ \underset{n+1}{\Pi_\nu}\,. \tag{8.25a}$$

Hier haben wir die Vektoren $\underset{n+1}{\Pi_\mu}$ und $\underset{n+1}{\tilde{\Pi}_\mu}$ eingeführt, die in Analogie zu (8.15a, b) durch

$$\underset{n+1}{\Pi_\mu} = \left(\frac{\underset{(n+1)}{\Lambda}}{2}\right)^{\frac{1}{4}} \left(e^{i\underset{n+1}{\lambda}}\,\omega'_\mu + e^{-i\underset{n+1}{\lambda}}\,\overline{\omega}'_\mu\right) \tag{8.25b}$$

und

$$\underset{n+1}{\tilde{\Pi}_\mu} = \frac{1}{i}\left(\frac{\underset{(n+1)}{\Lambda}}{2}\right)^{\frac{1}{4}} \left(e^{i\underset{n+1}{\lambda}}\,\omega'_\mu - e^{-i\underset{n+1}{\lambda}}\,\overline{\omega}'_\mu\right) \tag{8.25c}$$

definiert sind und 2 neue Skalare $\underset{n+1}{\Lambda}$ und $\underset{n+1}{\lambda}$ enthalten.

Das anschließende n-fache Differenzieren der Reihe (8.22) liefert mit $x^1 \to 0$ und Nullsetzen des Resultats die Gleichung

$$2\left[\frac{\partial^{(n)}}{\partial x^{1\,(n)}} R_{\mu\nu,0}\right] = n\left((g^{11})_\Sigma \underset{n+1}{\dot\gamma_{\mu\nu}} - \underset{n+1}{\beta_\mu}\, p_\nu - \underset{n+1}{\beta_\nu}\, p_\mu\right)_{,1} + 2 \underset{n+1}{\dot\gamma_{\mu\underline{\nu};0}} (g^{10})_\Sigma$$

$$+ \underset{n+1}{\dot\gamma_{\mu\nu}} (g^{11}{}_{,1})_\Sigma - \underset{n+1}{\beta_{\mu;\underline{\nu}}} - \underset{n+1}{\beta_{\nu;\underline{\mu}}} + \frac{1}{2} p_\mu (g^{\sigma\tau})_\Sigma \underset{n+1}{\dot\gamma_{\sigma\tau;\underline{\nu}}}$$

$$+ \frac{1}{2} p_\nu (g^{\sigma\tau})_\Sigma \underset{n+1}{\dot\gamma_{\sigma\tau;\underline{\mu}}} - \underset{n+1}{\dot\gamma_{\nu}{}^{\tau}{}_{;\tau}}\, p_\mu - \underset{n+1}{\dot\gamma_{\mu}{}^{\tau}{}_{;\tau}}\, p_\nu + \underset{n+2}{\dot\gamma_{\mu\nu}} (g^{11})_\Sigma$$

$$- \underset{n+2}{\dot\gamma_{\mu\tau}} (g^{1\tau})_\Sigma p_\nu - \underset{n+2}{\dot\gamma_{\nu\tau}} (g^{1\tau})_\Sigma p_\mu + (g^{\sigma\tau})_\Sigma \underset{n+2}{\dot\gamma_{\sigma\tau}} p_\mu p_\nu = 0. \quad (8.26)$$

Bei der Herleitung von (8.26) haben wir (8.1), (8.7), (8.8a, b) und $\underset{n}{\dot\gamma_{\mu\nu}} = 0$ berücksichtigt.

Um aus (8.26) die Fortpflanzungsbedingungen für die beiden Skalare $\underset{n+1}{\Lambda}$ und $\underset{u+1}{\lambda}$ zu erhalten und somit die Zeitabhängigkeit der $\underset{n+1}{\gamma_{\mu\nu}}$ herzuleiten, überschieben wir (8.26) mit den beiden in der Fläche Σ liegenden Tensoren

$$\underset{\mathrm{I}}{(\vartheta^{\underline{\mu}\underline{\nu}})^*} = \underset{n+1}{\Pi^{\underline{\mu}}}\, \underset{n+1}{\tilde\Pi^{\underline{\nu}}} + \underset{n+1}{\tilde\Pi^{\underline{\mu}}}\, \underset{n+1}{\Pi^{\underline{\nu}}} \quad (8.27\,\mathrm{a})$$

und

$$\underset{\mathrm{II}}{(\vartheta^{\underline{\mu}\underline{\nu}})^*} = \underset{n+1}{\Pi^{\underline{\mu}}}\, \underset{n+1}{\Pi^{\underline{\nu}}} - \underset{n+1}{\tilde\Pi^{\underline{\mu}}}\, \underset{n+1}{\tilde\Pi^{\underline{\nu}}}\,. \quad (8.27\,\mathrm{b})$$

Dies gibt nach kurzer Rechnung unter Berücksichtigung von (8.24)

$$\sqrt{-g}\, \underset{n+1}{\Lambda_{,0}} (g^{10})_\Sigma + (n+1) \underset{n+1}{\Lambda} (g^{11}{}_{,1})_\Sigma = 0 \quad (8.28\,\mathrm{a})$$

und

$$\underset{n+1}{\lambda_{,0}} (g^{10})_\Sigma = 0. \quad (8.28\,\mathrm{b})$$

Aus (8.28) folgt mit (8.25), (812) und (8.7)

$$\underset{n+1}{\ddot\gamma_{\mu\nu}} (g^{10})_\Sigma + (n+1) \underset{n+1}{\dot\gamma_{\mu\nu}} (g^{11}{}_{,1})_\Sigma = \underset{n+1}{\ddot\gamma_{\mu\nu}} = 0\,. \quad (8.29)$$

(8.29) zeigt, daß der wesentliche Teil von $\underset{n+1}{\gamma_{\mu\nu}}$ und somit $\underset{n+1}{E^{\frac{1}{2}}}$ entweder linear von der Zeit abhängt oder zeitunabhängig ist. Eine lineare Zeitabhängigkeit ist nun mit einer zeitlichen Periodizität von $g^+{}_{\mu\nu}$ unvereinbar. Denn damit die gestörte Metrik

$$g^+{}_{\mu\nu} = g^-{}_{\mu\nu} + \sum_{k \geq 0}^{\infty} \frac{1}{(n+k)!} \underset{n+k}{\gamma_{\mu\nu}} (x^1)^{n+k}$$

zeitlich periodisch ist, müssen alle $\underset{n+k}{\gamma_{\mu\nu}}$ periodisch von der Zeit abhängen (oder zeitunabhängig sein). Man sieht aber, daß eine lineare Zeitabhängigkeit von $\underset{n+1}{E^{\frac{1}{2}}}$ dazu führt, daß in den Reihen für $g^+{}_{22}$, $g^+{}_{33}$ und $g^+{}_{23}$ der Koeffizient des Terms $\sim (x^1)^{n+1}$ linear von der Zeit abhängt; in der Reihe für den Riemann-Tensor hängt dann der Koeffizient des Terms $\sim (x^1)^{n-1}$ linear von x^0 ab. Diese Art der Zeitabhängigkeit schließt wieder die Existenz eines Koordinatensystems aus, in dem alle $g^+{}_{\mu\nu}$ zeitlich periodisch (oder zeitunabhängig) sind. Jede Transformation von der Form $\bar{x}^\nu = x^\nu - \underset{m}{a^\nu} \underset{m}{\Sigma} \underset{m+1}{h} (x^1)$ (mit $m \leqq n$), die die zeitabhängigen Terme $\sim (x^1)^{n+1}$ in $g^+{}_{23}$, $g^+{}_{22}$ und $g^+{}_{33}$ eliminieren soll, führt sogar zu einem $g^+{}_{\mu\nu}$, bei dem es bereits Terme $\sim (x^1)^m$ gibt, die zeitlich nicht periodisch sind.

Daher ist die Zeitunabhängigkeit von $\underset{n+1}{\gamma_{\mu\nu}}$ die einzige mit den Voraussetzungen verträgliche Lösung von (8.29):

$$\underset{n}{\dot{\gamma}_{\mu\nu}} = \underset{n+1}{\dot{\gamma}_{\mu\nu}} = 0. \tag{8.30}$$

Ist diese Zeitunabhängigkeit nicht erreichbar, d. h. ist sie mit den nicht nach x^0 differenzierten Sprungrelationen n-ter Ordnung

$$\left[\frac{\partial^{(n)}}{\partial x^{1\,(n)}} R_{\mu\nu}\right] = 0$$

nicht verträglich, so würde bereits hieraus folgen, daß das gestörte Feld $g^+{}_{\mu\nu}$ nicht zeitlich periodisch sein kann.

Indem wir (8.30) voraussetzen, sehen wir, daß aus (8.26) weiter folgt, daß die zeitlichen Ableitungen $\underset{n+2}{\dot{\gamma}_{\mu\nu}}$ von $\underset{n+2}{\gamma_{\mu\nu}}$ dieselben algebraischen Eigenschaften besitzen wie die $\underset{n+1}{\dot{\gamma}_{\mu\nu}}$; es gilt

$$\underset{n+2}{\beta_\mu} \equiv \underset{n+2}{\dot{\gamma}_{\mu\tau}} (g^{1\tau})_\Sigma - \frac{1}{2}\, p_\mu (g^{\sigma\tau})_\Sigma \dot{\gamma}_{\sigma\tau} = 0 \tag{8.31a}$$

und daher nach Eliminierung eines forttransformierbaren Anteils

$$\underset{n+2}{\dot{\gamma}_{\mu\nu}} = \underset{n+2}{\Pi_\mu}\, \underset{n+2}{\tilde{\Pi}_\nu} + \underset{n+2}{\tilde{\Pi}_\mu}\, \underset{n+2}{\Pi_\nu}. \tag{8.31}$$

In (8.31) sind die Vektoren $\underset{n+2}{\Pi_\mu}$ und $\underset{n+2}{\tilde{\Pi}_\mu}$ analog wie (8.25b) und (8.25c) definiert und hängen von 2 neuen Skalaren $\underset{n+2}{\Lambda}$ und $\underset{n+2}{\lambda}$ ab.

Man sieht nun leicht, daß wegen (8.30) und (8.31) die durch das $(n+1)$-fache Differenzieren der Reihe (8.22), anschließenden Grenzübergang $x^1 \to 0$ und Nullsetzen des Resultats folgenden Fortpflanzungsbedingungen für $\underset{n+2}{\Lambda}$ und $\underset{n+2}{\lambda}$ lauten

$$\underset{n+2}{\Lambda_{,0}} (g^{10})_\Sigma + (n+2) \underset{n+2}{\Lambda} (g^{11}{}_{,1})_\Sigma = 0 \tag{8.32a}$$

und

$$\underset{n+2}{\lambda}{}_{,0} = 0. \tag{8.32b}$$

Hieraus erhält man mit (8.31) und (8.12)

$$\underset{n+2}{\dot{\gamma}}{}_{\mu\nu,0} = 0. \tag{8.32}$$

Damit (8.32a) bzw. (8.32) mit einer zeitlichen Periodizität der $g^{+}{}_{\mu\nu}$ vereinbar ist, ist es also wieder notwendig, daß

$$\underset{n}{\dot{\gamma}}{}_{\mu\nu} = \underset{n+1}{\dot{\gamma}}{}_{\mu\nu} = \underset{n+2}{\dot{\gamma}}{}_{\mu\nu} = 0 \tag{8.33}$$

zu erreichen ist.

Wir können nun einen vollständigen Induktionsschluß durchführen: Unter Benutzung der Forderung, daß die $g^{+}{}_{\mu\nu}$ zeitlich periodisch sind, sei bereits gezeigt, daß alle Koeffizienten $\underset{n+l}{\gamma}{}_{\mu\nu}$ in der Entwicklung für $g^{+}{}_{\mu\nu}$ zeitunabhängig sein müssen. Dann reduzieren sich die Sprungrelationen $(n + l + 1)$-ter Ordnung

$$\frac{\partial}{\partial x^0}\left[\left(\frac{\partial^{(n+l-1)}}{\partial x^{1(n+l-1)}} R_{\mu\nu}\right)\right] = \left[\frac{\partial^{(n+l-1)}}{\partial x^{1(n+l-1)}} (R_{\mu\nu,0})\right] = 0$$

auf die Gleichungen

$$\frac{1}{2}\,(- \underset{n+l+1}{\dot{\gamma}}{}_{\mu\tau}\,(g^{1\tau})_\Sigma\, p_\nu - \underset{n+l+1}{\dot{\gamma}}{}_{\nu\tau}\,(g^{1\tau})_\Sigma\, p_\mu + (g^{\sigma\tau})_\Sigma \underset{n+l+1}{\dot{\gamma}}{}_{\sigma\tau}\, p_\mu\, p_\nu) = 0\,. \tag{8.34}$$

Aus (8.34) folgt, daß (bei geeigneter Wahl des Koordinatensystems im V^{+}) gilt:

$$\underset{n+l+1}{\dot{\gamma}}{}_{\mu\nu} = \underset{n+l+1}{\Pi}{}_{\mu}\ \underset{n+l+1}{\tilde{\Pi}}{}_{\nu} + \underset{n+l+1}{\tilde{\Pi}}{}_{\mu}\ \underset{n+l+1}{\Pi}{}_{\nu}. \tag{8.35}$$

Mit diesem Ausdruck ergeben die Sprungrelationen $(n + l + 2)$-ter Ordnung

$$\frac{\partial}{\partial x^0}\left[\left(\frac{\partial^{(n+l)}}{\partial x^{1(n+l)}} R_{\mu\nu}\right)\right] = \left[\frac{\partial^{(n+l)}}{\partial x^{1(n+l)}} (R_{\mu\nu,0})\right] = 0$$

(mit Hilfe von Überschiebungsoperationen) die Gleichungen

$$\underset{n+l+1}{\Lambda}{}_{,0}\ (g^{10})_\Sigma + (n + l + 1)\,(g^{11}{}_{,1})_\Sigma = 0 \tag{8.36a}$$

und

$$\underset{n+l+1}{\lambda}{}_{,0} = 0, \tag{8.36b}$$

woraus mit (8.35) und (8.12)

$$\underset{n+l+1}{\ddot{\gamma}}{}_{\mu\nu}\,(g^{10})_\Sigma + (n + l + 1)\ \underset{n+l+1}{\dot{\gamma}}{}_{\mu\nu}\,(g^{11}{}_{,1})_\Sigma = 0 \tag{8.36}$$

folgt. Aus (8.36) folgt mit (8.21), daß die $\underset{n+l+1}{\dot{\gamma}_{\mu\nu}}$ zeitunabhängig sind. Die $\underset{n+l+1}{\gamma_{\mu\nu}}$ hängen selbst also linear von der Zeit ab oder sind ebenfalls zeitunabhängig. Ersteres ist aber auszuschließen, so daß notwendig sein muß

$$\underset{n+l+1}{\dot{\gamma}_{\mu\nu}} = 0. \tag{8.37}$$

Die Gleichungen (8.34) und (8.36) und somit auch (8.35) und (8.37) gelten voraussetzungsgemäß für beliebiges $n \geqq 2$ und $l \geqq 0$. Daher folgt aus ihnen: Bei zeitunabhängiger ungestörter Metrik $g^{-}{}_{\mu\nu}$ und bei zeitunabhängiger Sprungfläche Σ gibt es keine mit den Einsteinschen Gravitationsgleichungen (1.1) verträglichen Sprünge zweiter oder höherer Ordnung, die eine wesentliche zeitliche Periodizität des gestörten Feldes $g^{+}{}_{\mu\nu}$ erlauben.

Wir bemerken jedoch noch, daß der obige Beweisgang zunächst nicht anwendbar ist, wenn bereits die ersten Normalableitungen von $g_{\mu\nu}$ unstetig sind. Denn für $n = 1$ gehen in die Sprungrelationen $(k + 2)$-ter Ordnung, die die Fortpflanzung und damit die Form der Zeitabhängigkeit der $\underset{1+k}{\gamma_{\mu\nu}}$ bestimmen, Terme ein, die Produkte aus den $\underset{1+k}{\gamma_{\mu\nu}}$ und den $\underset{1}{\gamma_{\mu\nu}}$ sind. Das Differenzieren der aus den Gleichungen (1.1) folgenden Sprungrelationen $(k + 2)$-ter Ordnung nach x^0 führt also nicht zur Eliminierung aller die $\underset{1}{\gamma_{\mu\nu}}$ enthaltenden Terme, auch wenn bereits die Zeitunabhängigkeit aller $\underset{l}{\gamma_{\mu\nu}}$ (mit $l < k + 1$) bewiesen ist. Wir müssen daher den Fall $n = 1$ selbständig behandeln.

Die Sprünge $\underset{1}{\gamma_{\mu\nu}}$ haben die Form (7.19) und die Fortpflanzungsbedingungen für $\underset{1}{E}$ und $\underset{1}{\delta}$ ergeben sich aus den Sprungrelationen (7.17). Für Sprünge an einer durch $x^1 = 0$ gegebenen isotropen Hyperfläche lautet (7.17) mit (8.7) und (8.8a, b)

$$[R_{\mu\nu}] = \underset{1}{\gamma}_{\mu\nu\underline{;}0}\,(g^{10})_\Sigma + \frac{1}{2}\,\underset{1}{\gamma}_{\mu\nu}\,(g^{11}{}_{,1})_\Sigma - \frac{1}{2}\,\underset{1}{\bar{b}}_{\mu\underline{;}\nu} - \frac{1}{2}\,\underset{1}{\bar{b}}_{\nu\underline{;}\mu} + \frac{1}{4}\,p_\nu\,(g^{\sigma\tau}\underset{1}{\gamma}_{\sigma\tau})_{\Sigma,\mu}$$
$$+ \frac{1}{4}\,p_\mu\,(g^{\sigma\tau}\underset{1}{\gamma}_{\sigma\tau})_{\Sigma,\nu} - \frac{1}{2}\,\underset{1}{\gamma}_{\underline{\nu}}{}^{\tau}{}_{\underline{;}\tau}\,p_\mu - \frac{1}{2}\,\underset{1}{\gamma}_{\underline{\mu}}{}^{\tau}{}_{\underline{;}\tau}\,p_\nu - \frac{1}{4}\,\underset{1}{\dot{\gamma}}_{\sigma\tau}\,\gamma^{\underline{\sigma}\underline{\tau}}\,p_\mu\,p_\nu$$
$$- \frac{1}{2}\,\underset{2}{\gamma}_{\mu\varrho}\,(g^{1\varrho})_\Sigma\,p_\nu - \frac{1}{2}\,\underset{2}{\gamma}_{\nu\varrho}\,(g^{1\varrho})_\Sigma\,p_\mu + \frac{1}{2}\,(g^{11})_\Sigma\,\underset{2}{\gamma}_{\mu\nu} + \frac{1}{2}\,p_\mu\,p_\nu\,\underset{2}{\gamma}_{\sigma\tau}\,(g^{\sigma\tau})_\Sigma = 0. \tag{8.38}$$

Weil gemäß (8.7) und (8.22) $\underset{1}{\bar{b}_\mu}$ auf Σ verschwindet, erhalten wir aus (8.38) durch Überschieben die beiden Gleichungen

$$\underset{1}{E}_{,0}\,(g^{10})_\Sigma + \underset{1}{E}\,(g^{-11}{}_{,1})_\Sigma = \underset{1}{E}_{,0}\,(g^{10})_\Sigma + \underset{1}{E}\,(g^{11}{}_{,1})_\Sigma = 0 \tag{8.39a}$$

und

$$\delta_{,0} = 0, \tag{8.39b}$$

welche den Gleichungen (7.23) entsprechen. Hierbei haben wir beachtet, daß wegen (7.19)

$$(g^{-11}{}_{,1})_\Sigma = (g^{11}{}_{,1})_\Sigma \tag{8.40}$$

gilt. Setzen wir wie in § 7 den auf Koordinatendiskontinuitäten beruhenden Anteil von $\underset{1}{\gamma}_{\mu\nu}$ wieder gleich Null, so folgt aus (8.39a, b) zusammen mit (8.13)

$$\underset{1}{\gamma}_{\mu\nu,0}\,(g^{10})_\Sigma + \underset{1}{\gamma}_{\mu\nu}\,(g^{11}{}_{,1})_\Sigma = 0. \tag{8.41a}$$

Ist also $(g^{-11}{}_{,1})_\Sigma \neq 0$, so hängen die $\underset{1}{\gamma}_{\mu\nu}$ exponentiell von x^0 ab, wenn sie nicht identisch verschwinden und daher ein Sprungproblem von höherer als erster Ordnung vorliegt. Für $(g^{-11}{}_{,1})_\Sigma = 0$ ist hingegen $\underset{1}{\gamma}_{\mu\nu}$ zeitunabhängig:

$$\underset{1}{\dot{\gamma}}_{\mu\nu} = 0. \tag{8.41}$$

Setzen wir nun (8.41) voraus und differenzieren dann (8.38) einmal nach x^0, so erkennen wir, daß auf Grund der Zeitunabhängigkeit von $g^{-}{}_{\mu\nu}$ und p_μ und der Vertauschbarkeit der Ableitungen nach x^0 und x^1 gilt:

$$\underset{2}{\beta}_\mu \equiv \underset{2}{\dot{\gamma}}_{\mu\varrho}\,(g^{1\varrho})_\Sigma - \frac{1}{2}\,p_\mu\,(g^{\sigma\tau})_\Sigma\,\underset{2}{\dot{\gamma}}_{\sigma\tau} = 0. \tag{8.42}$$

Die $\underset{2}{\dot{\gamma}}_{\mu\nu}$ haben also dieselbe Struktur wie die $\underset{1}{\gamma}_{\mu\nu}$.

Die Fortpflanzungsbedingungen für die $\underset{2}{\dot{\gamma}}_{\mu\nu}$ ergeben sich aus den Sprungrelationen

$$\left[\frac{\partial}{\partial x^1}\,(R_{\mu\nu,0})\right] = \left[\frac{\partial}{\partial x^1}\,R_{\mu\nu}\right]_{,0} = 0. \tag{8.43}$$

Man sieht leicht, daß auf Grund der algebraischen Eigenschaften der $\underset{1}{\gamma}_{\mu\nu}$ und der $\underset{2}{\dot{\gamma}}_{\mu\nu}$ die in den $\underset{1}{\gamma}_{\mu\nu}$ und den $\underset{2}{\dot{\gamma}}_{\mu\nu}$ bilinearen Terme in (8.43) von der Form

$$\sim p_\mu\,p_\nu\,\underset{1}{\gamma}^{\underline{\sigma}\,\underline{\tau}}\,\underset{2}{\dot{\gamma}}_{\sigma\tau} \tag{8.43a}$$

sind. Diese Terme liefern somit keinen Beitrag zu den Fortpflanzungsbedingungen für die $\underset{2}{\dot{\gamma}}_{\mu\nu}$, da sich diese Fortpflanzungsbedingungen ja durch Überschieben mit in der Sprungfläche Σ liegenden Tensoren ergeben. Hieraus folgt, daß im vorliegenden Fall die Fortpflanzungsbedingungen für die $\underset{2}{\dot{\gamma}}_{\mu\nu}$ dieselbe Form haben wie diejenigen für die $\underset{2}{\gamma}_{\mu\nu}$ beim Sprungproblem zweiter Ordnung. Aus den Fortpflanzungsbedingungen für die $\underset{2}{\dot{\gamma}}_{\mu\nu}$ folgt somit unter Beachtung von (8.33) und (8.21)

$$\underset{2}{\dot{\gamma}}_{\mu\nu} = 0. \tag{8.44}$$

Wegen der geforderten zeitlichen Periodizität von $g^{+}{}_{\mu\nu}$ muß somit auch im Fall $n = 1$ der Sprungkoeffizient zweiter Ordnung $\underset{2}{\gamma}_{\mu\nu}$ zeitunabhängig sein. (Ist dies nicht möglich, so besteht bereits aus diesem Grunde keine zeitliche Periodizität des gestörten Feldes $g^{+}{}_{\mu\nu}$.)

Aus (8.44) folgt das Verschwinden von (8.43a). Daher ergeben die Sprungrelationen dritter Ordnung für den nicht-koordinatenbedingten Teil von $\underset{3}{\dot{\gamma}}_{\mu\nu}$

$$\underset{3}{\gamma}_{\mu\nu} = \underset{3}{\Pi}_{\mu} \underset{3}{\bar{\Pi}}_{\nu} + \underset{3}{\bar{\Pi}}_{\mu} \underset{3}{\Pi}_{\nu}; \tag{8.45}$$

denn man sieht sofort, daß mit (8.31) und (8.44) aus (8.43)

$$\left[\frac{\partial}{\partial x^1} R_{\mu\nu}\right]_{,0} = \frac{1}{2}\left((g^{11})_{\Sigma}\, \underset{3}{\dot{\gamma}}_{\mu\nu} - \underset{3}{\beta}_{\mu}\, p_{\nu} - \underset{3}{\beta}_{\nu}\, p_{\mu}\right) = 0 \tag{8.45a}$$

folgt.

Somit ist wieder eine vollständige Induktion möglich: Sind bei Unstetigkeit bereits der Ableitungen erster Ordnung alle Koeffizienten der Sprungentwicklung für $g^{+}{}_{\mu\nu}$ bis einschließlich der Koeffizienten $\underset{m}{\gamma}_{\mu\nu}$ zeitunabhängig, so folgt aus der Zeitunabhängigkeit von $g^{-}{}_{\mu\nu}$ und der geforderten zeitlichen Periodizität von $g^{+}{}_{\mu\nu}$ auch die Zeitunabhängigkeit von $\underset{m+1}{\gamma}_{\mu\nu}$. Die nach der Zeit abgeleiteten Sprungrelationen $(m+1)$-ter Ordnung ergeben nämlich auf Grund der Voraussetzungen die 4 Gleichungen

$$\underset{m+1}{\beta}_{\mu} \equiv \underset{m+1}{\dot{\gamma}}_{\mu\varrho}\,(g^{1\varrho})_{\Sigma} - \frac{1}{2}\, p_{\mu}\,(g^{\sigma\tau})_{\Sigma}\, \underset{m+1}{\dot{\gamma}}_{\sigma\tau} = 0, \tag{8.46}$$

so daß die $\underset{m+1}{\dot{\gamma}}_{\mu\nu}$ die Form (8.35) bekommen. — In den nach der Zeit abgeleiteten Sprungrelationen $(m+2)$-ter Ordnung haben die bilinearen Terme daher die Gestalt $\sim p_{\mu}\, p_{\nu}\, \underset{1}{\gamma}^{\underline{\sigma\tau}}\, \underset{m+1}{\dot{\gamma}}_{\sigma\tau}$. Dieser Term liefert zu den Fortpflanzungsbedingungen für die $\underset{m+1}{\dot{\gamma}}_{\mu\nu}$ keinen Beitrag; mit (8.31) lauten diese Fortpflanzungsbedingungen somit

$$\underset{n+1}{\Lambda}_{,0} = \underset{n+1}{\lambda}_{,0} = 0, \qquad \text{d. i. } \underset{n+1}{\ddot{\gamma}}_{\mu\nu} = 0. \tag{8.47}$$

Da eine zeitliche Linearität der $\underset{m+1}{\gamma}_{\mu\nu}$ nicht möglich ist, muß daher für beliebiges $m \geqq 0$ gelten

$$\underset{1}{\dot{\gamma}}_{\mu\nu} = \underset{2}{\dot{\gamma}}_{\mu\nu} = \cdots = \underset{m}{\dot{\gamma}}_{\mu\nu} = \underset{m+1}{\dot{\gamma}}_{\mu\nu} = 0. \tag{8.48}$$

Hiermit haben wir unseren Satz auch für den Fall bewiesen, daß die ersten Normalableitungen von $g_{\mu\nu}$ beim Durchgang durch Σ unstetig sind. Daher gilt der in der früheren Arbeit vermutete Satz: *Es ist nicht möglich, durch mit den Einsteinschen Gleichungen* (1.1) *verträgliche Sprünge an einer zeitunabhängigen Nullfläche Σ von Art der Schwarzschildschen Fläche ein zeitunabhängiges ungestörtes Gravitationsfeld $g^-_{\mu\nu}$ an ein gestörtes Feld $g^+_{\mu\nu}$ anzuschließen, das wesentlich periodisch von der Zeit abhängt.*

§ 9. Über elementare Gravitationswellenfelder

Im folgenden wollen wir als einfaches Anwendungsbeispiel Gravitationswellenfelder mit besonderen Symmetrie-Eigenschaften konstruieren, nämlich die in Analogie zu den elementaren elektromagnetischen Wellen aus § 4 definierten *elementaren Gravitationswellenfelder*. Hierbei werden wir zunächst voraussetzen, daß diese Wellenfelder mit Wellenfronten $z = 0$ an einen ebenen Raum angrenzen. In § 10 werden wir dann sehen, daß aus den mit der Sprungreihe gebildeten $g_{\mu\nu}$ durch analytische Fortsetzung ein den ganzen V_4 erfüllendes Gravitationswellenfeld gewinnbar ist.

Elementare Gravitationswellenfelder sind physikalisch ausgezeichnete integrable *Gravitationsnullfelder*. Hierbei ist ein Gravitationsnullfeld nach LICHNEROWICZ[1]) ein Feld $g_{\mu\nu}$, dessen Riemann-Tensor $R_{\sigma\mu\nu\lambda}$ nicht überall verschwindet und zu dem ein Vektorfeld q^λ existiert derart, daß im ganzen betrachteten Bereich die Gleichungen

$$R_{\sigma\mu\nu\lambda}\, q^\lambda = 0 \tag{9.1}$$

und

$$\varepsilon^{\sigma\tau\nu\lambda}\, R_{\alpha\beta\nu\lambda}\, q_\sigma = 0 \tag{9.2}$$

gelten. Damit der Riemann-Tensor die Bedingungen (9.1) und (9.2) befriedigen kann, muß der Vektor q_ν ein Nullvektor sein. Aus (9.1) und (9.2) folgt dann, daß $R_{\sigma\mu\nu\lambda}$ die Gestalt

$$R_{\sigma\mu\nu\lambda} = \frac{1}{2}\,(\beta_{\sigma\lambda}\, q_\mu\, q_\nu + \beta_{\mu\nu}\, q_\sigma\, q_\lambda - \beta_{\sigma\nu}\, q_\mu\, q_\lambda - \beta_{\mu\lambda}\, q_\sigma\, q_\nu) \tag{9.3}$$

besitzt, wobei der Tensor $\beta_{\mu\nu} = \beta_{\nu\mu}$ die 3 Gleichungen

$$q_\nu\, \beta_{\sigma\lambda}\, q^\lambda - q_\sigma\, \beta_{\nu\lambda}\, q^\lambda = 0 \tag{9.4}$$

erfüllt. — Die Form (9.3) von $R_{\sigma\mu\nu\lambda}$ ergibt sich sofort aus (9.2) und den Symmetrie-Eigenschaften des Riemann-Tensors. Mit (9.3) liefert die Bedingung (9.1) sowohl $q^\lambda q_\lambda = 0$ als auch die Gleichungen (9.4). — Da $g_{\mu\nu}$ den Einsteinschen Gleichungen (1.1) genügen soll, muß $R_{\mu\nu}$ überall verschwinden. Daher treten

[1]) LICHNEROWICZ l. c., Anm. p. 5.

anstelle der 3 Gleichungen (9.4) die 4 Gleichungen

$$\beta_{\sigma\lambda} q^\lambda = \frac{1}{2} q_\sigma g^{\mu\nu} \beta_{\mu\nu}. \tag{9.5}$$

Aus dem Theorem von BRINKMANN[1]) über konforme Krümmungstensoren und den Sprungrelationen (5.20) entnimmt man, daß die Gleichungen (1.1), (9.1) und (9.2) nicht unabhängig voneinander sind. (1.1) und (9.1) bedingen gemäß BRINKMANNs Theorem zusammen die Erfüllung von (9.2). Gilt umgekehrt (1.1) und (9.2), so folgt aus (5.20) sofort $q^\nu q_\nu = 0$ und weiter (9.5). — (1.1) ist zusammen mit (9.1) oder (9.2) notwendig und hinreichend dafür, daß der V_4 ein spezieller Einstein-Raum vom Petrowschen Typ II mit den Eigenwerten Null ist.[2])[3]) Aus den Bianchi-Identitäten folgt noch, daß die Weltlinien des Vektors q_σ notwendig Geodäten sind.

Das durch (1.1) und (9.1) bzw. (9.3) definierte Nullfeld ist ein elementares Wellenfeld, wenn durch die Kongruenz der Trajektorien von q_μ eine Schar von Nullhyperflächen definiert wird, die als Wellen- oder Phasenflächen des Wellenfeldes zu deuten sind. Das heißt, der Nullvektor q_μ aus (9.3) soll der Wellenvektor eines Wellenfeldes sein, es soll also eine Schar von physikalisch ausgezeichneten Nullflächen $z = \text{const}$ existieren, die die Wellen- oder Phasenflächen des betrachteten Gravitationswellenfeldes sind und deren Normalvektor q_μ ist. — Im folgenden behandeln wir ein gravitatives Störungsfeld $g^+{}_{\mu\nu} - g^-{}_{\mu\nu+}$, das sich in einem ebenen V^- ausbreitet. Bringen wir dann die Metrik des V^- auf die Minkowskische Form, setzen also $g^-{}_{\mu\nu} = g^-{}_{\mu\nu+} = \eta_{\mu\nu}$, so haben wir analoge Verhältnisse wie bei den sich in einem feldfreien Minkowski-Raum ausbreitenden elementaren elektromagnetischen Wellen aus § 4: Die Wellenflächen des betrachteten Feldes entstehen aus der Wellenfront Σ durch Translation längs den Minkowskischen Zeitkoordinatenlinien und wir können die Wellenflächenschar wieder in der Form (2.21) schreiben.

Für ein sich in einem ebenen V^- ausbreitendes elementares gravitatives Wellenfeld mit q_μ als Ausbreitungsvektor ist somit zu fordern, daß nachdem $g^-{}_{\mu\nu}$ auf die Form $\eta_{\mu\nu}$ gebracht worden ist, die zeitliche Konstanz von $q_\mu \equiv z_{,\mu}$ erreicht werden kann, daß also $\frac{\partial}{\partial x^0} q_\mu = \frac{\partial}{\partial x^0} p_\mu$ gilt.[4]) — Mit (2.22a) folgt hieraus $\frac{\partial}{\partial z} q_\mu = 0$; daher ergibt die Taylor-Entwicklung der linken Seite von (9.3) nach den Wellenflächen die zu (4.20) analoge Reihe

$$R_{\sigma\mu\nu\lambda} = \frac{1}{2} \sum_{l \geq 1} \frac{1}{l!} (\underset{l}{\beta_{\sigma\lambda}} p_\mu p_\nu + \underset{l}{\beta_{\mu\nu}} p_\sigma p_\lambda - \underset{l}{\beta_{\sigma\nu}} p_\mu p_\lambda - \underset{l}{\beta_{\mu\lambda}} p_\sigma p_\nu) z^l. \tag{9.6}$$

Fordern wir umgekehrt die Gültigkeit von (9.6), so folgt aus (1.1), daß die Hyperflächen $z = \text{const}$ notwendig Nullflächen sind.

---

[1]) H. W. BRINKMANN, Math. Ann. **91** (1924) 269.

[2]) A. Z. PETROW, Uc. zap. Kazansk. Univ. **114** (1954) 55.

[3]) L. BEL, Compt. Rend. Acad. Sci. Paris **247** (1958) 1094, 2096; **248** (1959) 1297, 2561; R. K. SACHS, l. c. Anmerkung p. 43.

[4]) Man beachte, daß x^0 die Minkowskische Zeitkoordinate sein muß.

Die Gleichung der Wellenfront $z = 0$, mit der das Wellenfeld an den Minkowskischen V^- angrenzt, hat die explizite Form

$$z(x^\nu) \equiv x^0 + f(x^i) = 0. \tag{9.7}$$

Der Normalvektor p_μ von (9.7) erfüllt die Gleichungen (2.21b, c) und die aus der Fläche herausführende Richtung d_μ ist gemäß (2.22) durch $d_\mu = \delta_\mu{}^0$ gegeben. Auch ω_μ und $\overline{\omega}_\mu$ können wir nach § 2 als nicht explizit von x^0 und somit von z abhängig einführen.

Mit Hilfe dieses Vierbeinfeldes können wir die in § 7 eingeführten Fortsetzungsvorschriften für die Sprungkoeffizienten $\underset{n+k}{\gamma_{\mu\nu}}$ in den Bereich $z > 0$ einfach dadurch erfüllen, daß wir die $\underset{n+k}{\gamma_{\mu\nu}}$ so definieren, daß sie nicht explizit von z abhängen. — In der Tat, wählen wir etwa das Koordinatensystem im V^+ so, daß (7.7c) erfüllt ist, so läßt sich die z-Unabhängigkeit dadurch erreichen, daß alle Skalare $\underset{n+k}{E}$ und $\underset{n+k}{\delta}$ als nicht explizit von x^0 abhängig gewählt werden. — Auf Grund dieser Voraussetzungen wird die Reihe (5.1) für $g^+{}_{\mu\nu}$ zu einer Taylor-Reihe nach steigenden Potenzen von z:

$$\begin{aligned} g^+{}_{\mu\nu} &= \eta_{\mu\nu} + \frac{1}{n!}\underset{n}{\gamma_{\mu\nu}} z^n + \cdots + \frac{1}{(n+k)!}\underset{n+k}{\gamma_{\mu\nu}} z^{n+k} + \cdots \\ &= \eta_{\mu\nu} + \frac{1}{n!}\left[\frac{\partial^n}{\partial z^n} g_{\mu\nu}\right] z^n + \cdots + \frac{1}{(n+k)!}\left[\frac{\partial^{n+k}}{\partial z^{n+k}} g_{\mu\nu}\right] z^{n+k} + \cdots, \end{aligned} \tag{9.8}$$

wobei ist

$$\underset{n+k}{\gamma_{\mu\nu,\tau}}\, d_-^\tau = \underset{n+k}{\gamma_{\mu\nu,0}} = 0. \tag{9.8a}$$

Mit (9.8) erhalten wir für den Riemann-Tensor $R^+{}_{\sigma\mu\nu\lambda}$ eine für $z \geqq 0$ geltende Taylor-Reihe in bezug auf z. Indem wir, um einen konkreten Fall zu betrachten, zunächst $n = 2$ annehmen, können wir die ersten Terme dieser Reihe explizit schreiben:

$$\begin{aligned} R^+{}_{\sigma\mu\nu\lambda} &= [R_{\sigma\mu\nu\lambda}] + \left[\frac{\partial}{\partial z} R_{\sigma\mu\nu\lambda}\right] z + \frac{1}{2!}\left[\frac{\partial^2}{\partial z^2} R_{\sigma\mu\nu\lambda}\right] z^2 + \cdots \frac{1}{l!}\left[\frac{\partial^l}{\partial z^l} R_{\sigma\mu\nu\lambda}\right] z^l + \cdots \\ &= \frac{1}{2}\big(\underset{2}{\gamma_{\sigma\lambda}} p_\mu p_\nu + \underset{2}{\gamma_{\mu\nu}} p_\sigma p_\lambda - \underset{2}{\gamma_{\sigma\nu}} p_\mu p_\lambda - \underset{2}{\gamma_{\mu\lambda}} p_\sigma p_\nu\big) \\ &+ \frac{1}{2}\big(\underset{2}{\gamma_{\sigma\lambda,\mu}} p_\nu + \underset{2}{\gamma_{\sigma\lambda,\nu}} p_\mu + \underset{2}{\gamma_{\sigma\lambda}} p_{\mu,\nu} + \underset{2}{\gamma_{\mu\nu,\sigma}} p_\lambda + \underset{2}{\gamma_{\mu\nu,\lambda}} p_\sigma + \underset{2}{\gamma_{\mu\nu}} p_{\sigma,\lambda} \\ &- \underset{2}{\gamma_{\sigma\nu,\mu}} p_\lambda - \underset{2}{\gamma_{\sigma\nu,\lambda}} p_\mu - \underset{2}{\gamma_{\sigma\nu}} p_{\lambda,\mu} - \underset{2}{\gamma_{\mu\lambda,\sigma}} p_\nu - \underset{2}{\gamma_{\mu\lambda,\nu}} p_\sigma - \underset{2}{\gamma_{\mu\lambda}} p_{\sigma,\nu} \\ &+ \underset{3}{\gamma_{\lambda\sigma}} p_\mu p_\nu + \underset{3}{\gamma_{\mu\nu}} p_\sigma p_\lambda - \underset{3}{\gamma_{\sigma\nu}} p_\mu p_\lambda - \underset{3}{\gamma_{\mu\lambda}} p_\sigma p_\nu\big) z + \cdots. \end{aligned} \tag{9.9}$$

In Analogie zu den entsprechenden Rechnungen von § 4 zeigen wir zunächst, daß der durch die Sprungrelationen (1.5) und die Entwicklung (9.9) bestimmte Tensor $R^{+}{}_{\sigma\mu\nu\lambda}$ im allgemeinen nicht die Bedingungen (9.1) befriedigt und somit für $z > 0$ im allgemeinen kein Tensor vom Petrowschen Typ II, 0 ist. Aus (9.1) und (1.1) folgt nämlich

$$R^{\alpha\beta\mu\nu}\, R_{\alpha\beta\sigma\tau} = 0. \tag{9.10}$$

(9.9) und (9.10) liefern Sprungbedingungen, die neben den Sprungrelationen (1.5) zu erfüllen sind. Aus der Regel (3.42) für die Sprünge von Produkten und dem identischen Verschwinden von $R^{-}{}_{\sigma\mu\nu\lambda}$ folgt

$$[R^{\alpha\beta\mu\nu}]\,[R_{\alpha\beta\sigma\tau}] = 0, \tag{9.11 a}$$

$$[R^{\alpha\beta\mu\nu}]\left[\frac{\partial}{\partial z}\, R_{\alpha\beta\sigma\tau}\right] = 0 \text{ usf.} \tag{9.11 b}$$

Wir gehen in (9.11 a) mit dem aus (9.9) folgenden Ausdruck für $[R_{\sigma\mu\nu\lambda}]$ ein und sehen, daß (9.11 a) auf Grund der Sprungrelationen (5.21) identisch erfüllt ist. Die mit den Einsteinschen Gleichungen (1.1) verträglichen Sprünge der niedrigsten unstetigen Ableitungen von $R_{\sigma\mu\nu\lambda}$ sind also — wie bekannt[1]) — von selbst Tensoren vom algebraischen Typ II, 0.

Hingegen führen die aus (1.1) folgenden Sprungrelationen zweiter und dritter Ordnung nicht mehr zur identischen Erfüllung von (9.11 b). Durch eine Rechnung analog derjenigen in § 4 finden wir, daß wegen (9.8 a), (5.24) und (5.25) die Sprungbedingung (9.11 b) genau dann erfüllt ist, wenn mit $v_\alpha \underset{-}{p^{\alpha}} = v_\alpha \underset{-}{d^{\alpha}} = 0$ gilt:

$$\underset{2}{\gamma_{\alpha}}\underset{-}{{}^{\beta}}\,(\underset{2}{\gamma_{\beta\mu,\nu}} - \underset{2}{\gamma_{\beta\nu,\mu}}) = \frac{1}{i}\, v_\alpha\, (\overline{\omega}_\mu\, \omega_\nu - \overline{\omega}_\nu\, \omega_\mu). \tag{9.12}$$

Kombiniert man (9.12) mit den aus den Sprungrelationen dritter Ordnung (6.2) folgenden Fortpflanzungsgesetzen (6.12), so sieht man, daß diese Gleichungen wieder nur dann kompatibel sind, wenn die Sprungfläche $z = 0$ die Bedingungen (4.18) befriedigt. Ferner führt (9.12) zusammen mit (6.12) nur dann zu keiner zusätzlichen algebraischen Bedingung für die $\underset{2}{\gamma_{\mu\nu}}$, wenn die Sprungfläche die Bedingung (4.19) befriedigt.[2])

---

[1]) Siehe F. A. E. Pirani, Phys. Rev. **105** (1957) 1089.

[2]) Man prüft hingegen leicht, daß für $n = 2$ der Sprung $\left[\frac{\partial}{\partial z}\, R_{\sigma\mu\nu\lambda}\right]$ und allgemeiner $\left[\frac{\partial^{n-1}}{\partial z^{n-1}}\, R_{\sigma\mu\nu\lambda}\right]$ vom Petrowschen Typ II ist (bzw. bei Entartung vom Typ I, entartet, III oder II, 0). In einem lokal in bezug auf $g^{-}{}_{\mu\nu}$ normalen geodätischen Koordinatensystem folgt $\left[\frac{\partial}{\partial z}\, R_{\sigma\mu\nu\lambda}\right]$ sofort durch Ableitung von (9.9) nach z. Durch anschließendes Überschieben mit $p^\sigma p^\lambda$ folgt dann, daß

$$\left[\frac{\partial}{\partial z}\, R_{\sigma\mu\nu\lambda}\right] p^\sigma p^\lambda = A\, p_\mu\, p_\nu \tag{*}$$

Sind (4.18) bzw. (4.19) erfüllt, so liefern die aus (9.9) folgenden Sprungrelationen höherer Ordnung Differentialgleichungen erster Ordnung zwischen den $\underset{2+k}{{}_H\gamma_{\mu\nu}}$. Die Lösbarkeit dieser Gleichungen erfordert im allgemeinen eine bestimmte Abhängigkeit dieser $\underset{2+k}{{}_H\gamma_{\mu\nu}}$ von den Koordinaten der zu den Bicharakteristiken orthogonalen Unterräume V_2.

Hier interessieren wir uns für elementare Wellenfelder mit dem zeitlich konstanten Wellenvektor $q_\nu = (p_\nu)_\Sigma$, die mit einer Stoßwelle (9.7) an den Minkowskischen V^- angrenzen. Um die für diesen Fall aus (9.3) folgenden Sprungrelationen zu erhalten, ersetzen wir in der Reihe (9.6) die Polynome von z durch die entsprechenden Sprungfunktionen (1.3). Im Bereich $z = 0$ hat dann $R^+{}_{\sigma\mu\nu\lambda}$ die Form (9.3); für $z < 0$ gilt $R^-{}_{\sigma\mu\nu\lambda} = 0$.

Gemäß den Beziehungen zwischen den Einsteinschen Gleichungen (1.1) und den Bedingungen (9.1) und (9.2) reicht es zur Bestimmung eines elementaren Wellenfeldes aus, außer den Sprungrelationen (1.5) die Erfüllung der nun aus (9.6) folgenden Sprungrelationen

$$2\left[\frac{\partial^l}{\partial z^l} R_{\sigma\mu\nu\lambda}\right] = \underset{l}{\beta_{\mu\nu}}\, p_\sigma p_\lambda + \underset{l}{\beta_{\sigma\lambda}}\, p_\mu p_\nu - \underset{l}{\beta_{\sigma\nu}}\, p_\mu p_\lambda - \underset{l}{\beta_{\mu\lambda}}\, p_\sigma p_\nu \qquad (9.13)$$

$$\text{mit} \quad \underset{l}{\beta_{\mu\nu}} = \left[\frac{\partial^l}{\partial z^l} \beta_{\mu\nu}\right]$$

für beliebiges $l \geqq 0$ zu fordern. Insbesondere garantiert die Erfüllung der Sprungrelationen (1.5) und (9.13), daß die Flächen $z = \text{const} \geqq 0$ isotrope Flächen des V^+ sind, was wir auch unten durch das Ergebnis unserer Rechnung verifizieren werden.

Vergleichen wir (9.9) und (9.13) für $l = 0$, so sehen wir, daß (bis auf forttransformierbare Größen) einfach gilt $\underset{2}{\gamma_{\mu\nu}} = \underset{2}{\beta_{\mu\nu}}$; hierbei gehorcht $\underset{2}{\gamma_{\mu\nu}}$ den Sprungrelationen (5.21) und der Koordinatenbedingung (5.24).[1] — Hingegen erfüllt $\left[\frac{\partial}{\partial z} R_{\sigma\mu\nu\lambda}\right]$ im allgemeinen nicht die Sprungbedingung (9.13). Damit (9.13) für

als Folge der Sprungrelationen (5.21) und (6.11) gilt. Ferner findet als Folge von (5.26) und (2.19)

$$\varepsilon^{\sigma\mu\alpha\beta}\left[\frac{\partial}{\partial z} R_{\sigma\mu\nu\tau}\right] p^\tau p_\alpha = B p^\beta p_\nu \qquad (**)$$

wenn man beachtet, daß $\varepsilon^{\sigma\mu\alpha\beta}\gamma_{\mu\nu;\sigma}\, p^\nu p_\beta \sim \varepsilon^{\sigma\mu\alpha\beta}\omega_\sigma\overline{\omega}_\mu p_\beta \sim p^\alpha$ ist. — (*) und (**) bedeuten zusammen, daß $\left[\frac{\partial}{\partial z} R_{\sigma\mu\nu\lambda}\right]$ ein Tensor vom Typ II (oder vom spezielleren Typ) ist (s. etwa Bel, l. c., Fußnote p. 134).

[1] Gemäß § 7 bedeutet $\underset{n+k}{a_\mu} = 0$ hier, daß die Koordinaten im V^+ die analytische Fortsetzung der pseudocartesischen Koordinaten des Minkowskischen V^- sind. Die x^0-Linien sind also, wie verlangt, auch im V^+ die Koordinatenlinien der Minkowskischen Zeit.

$l = 1$ befriedigt ist, muß mit $\underset{3}{\alpha}_{\mu\nu} \equiv \underset{3}{\beta}_{\mu\nu} - \underset{3}{\gamma}_{\mu\nu}$ gelten:

$$\underset{2}{\gamma}_{\sigma\lambda,\mu}\, p_\nu + \underset{2}{\gamma}_{\sigma\lambda,\nu}\, p_\mu + \underset{2}{\gamma}_{\sigma\lambda}\, p_{\mu,\nu} + \underset{2}{\gamma}_{\mu\nu,\sigma}\, p_\lambda + \underset{2}{\gamma}_{\mu\nu,\lambda}\, p_\sigma + \underset{2}{\gamma}_{\mu\nu}\, p_{\sigma,\lambda} - \underset{2}{\gamma}_{\sigma\nu,\mu}\, p_\lambda$$
$$- \underset{2}{\gamma}_{\sigma\nu,\lambda}\, p_\mu - \underset{2}{\gamma}_{\sigma\nu}\, p_{\lambda,\mu} - \underset{2}{\gamma}_{\mu\lambda,\nu}\, p_\sigma - \underset{2}{\gamma}_{\mu\lambda,\sigma}\, p_\nu - \underset{2}{\gamma}_{\mu\lambda}\, p_{\sigma,\nu}$$
$$= \underset{3}{\alpha}_{\mu\nu}\, p_\sigma p_\lambda + \underset{3}{\alpha}_{\lambda\sigma}\, p_\mu p_\nu - \underset{3}{\alpha}_{\sigma\nu}\, p_\mu p_\lambda - \underset{3}{\alpha}_{\mu\lambda}\, p_\sigma p_\nu \,. \tag{9.14}$$

Überschieben wir nun (9.14) mit d^{μ}_{-} und d^{ν}_{-}, so bekommen wir wegen (9.8a), (5.24) und (2.21)

$$\underset{3}{\alpha}_{\lambda\sigma} = - p_\sigma p_\lambda d^{\mu}_{-} d^{\nu}_{-} \underset{3}{\alpha}_{\mu\nu} + p_\lambda \underset{3}{\alpha}_{\sigma\mu} d^{\mu}_{-} + p_\sigma \underset{3}{\alpha}_{\lambda\mu} d^{\mu}_{-}. \tag{9.15}$$

Geht man mit (9.15) in die rechte Seite von (9.14) ein, so verschwindet diese identisch; daher muß die linke Seite von (9.14) gleich Null sein. Berücksichtigt man dies, so folgt durch Überschieben von (9.14) mit d^{μ}_{-}

$$\underset{2}{\gamma}_{\sigma\lambda,\nu} - \underset{2}{\gamma}_{\sigma\nu,\lambda} = 0 \tag{9.16}$$

und hieraus (am einfachsten durch Überschieben mit den 4 konstanten Vektoren $\delta^{\sigma}{}_{(\mu)}$)

$$\underset{2}{\gamma}_{\mu\lambda} = \underset{2}{S}_{\mu,\lambda}. \tag{9.16a}$$

Aus (9.16a) ergibt sich wegen $\underset{2}{\gamma}_{\sigma\lambda} = \underset{2}{\gamma}_{\lambda\sigma}$ die Existenz eines Skalars $\underset{2}{S}$ derart, daß

$$\underset{2}{\gamma}_{\sigma\lambda} = \underset{2}{S}_{,\sigma\lambda} \tag{9.17}$$

gilt. Für diesen Skalar $\underset{2}{S}$ folgen aus (5.24) und (5.25) noch die Bedingungen

$$\underset{2}{S}_{,\sigma\lambda}\, p^{\lambda}_{-} = \underset{2}{S}_{,\sigma\lambda}\, d^{\lambda}_{-} = \underset{2}{S}_{,\sigma 0} = 0 \quad \text{bzw.} \quad \underset{2}{S}_{,\sigma\lambda}\, p^{\sigma}_{-} = \underset{2}{S}_{,\sigma\lambda}\, d^{\sigma}_{-} = 0. \tag{9.17a}$$

(9.17a) steht in Übereinstimmung mit der durch (9.8a) geforderten z-Unabhängigkeit der $\underset{2}{\gamma}_{\mu\nu}$ und verschärft diese Bedingung.

Weiter folgt aus (5.25) zusammen mit (9.17) und (9.17a)

$$\underset{2}{\gamma}_{\tau}{}^{\tau}_{-} = \underset{2}{S}_{,k}{}^{k}_{-} = \Delta \underset{2}{S} = 0 \tag{9.18a}$$

und hieraus erst recht

$$\Delta \underset{2}{S}_{,i} = 0 \quad \text{und} \quad \Delta \underset{2}{S}_{,ik} = 0. \tag{9.18}$$

$\underset{2}{S}$ und erst recht $\underset{2}{S}_{,i}$ müssen also gewöhnliche dreidimensionale Laplace-Gleichungen befriedigen, wobei aus (9.17a) noch folgt, daß die zeitlich konstanten

$\underset{2}{S}_{,i}$ auch längs einer Bicharakteristik konstant sind, so daß $\underset{2}{S}_{,i}$ nur von den auf den Hyperflächen $z = \text{const}$ verlaufenden Koordinaten abhängen kann.

Gehen wir mit (9.15) und (9.17) in (9.14) ein, so erhalten wir schließlich

$$\underset{2}{\gamma}_{\mu\nu} p_{\sigma,\lambda} + \underset{2}{\gamma}_{\sigma\lambda} p_{\mu,\nu} - \underset{2}{\gamma}_{\sigma\nu} p_{\lambda,\mu} - \underset{2}{\gamma}_{\mu\lambda} p_{\sigma,\nu}$$
$$\equiv \underset{2}{S}_{,\mu\nu} z_{,\sigma\lambda} + \underset{2}{S}_{,\sigma\lambda} z_{,\mu\nu} - \underset{2}{S}_{,\sigma\nu} z_{,\lambda\mu} - \underset{2}{S}_{,\mu\lambda} z_{,\sigma\nu} = 0. \tag{9.19}$$

Durch Überschieben von (9.19) mit $\eta^{\mu\nu}$ erhalten wir mit (9.18), (9.17) und (9.17a)

$$2\,\underset{2}{S}_{,ikl}\, p^{\underline{l}} + \underset{2}{S}_{,ik}\, p^{\underline{l}}{}_{,l} = 0. \tag{9.19a}$$

Wegen (9.17) ist (9.19a) mit der Fortpflanzungsbedingung (6.12) identisch. — (9.19) enthält scheinbar mehr Gleichungen als (9.19a). Man kann aber sehen, daß (9.19a) genau dann erfüllt ist, wenn außer (9.17) (9.17a) und (9.18a) überall befriedigt sind.

Dementsprechend behandeln wir die Gleichungen (9.17), (9.17a), (9.18a) und (9.19) auf analoge Weise wie die Gleichungen (4.31), (4.32), (4.34) und (4.36). Fordern wir, daß die $\underset{2}{\gamma}_{\mu\nu}$ im Unendlichen regulär sind, so ist die einzige Lösung von (9.18), bei der die $\underset{2}{\gamma}_{\mu\nu}$ auch im Endlichen regulär sind,

$$\underset{2}{S} = \frac{1}{2}\, \underset{2}{k}_{ik}\, x^i x^k + \text{unwesentliche lineare Terme} \tag{9.20a}$$

und somit

$$\underset{2}{\gamma}_{ik} = \underset{2}{k}_{ik} = \text{const}, \qquad \underset{2}{\gamma}_{\mu 0} = 0 \tag{9.20}$$

mit

$$\underset{2}{k}_{ik}\, p^k = 0, \qquad \underset{2}{k}_i{}^{\underline{i}} = 0. \tag{9.20b}$$

Mit (9.20) folgt aus (9.19a) sofort $p^{\underline{\tau}}{}_{,\tau} = 0$. Zusammen mit (2.21) bedeutet dies gemäß § 4, daß die Flächen $z = \text{const}$ Minkowskische Hyperebenen sind, so daß gilt

$$z = x^0 + p_i x^i = \text{const} \tag{9.21}$$
$$\text{mit} \quad p_i = \text{const} \quad \text{und} \quad p_i\, p^{\underline{i}} = -1.$$

Nach einer räumlichen Drehung des Koordinatensystems können wir die Flächen $z = \text{const}$ etwa schreiben

$$z = x^0 + x^1 = \text{const}. \tag{9.21a}$$

Alle anderen im Unendlichen regulären $\underset{2}{\gamma}_{\mu\nu}$ besitzen Singularitäten im Endlichen, die aus physikalischen Gründen polartig sein müssen. Aus (9.17a) folgt dann, daß diese Pole zeitunabhängig sind und daß $\underset{2}{S}{}_{,i}$ längs einer Bicharakteristik singulär ist, wenn dies für einen Punkt der betreffenden Nullgeodäten zutrifft. Entsprechend der Diskussion zu Abb. 1 in § 4 bedeuten alle Lösungen (9.18), bei denen im Endlichen Pole von $\underset{2}{S}$ liegen, die Existenz von Feldquellen des Gravitationsfeldes. Diese Feldquellen liegen auf allen Wellenflächen $z = \text{const} \geqq 0$, für die die Entwicklung (9.8) gilt; ihre Weltlinien sind Nullgeodäten. Das $g^{+}{}_{\mu\nu}$-Feld ist jetzt kein reines Strahlungsfeld, sondern das Feld von mit Lichtgeschwindigkeit bewegten Massenpolen, die für $z > 0$ zu allen Zeiten längs Kurven des dreidimensionalen Raums liegen.

In der Tat besitzt $\underset{2}{S}$ im Endlichen einen Pol, so gilt gemäß (9.17) und (9.18a) $\underset{2}{\gamma}{}^{\underline{i}}{}_{i} = 0$ überall mit Ausnahme derjenigen Bicharakteristiken, auf denen die Singularitäten des $\underset{2}{S}$-Feldes liegen. Auf diesen Nullgeraden ist $\underset{2}{\gamma}{}^{\underline{i}}{}_{i}$ proportional einer delta-artigen Funktion. Gehen wir also mit (9.17a) und (9.18a) in die Sprungrelationen (5.21) ein, so finden wir, daß (5.21) auf der ganzen Sprungfläche $z = 0$ identisch erfüllt ist, ausgenommen wieder diejenigen Bicharakteristiken der Sprungfläche, auf denen die Singularitäten von $\underset{2}{S}$ liegen.

Wir nehmen z. B. an, daß auf $z = 0$ nur eine einen Pol tragende Bicharakteristik verläuft. Diese ist eine Minkowskische Nullgerade, welche durch $z = 0$ und $x^2 = x^3 = 0$ beschrieben werden kann. Aus (5.21) folgt so, daß mit konstantem Nullvektor $l_\mu = \{1, 1, 0, 0\} = p_\mu\,(x^2 = 0,\ x^3 = 0)$ gilt

$$\frac{1}{2}\, p_\mu p_\nu \underset{2}{\gamma}{}_{i}{}^{\underline{i}} = \frac{1}{2}\, \Delta \underset{2}{S}\, l_\mu l_\nu . \tag{9.22}$$

Gemäß (9.22) existiert in dem betrachteten Bereich $z \geqq 0$ eine singuläre Materieverteilung der Form

$$\underset{2}{T}{}_{\mu\nu} = \frac{1}{2}\, \Delta \underset{2}{S}\, \underset{0}{h}(z)\, l_\mu l_\nu . \tag{9.23}$$

Aus der Bianchi-Identität folgt, daß (im gewählten Koordinatensystem) die Sprungrelation $[\underset{2}{T}{}_{\mu}{}^{\underline{\nu}}{}_{,\nu}] = 0$ gilt. Aus ihr ergibt sich die Erhaltung der „Polstärke" $\Delta \underset{2}{S}$ längs der Nullgeodäten mit $x^2 = x^3 = 0$:

$$\underset{2}{T}{}_{\mu}{}^{\underline{\nu}}{}_{,\nu} = \frac{1}{2}\, (\Delta \underset{2}{S})_{,\nu}\, l^{\underline{\nu}}\, l_\mu = 0 . \tag{9.24}$$

Die Singularitäten von $\underset{2}{S}$ sind also längs ihrer Weltlinien konstant.[1])

---

[1]) Sind sowohl im V^- als im V^+ die Einsteinschen Gleichungen singularitätsfrei befriedigt und sind an Σ die $g_{\mu\nu}$ und ihre ersten Ableitungen stetig, so sind die Sprungrelationen zweiter und höherer Ordnung von selbst erfüllt. Liegen hingegen Singularitäten des $g^{+}{}_{\mu\nu}$-Feldes

(9.17), (9.17a), (9.18) und (9.19a) führen zusammen mit (9.24) zu denselben Aussagen über die geometrische Natur der isotropen Hyperflächen $z = \text{const}$, wie sie im Anhang zu § 4 hergeleitet worden sind. In der Tat, überschiebt man (9.17), (9.17a), (9.18) und (9.19a) mit den konstanten Vektoren $\delta^\sigma{}_{(\mu)}$ bzw. $\delta^i{}_{(m)}$, so entstehen aus diesen Gleichungen solche von der Form der Gleichungen in § 4. Somit gilt das im Zusatz zu § 4 gewonnene Ergebnis: Ist $\underset{2}{\gamma}_{ik}$ im Unendlichen regulär, besitzt es aber im Endlichen polartige Singularitäten, so sind die isotropen Hyperflächen $z = \text{const}$ Hyperebenen (9.21) des Minkowski-Raums. Ist das Koordinatensystem insbesondere so gewählt, daß die singulären Feldquellen die Form (9.22) haben, so haben die ebenen Wellenflächen $z = \text{const}$ die Form (9.21a), und es gilt $\underset{2}{S} = \underset{2}{S}(x^2, x^3)$.

Aus den Sprungrelationen dritter Ordnung (6.2) folgt gemäß (6.17) mit (9.17) und (9.18)

$$\underset{3}{\gamma}_{\mu\nu} = {}_H\underset{3}{\gamma}_{\mu\nu}. \tag{9.25}$$

Daher gilt mit der Koordinatenbedingung (7.7c)

$$\underset{3}{\gamma}_{\mu\nu} p^\nu_- = \underset{3}{\gamma}_{\mu\nu} d^\nu_- = \underset{3}{\gamma}_{\tau}{}^{\tau}_- = 0. \qquad (9.25\,\text{a})^{1)}$$

Mit Hilfe von (9.17), (9.21), (9.25) und (9.25a) können wir sofort $\left[\frac{\partial^2}{\partial z^2} R_{\sigma\mu\nu\lambda}\right]$ berechnen (s. hierzu den Anhang zu § 9). Wir erhalten

$$\left[\frac{\partial^2}{\partial z^2} R_{\sigma\mu\nu\lambda}\right] = \frac{1}{2}\,({}_H\underset{3}{\gamma}_{\sigma\lambda,\mu}\, p_\nu + {}_H\underset{3}{\gamma}_{\sigma\lambda,\nu}\, p_\mu + {}_H\underset{3}{\gamma}_{\mu\nu,\sigma}\, p_\lambda + {}_H\underset{3}{\gamma}_{\mu\nu,\lambda}\, p_\sigma$$
$$- {}_H\underset{3}{\gamma}_{\sigma\nu,\mu}\, p_\lambda - {}_H\underset{3}{\gamma}_{\sigma\nu,\lambda}\, p_\mu - {}_H\underset{3}{\gamma}_{\mu\lambda,\sigma}\, p_\nu - {}_H\underset{3}{\gamma}_{\mu\lambda,\nu}\, p_\sigma$$

---

entweder auf der Wellenfront $z = 0$ oder auf den zu der Wellenfront infinitesimal benachbarten Wellenflächen $z = \varepsilon > 0$, so liefert die dynamische Gleichung $T^{\mu\nu}{}_{;\nu} = 0$ Sprungbedingungen, die nicht von selbst erfüllt sind. Für die Anschließbarkeit der Felder im V^- und im V^+ ist es dann notwendig und hinreichend, daß die Feldsingularitäten so beschaffen sind, daß die aus der dynamischen Gleichung folgenden Sprungrelationen zu Identitäten werden.

[1]) ${}_I\underset{3}{\gamma}_{\mu\nu} = 0$ ist eine Konsequenz der Sprungrelationen dritter Ordnung, die ersichtlich unabhängig von der Koordinatenbedingung für $\underset{2}{\gamma}_{\mu\nu}$ ist, Daher gilt (9.25) auch dann auf der ganzen Sprungfläche Σ, wenn $\underset{2}{S}$ Singularitäten besitzt. — In der Tat benutzen wir anstatt der mit Hilfe von (5.24) und $\underset{2}{\gamma}_{\tau}{}^{\tau}_- = 0$ vereinfachten Form (6.2) die allgemeine Form der Sprungrelationen dritter Ordnung, die sich durch Nullsetzen von (5.13) ergibt und gehen in diese Gleichungen mit (9.17) und (9.21) ein, so erhalten wir für $\underset{3}{\gamma}_{\mu\nu}$ die Gleichung

$$\underset{3}{\gamma}_{\mu\nu} p^\tau_- - \frac{1}{2}\, p_\mu \underset{3}{\gamma}_{\tau}{}^{\tau}_- = 0.$$

$$+ \underset{4}{\gamma}_{\lambda\sigma} p_\mu p_\nu + \underset{4}{\gamma}_{\mu\nu} p_\sigma p_\lambda - \underset{4}{\gamma}_{\sigma\nu} p_\mu p_\lambda - \underset{4}{\gamma}_{\mu\lambda} p_\sigma p_\nu)$$

$$+ \frac{1}{2} (p_\lambda p_\mu \underset{2}{\gamma}_{\sigma\tau} \underset{2}{\gamma}_{\nu}{}^{\tau}_{-} + p_\sigma p_\nu \underset{2}{\gamma}_{\lambda\tau} \underset{2}{\gamma}_{\mu}{}^{\tau}_{-} - p_\mu p_\nu \underset{2}{\gamma}_{\sigma\tau} \underset{2}{\gamma}_{\lambda}{}^{\tau}_{-}$$

$$- p_\sigma p_\lambda \underset{2}{\gamma}_{\mu\tau} \underset{2}{\gamma}_{\nu}{}^{\tau}_{-}) . \tag{9.26}$$

Wir wenden auf (9.26) die Sprungbedingung (9.13) (mit $l = 2$) an. Auf analoge Weise wie wir oben (9.16) bekamen, erhalten wir — unter Berücksichtigung von (9.25) und (9.25a) und der z-Unabhängigkeit der $\underset{3}{\gamma}_{\mu\nu}$ — hieraus

$$\underset{3}{\gamma}_{\mu\nu,\lambda} - \underset{3}{\gamma}_{\mu\lambda,\nu} . \tag{9.27}$$

Mit (9.25) folgt aus (9.27)

$$\underset{3}{\gamma}_{\mu\nu} = {}_H\underset{3}{\gamma}_{\mu\nu} = \underset{3}{S}_{,\mu\nu} , \tag{9.28}$$

wobei gemäß (9.25a) noch

$$\underset{3}{S}_{,\mu\nu} p^{\nu}_{-} = \underset{3}{S}_{,\mu\nu} d^{\nu}_{-} = \underset{3}{S}_{,\mu 0} = 0 \tag{9.28a}$$

gilt. Ferner folgt aus (9.25a), (9.28) und (9.28a)

$$\Delta \underset{3}{S} = 0, \quad \text{also} \quad \Delta \underset{3}{S}_{,i} = \Delta \underset{3}{S}_{,ik} = 0 . \tag{9.29}$$

Die einzige Lösung von (9.29), bei der der wesentliche Teil von $\underset{3}{\gamma}_{\mu\nu}$ und somit auch der Krümmungstensor auf den Wellenflächen $z = \text{const} > 0$ überall regulär ist, ist wieder

$$\underset{3}{\gamma}_{\mu\nu} = {}_H\underset{3}{\gamma}_{\mu\nu} = \underset{3}{k}_{\mu\nu} \quad \text{mit} \quad \underset{3}{k}_{\mu\nu} = \underset{3}{k}_{\nu\mu} = \text{const},$$

$$\underset{3}{k}_{\mu 0} = \underset{3}{k}_{\mu\nu} p^{\nu}_{-} = 0 \quad \text{und} \quad \underset{3}{k}_{\tau}{}^{\tau}_{-} = 0 . \tag{9.30}$$

Aus den Sprungrelationen vierter Ordnung (6.20) folgt mit (9.29) und (9.30), daß $\underset{4}{\gamma}_{\mu\nu}$ durch (6.38) gegeben ist; es ist

$$\underset{4}{\gamma}_{\mu\nu} = {}_H\underset{4}{\gamma}_{\mu\nu} + \eta_{\mu\nu} \underset{2}{\gamma}_{\sigma\tau} \underset{2}{\gamma}^{\sigma\tau}_{--} = {}_H\underset{4}{\gamma}_{\mu\nu} + \eta_{\mu\nu} \underset{2}{k}_{\sigma\tau} \underset{2}{k}^{\sigma\tau}_{--} \tag{9.31}$$

mit

$${}_H\underset{4}{\gamma}_{\mu\nu} p^{\nu}_{-} = {}_H\underset{4}{\gamma}_{\mu\nu} d^{\nu}_{-} = 0 \quad \text{und} \quad \underset{4}{\gamma}_{\tau}{}^{\tau}_{-} = 0 . \tag{9.31a}$$

— Die Fortpflanzungsgleichungen (6.12) und (6.31) sind identisch erfüllt.

Durch Fortsetzung dieser Rechnungen gelangen wir zu einem vollständigen Induktionsschluß, wobei wir fordern, daß der wesentliche Teil von $\underset{2+k}{\gamma}_{\mu\nu}$ auf den

Wellenflächen $z = \text{const} \geqq 0$ regulär ist, so daß keine mit Lichtgeschwindigkeit bewegte Quellen des Gravitationsfeldes existieren. — Wir entnehmen aus (9.20), (9.30) und (9.31) zusammen mit (9.20b) und (9.31a), daß für alle $m \geqq 4$ die $7m$ algebraisch unabhängigen Gleichungen

$$\underset{m}{\gamma_{\mu\nu}}\, p^{\underline{\nu}} = \underset{m}{\gamma_{\sigma\tau}}\, d^{\underline{\sigma}}\, d^{\underline{\tau}}\, p_\mu ,$$

$$\underset{m}{\gamma_{\mu\nu}}\, d^{\underline{\nu}} = \underset{m}{\gamma_{\sigma\tau}}\, d^{\underline{\sigma}}\, d^{\underline{\tau}}\, d_\mu \tag{9.32}$$

gelten. Hieraus ergibt sich, daß bis auf Terme, die mindestens $\sim z^5$ sind, gilt

$$p^\mu \equiv g^{\mu\nu}\, p_\nu = \text{Skalar}\,(z)\, p^{\underline{\mu}} \tag{9.32a}$$

und

$$d^\mu \equiv g^{\mu\nu}\, d_\nu = \text{Skalar}\,(z)\, d^{\underline{\mu}}\,. \tag{9.32b}$$

Nehmen wir nun an, daß die Bedingungen (9.32) für alle $m \leqq p$ erfüllt sind und ferner, daß ebenfalls für alle $m \leqq p$ gilt (9.23), dann sind wegen der Konstanz von p_μ die Sprungrelationen (7.5) bis einschließlich derjenigen von p-ter Ordnung erfüllt; ferner sind die Sprungrelationen (9.13) für alle $l \leqq p - 2$ befriedigt. Daß letzteres der Fall ist, folgt einfach daraus, daß die Sprünge der $(m - 1)$-ten Ableitungen von $R_{\sigma\mu\nu\lambda}$ auf Grund der Voraussetzungen über die Erfüllung von (9.32) und

$$\underset{m}{\gamma_{\mu\nu,\lambda}} = 0 \tag{9.33}$$

sowie wegen (9.21) durch Ausdrücke von der Form

$$\begin{aligned}\left[\frac{\partial^{m-1}}{\partial z^{m-1}} R_{\sigma\mu\nu\lambda}\right] = {} & \frac{1}{2}\,(\underset{m+1}{\gamma_{\mu\nu}}\, p_\sigma\, p_\lambda + \underset{m+1}{\gamma_{\sigma\lambda}}\, p_\mu\, p_\nu - \underset{m+1}{\gamma_{\nu\sigma}}\, p_\mu\, p_\lambda - \underset{m+1}{\gamma_{\mu\lambda}}\, p_\sigma\, p_\nu) \\ & + p_\mu\, p_\nu\, (\underset{m+1}{B_{\sigma\lambda}} + \underset{m+1}{B_{\lambda\sigma}}) + p_\sigma\, p_\lambda\, (\underset{m+1}{B_{\mu\nu}} + \underset{m+1}{B_{\nu\mu}}) \\ & - p_\sigma\, p_\nu\, (\underset{m+1}{B_{\mu\lambda}} + \underset{m+1}{B_{\lambda\mu}}) - p_\mu\, p_\lambda\, (\underset{m+1}{B_{\sigma\nu}} + \underset{m+1}{B_{\nu\sigma}})\end{aligned} \tag{9.34}$$

gegeben sind, wie man in Analogie zur Berechnung von (9.26) leicht einsieht. In (9.34) sind entsprechend den Überlegungen von § 7 und der Bedingung (9.33) die $\underset{m+1}{B_{\mu\nu}}$ algebraische Ausdrücke aus den $\underset{s}{\gamma_{\mu\nu}}$ (mit $s \leqq m - 1$). Die $\underset{m+1}{B_{\mu\nu}}$ sind daher selbst Konstanten und befriedigen wegen (9.32) die algebraischen Bedingungen

$$p_\tau\, (\underset{m+1}{B_{\mu\nu}} + \underset{m+1}{B_{\nu\mu}})\, p^{\underline{\nu}} - p_\mu\, (\underset{m+1}{B_{\tau\nu}} + \underset{m+1}{B_{\nu\tau}})\, p^{\underline{\nu}} = 0 \tag{9.35a}$$

und

$$d_\tau\, (\underset{m+1}{B_{\mu\nu}} + \underset{m+1}{B_{\nu\mu}})\, d^{\underline{\nu}} - d_\mu\, (\underset{m+1}{B_{\tau\nu}} + \underset{m+1}{B_{\nu\tau}})\, d^{\underline{\nu}} = 0\,. \tag{9.35b}$$

Die algebraischen Eigenschaften der $\underset{p+1}{\gamma_{\mu\nu}}$ folgen aus den Sprungrelationen $(p+1)$-ter Ordnung. Mit (9.21), (9.32) und (9.33) lauten diese entsprechend (7.5)

$$2\left[\frac{\partial^{p-1}}{\partial z^{p-1}} R_{\mu\nu}\right] = \underset{p+1}{\gamma_{\tau}^{\tau}}\, p_\mu p_\nu - \underset{p+1}{\gamma_{\nu\tau}}\, p^\tau p_\mu - \underset{p+1}{\gamma_{\mu}^{\tau}}\, p_\tau p_\nu - 2\, p_\mu p_\nu \underset{p+1}{\Theta_{\tau}^{\tau}} = 0\,, \quad (9.36)$$

wobei die $\underset{p+1}{\Theta_{\mu\nu}}$ algebraische Ausdrücke aus den Konstanten $\underset{s}{\gamma_{\mu\nu}}$ (mit $s \leqq p-1$), also selbst Konstanten sind. — (9.36) enthält nur 4 unabhängige Gleichungen; aus ihnen folgt für $\underset{p+1}{\gamma_{\mu\nu}}$ wieder ein Ausdruck von der Form (6.38), nämlich

$$\underset{p+1}{\gamma_{\mu\nu}} = \underset{p+1}{{}_H\gamma_{\mu\nu}} + \eta_{\mu\nu} \underset{p+1}{\Theta_{\tau}^{\tau}}. \quad (9.37)$$

Hierbei gehorchen die $\underset{p+1}{{}_H\gamma_{\mu\nu}}$ den Gleichungen (7.7c); es gilt also

$$\underset{p+1}{{}_H\gamma_{\mu\nu}}\, d^\nu = \underset{p+1}{{}_H\gamma_{\mu\nu}}\, p^\nu = \frac{1}{2}\, p_\mu \underset{p+1}{{}_H\gamma_{\tau}^{\tau}} = 0\,. \quad (9.37\,\mathrm{a})$$

Aus (9.33), (9.37) und (9.37a) folgt

$$\underset{p+1}{\gamma_{\mu\nu}}\, p^\nu = \underset{p+1}{\gamma_{\sigma\tau}}\, d^\sigma d^\tau p_\mu \quad (9.38\,\mathrm{a})$$

und

$$\underset{p+1}{\gamma_{\mu\nu}}\, d^\nu = \underset{p+1}{\gamma_{\sigma\tau}}\, d^\sigma d^\tau d_\mu\,. \quad (9.38\,\mathrm{b})$$

Wir bilden nun den Sprung der p-ten Ableitung von $R_{\sigma\mu\nu\lambda}$ und erhalten mit (9.37) und (9.38) wegen $\underset{p}{\gamma_{\mu\nu,\lambda}} = 0$ nach leichter Rechnung den Ausdruck

$$\begin{aligned}
2\left[\frac{\partial^{p}}{\partial z^{p}} R_{\sigma\mu\nu\lambda}\right] = {} & \underset{p+1}{\gamma_{\sigma\lambda,\mu}}\, p_\nu + \underset{p+1}{\gamma_{\sigma\lambda,\nu}}\, p_\mu + \underset{p+1}{\gamma_{\mu\nu,\sigma}}\, p_\lambda + \underset{p+1}{\gamma_{\mu\nu,\lambda}}\, p_\sigma - \underset{p+1}{\gamma_{\sigma\nu,\mu}}\, p_\lambda \\
& - \underset{p+1}{\gamma_{\sigma\nu,\lambda}}\, p_\mu - \underset{p+1}{\gamma_{\mu\lambda,\sigma}}\, p_\nu - \underset{p+1}{\gamma_{\mu\lambda,\nu}}\, p_\sigma + \underset{p+2}{\gamma_{\mu\nu}}\, p_\sigma p_\lambda + \underset{p+2}{\gamma_{\lambda\sigma}}\, p_\mu p_\nu \\
& - \underset{p+2}{\gamma_{\sigma\nu}}\, p_\mu p_\lambda - \underset{p+2}{\gamma_{\mu\lambda}}\, p_\sigma p_\nu \\
& + p_\mu p_\nu \left(\underset{p+2}{B_{\sigma\lambda}} + \underset{p+2}{B_{\lambda\sigma}}\right) + p_\sigma p_\lambda \left(\underset{p+2}{B_{\mu\nu}} + \underset{p+2}{B_{\nu\mu}}\right) \\
& - p_\sigma p_\nu \left(\underset{p+2}{B_{\mu\lambda}} + \underset{p+2}{B_{\lambda\mu}}\right) - p_\mu p_\lambda \left(\underset{p+2}{B_{\sigma\nu}} + \underset{p+2}{B_{\nu\sigma}}\right). \quad (9.39)
\end{aligned}$$

In (9.39) sind die $\underset{p+2}{B_{\mu\nu}}$ algebraische Ausdrücke aus den konstanten Koeffizienten $\underset{m}{\gamma_{\mu\nu}}$ (mit $m \leqq p$), welche die algebraischen Bedingungen

$$p_\tau \left(\underset{p+2}{B_{\mu\nu}} + \underset{p+2}{B_{\nu\mu}}\right) p^\nu - p_\mu \left(\underset{p+2}{B_{\tau\nu}} + \underset{p+2}{B_{\nu\tau}}\right) p^\nu = 0 \quad (9.40\,\mathrm{a})$$

und

$$d_\tau\,(\underset{p+2}{B_{\mu\nu}} + \underset{p+2}{B_{\nu\mu}})\,d^{\tau}_{-} - d_\mu\,(\underset{p+2}{B_{\tau\nu}} + \underset{p+2}{B_{\nu\tau}})\,d^{\nu}_{-} = 0 \tag{9.40b}$$

erfüllen.

Wir wenden nun auf den Ausdruck (9.39) die Sprungbedingung (9.13) mit $l = p$ an und erhalten hieraus die *Rotationsfreiheit* der $\underset{p+1}{\gamma_{\mu\nu}}$:

$$\underset{p+1}{\gamma_{\mu\nu,\lambda}} - \underset{p+1}{\gamma_{\mu\lambda,\nu}} = 0\,. \tag{9.41}$$

Aus (9.41) und (9.38a) folgt dann

$$\underset{p+1}{{}_H\gamma_{\mu\nu}} = \underset{p+1}{S}{}_{,\mu\nu} \tag{9.41a}$$

und somit gemäß (9.37)

$$\underset{p+1}{\gamma_{\mu\nu}} = \underset{p+1}{S}{}_{,\mu\nu} + \eta_{\mu\nu}\,\underset{p+1}{\Theta_\tau{}^{\tau}_{-}}. \tag{9.42}$$

Aus (9.41 a) und (9.37a) folgt weiter, daß gelten muß

$$\underset{p+1}{S}{}_{,\mu\nu}\,p^{\nu}_{-} = \underset{p+1}{S}{}_{,\mu\nu}\,d^{\nu}_{-} = \underset{p+1}{S}{}_{,\mu 0} = 0 \tag{9.43a}$$

und daher wegen $\underset{p+1}{{}_H\gamma_\tau{}^{\tau}_{-}} = 0$:

$$\varDelta\,\underset{p+1}{S} = 0\,, \qquad \varDelta\,\underset{p+1}{S}{}_{,i} = 0\,, \qquad \varDelta\,\underset{p+1}{S}{}_{,ik} = 0\,. \tag{9.43b}$$

Aus (9.43a, b) entnimmt man wieder: Damit die die Wellen bestimmenden Skalare $\underset{p+1}{E}$ und $\underset{p+1}{\delta}$ auf der Sprungfläche Σ und den den Σ benachbarten Wellenflächen $z \mathrel{\overset{\cdot}{=}}$ const > 0 überall regulär sind, muß gelten

$$\underset{p+1}{\gamma_{\mu\nu}} \equiv \underset{p+1}{{}_H\gamma_{\mu\nu}} + \eta_{\mu\nu}\,\underset{p+1}{\Theta_\tau{}^{\tau}_{-}} = \underset{p+1}{k_{\mu\nu}} + \eta_{\mu\nu}\,\underset{p+1}{\Theta_\tau{}^{\tau}_{-}} \tag{9.44}$$

mit

$$\underset{p+1}{k_{\mu\nu}} = \underset{p+1}{k_{\nu\mu}} = \text{const} \tag{9.44a}$$

und

$$\underset{p+1}{\Theta_\tau{}^{\tau}_{-}} = \text{const}\,. \tag{9.44b}$$

Da (9.44) zusammen mit (9.44a, b) herleitungsgemäß für beliebiges $p \geqq 2$ gilt, folgt aus (9.44) insbesondere, daß alle Koeffizienten $\underset{2+k}{\gamma_{\mu\nu}}$ in der Entwicklung (9.8) Konstanten sind.

Wir sehen so, daß ein sich in einem ebenen Raum ausbreitendes elementares Gravitationswellenfeld mit den Wellenflächen $z =$ const, auf denen keine singulären Feldquellen liegen, in einem geeigneten Koodinatensystem in der Form

$$g_{\mu\nu} = \eta_{\mu\nu} + \sum_{l \geq 0} \underset{2+l}{\gamma_{\mu\nu}^{\pi}} \underset{2+l}{h}(p_\tau x^\tau) \tag{9.45}$$

$$\text{mit } p_\tau = \text{const} \qquad \text{und} \qquad p_\tau p^\tau = 0$$

dargestellt werden kann. In (9.45) sind die $\underset{2+l}{h}(p_\tau x^\tau)$ die entsprechend (1.3) definierten Sprungfunktionen

$$\underset{2+l}{h}(p_\tau x^\tau) = \begin{cases} 0 & \text{für } p_\tau x^\tau < 0 \\ \dfrac{1}{(2+l)!} (p_\tau x^\tau)^{2+l} & \text{für } p_\tau x^\tau \geqq 0 \,. \end{cases} \tag{9.46}$$

Die Entwicklungskoeffizienten $\underset{2+l}{\gamma_{\mu\nu}}$ sind Konstanten, deren allgemeine Form gemäß (9.44) und (9.44a, b) durch

$$\underset{2+l}{\gamma_{\mu\nu}} = \underset{2+l}{\pi} \underset{2+l}{\bar{\pi}_\nu} + \underset{2+l}{\bar{\pi}_\mu} \underset{2+l}{\pi_\nu} + \eta_{\mu\nu} \underset{2+l}{\Theta_\tau{}^\tau} \tag{9.47}$$

gegeben ist. Hierbei sind die konstanten Vektoren $\underset{2+l}{\pi_\mu}$ und $\underset{2+l}{\bar{\pi}_\mu}$ analog (5.23a, b) definiert und hängen von je 2 als Konstante einführbaren Skalaren $\underset{2+l}{E}$ und $\underset{2+l}{\delta}$ ab.[1])

In einem Bereich des V^+, in dem die Entwicklung (9.45) gleichmäßig konvergiert, können wir (9.45) sofort aufsummieren und erhalten so ein Gravitationsfeld $g_{\mu\nu}$, das im Bereich $z \leqq 0$ gleich $\eta_{\mu\nu}$ ist und im Bereich $z > 0$ eine analytische Funktion von $z = x^0 + p_i x^i$ ist. Mit konstanten Vektoren ω_μ und $\overline{\omega}_\mu$ gilt:

$$\begin{aligned} g_{\mu\nu} &= \eta_{\mu\nu} + (\omega_\mu \omega_\nu + \overline{\omega}_\mu \overline{\omega}_\nu) \underset{\mathrm{I}}{\Phi}(z) \\ &\quad + \frac{1}{i} (\overline{\omega}_\mu \overline{\omega}_\nu - \omega_\mu \omega_\nu) \underset{\mathrm{II}}{\Phi}(z) + \eta_{\mu\nu} \underset{\mathrm{III}}{\Phi}(z) \\ &\equiv \eta_{\mu\nu} + \sum_{\mathrm{I}}^{\mathrm{III}} \underset{N}{K_{\mu\nu}} \underset{N}{\Phi}(z). \end{aligned} \tag{9.48}$$

Hierbei besitzen ω_μ und $\overline{\omega}_\mu$ die Eigenschaften (2.7), (2.8) und (2.11) in bezug auf $g^-_{\mu\nu} = \eta_{\mu\nu}$.

Zwischen den 3 Funktionen $\underset{N}{\Phi}(z)$ in (9.48) besteht noch eine Feldgleichung. Denn die Sprungrelationen (9.36) haben zur Folge, daß in den Sprungkoeffizienten (9.47) die Skalare $\underset{2+l}{\Theta_\tau{}^\tau}$ nicht willkürliche Konstanten sind, sondern vielmehr

---

[1]) Die Bedingungen des § 2 für ω_μ und $\overline{\omega}_\mu$ sind wegen der Konstanz von p_μ, d_μ und wegen $g^-_{\mu\nu+} = \eta_{\mu\nu}$ dadurch erfüllt, daß ω_μ und $\overline{\omega}_\mu$ als konstante Vektoren eingeführt werden.

wohlbestimmte Ausdrücke aus den Sprungkoeffizienten niederer Ordnung. Daher enthält (9.48) nur 2 unabhängige Funktionen von z. — Da ferner die Entwicklung (9.45) ein Spezialfall der Sprungentwicklung (9.8) ist, verschwinden die $\underset{N}{\Phi}(z)$ aus (9.48) für $z \leqq 0$ identisch. Im Bereich der gleichmäßigen Konvergenz sind sie für $z > 0$ analytische Funktionen.

Indem wir den zu (9.48) kontragradienten metrischen Tensor $g^{\mu\nu}$ bilden, sehen wir sofort, daß für $z \geqq 0$ gilt:

$$p^\mu = g^{+\mu\nu} p_\nu = \lambda(z) \eta^{\mu\nu} p_\nu \tag{9.49a}$$

und

$$d^\mu = g^{+\mu\nu} d_\nu = \lambda(z)\, \eta^{\mu\nu} d_\nu . \tag{9.49b}$$

Der Vektor p_μ ist also in der Tat ein isotroper Vektor nicht nur in bezug auf die Minkowski-Metrik, sondern auch in bezug auf die Metrik des V^+, wie dies auf Grund der Beziehungen zwischen (1.1), (9.1) und (9.6) notwendig ist:

$$p^\mu p_\mu = \lambda(z)\, p_\mu p^{\underline{\mu}} = 0 . \tag{9.50}$$

Aus der allgemeinen Form (9.34) der Koeffizienten in der Reihe (9.9) für $R^+{}_{\sigma\mu\nu\lambda}$ entnimmt man, daß wegen (9.49a), (9.47) und (9.35a) die Bedingung (9.1) in bezug auf p^μ tatsächlich erfüllt ist.

Setzt man in die Entwicklung (9.9) die Sprungkoeffizienten (9.47) mit den durch (9.36) bestimmten Skalaren $\underset{2+l}{\Theta^{\tau}{}_{\tau}}$ ein, so ist wegen der Erfüllung von (1.1) und (9.1) auch die Bedingung (9.5) erfüllt. Würde man hingegen die $\underset{2+l}{\Theta^{\tau}{}_{\tau}}$ durch beliebige Konstanten ersetzen, so wäre im V^+ immer noch (9.1) und (9.2) in bezug auf p_μ erfüllt, nicht aber mehr die Einsteinschen Gleichungen (1.1). Gemäß Lichnerowicz läßt sich eine derartige Metrik auffassen als das Gravitationsfeld, das einem Materietensor der Form $T_{\mu\nu} \sim p_\mu p_\nu$ entspricht.

In der Sprungentwicklung (9.45) für $g^+{}_{\mu\nu}$ kann natürlich ohne weiteres angenommen werden, daß für $z = 0$ alle Ableitungen von $g_{\mu\nu}$ bis einschließlich der $(2 + i)$-ten Ableitung stetig sind, also an Σ ein Sprungproblem mit $n \geq 2$ vorliegt. Hierzu ist nur erforderlich, daß alle $\underset{2+i}{\gamma_{\mu\nu}}$ (mit $i \leqq n - 2$) identisch gleich Null gesetzt werden. — Unser Ergebnis läßt sich aber auch auf den Fall erweitern, daß bereits die ersten Ableitungen von $g_{\mu\nu}$ beim Durchgang durch Σ wesentlich unstetig werden. Hierbei müssen wir zu den Sprungrelationen (1.5) und (9.13) nur noch die Integralbedingungen (7.18) und

$$\lim_{\varepsilon \to 0} \int_{-\varepsilon}^{\varepsilon} R_{\sigma\mu\nu\lambda}\, p^\sigma\, dz = 0 , \tag{9.51}$$

$$\lim_{\varepsilon \to 0} \int_{-\varepsilon}^{\varepsilon} R_{\alpha\beta\nu\lambda}\, \varepsilon^{\sigma\tau\nu\lambda}\, p_\sigma\, dz = 0 \tag{9.52}$$

hinzunehmen. Verfolgt man dann den Gang der Rechnung, so sieht man, daß man überall die Größen $\underset{2+l}{\gamma_{\mu\nu}}$ durch die Größen $\underset{1+l}{\gamma_{\mu\nu}}$ ersetzen kann, ohne daß sich an den Ergebnissen etwas ändert.

In bezug auf die in der Literatur geführte Diskussion[1]) über die Definition von ebenen Wellen und ebenen Wellenflächen in der allgemeinen Relativitätstheorie ist noch folgende Bemerkung von Interesse:

Wegen (9.48) und (9.49a) erfüllen die durch (9.21) gegebenen Minkowskischen Hyperebenen ersichtlich die d'Alembertsche Wellengleichung im V^+; es ist:

$$(\mathfrak{g}^{\mu\nu} z)_{,\mu\nu} = \left(\frac{\partial \mathfrak{g}^{\mu\nu}}{\partial z} p_\mu z\right)_{,\nu} + (\mathfrak{g}^{\mu\nu} p_\mu)_{,\nu}$$

$$= \frac{\partial^2 \mathfrak{g}^{\mu\nu}}{\partial z^2} p_\mu p_\nu z + 2 \frac{\partial \mathfrak{g}^{\mu\nu}}{\partial z} p_\mu p_\nu \sim p^{\underline{\mu}} p_\mu = 0 .$$

Die durch (9.45) bzw. (9.48) gegebene Metrik $g_{\mu\nu}$ ist nun herleitungsgemäß so beschaffen, daß sie für einen ebenen Raum mit der Minkowski-Metrik $\eta_{\mu\nu}$ identisch ist. Denn der mit dem Tensor (9.45) gebildete Riemann-Tensor (9.9) des V^+ verschwindet genau dann, wenn alle $\underset{n+k}{E} = 0$ sind. Wegen der Koordinatenbedingung (7.7c) gehen aber für $\underset{n+k}{E} = 0$ die durch (9.45) gegebenen $g^+{}_{\mu\nu}$ in $g^-{}_{\mu\nu+} = \eta_{\mu\nu}$ über.[2]) — Im Minkowski-Raum sind nun die Wellenflächen (2.21) von ebenen Wellen durch $\eta^{\mu\nu} z_{,\mu} z_{,\nu} = \eta^{\mu\nu} z_{,\mu\nu} = 0$ bestimmt. Wir werden daher sagen, daß das Gravitationsfeld (9.48) ein ebenes Wellenfeld ist, das sich im ebenen Raum ausbreitet.

Wir sehen so, daß reguläre elementare Wellenfelder, bei denen der durch (9.3) definierte Nullvektor q_ν der zeitlich konstante Strahlungsvektor ist, notwendig ebene Wellen sind, wenn diese Felder mit einer Wellenfront $z = 0$ an einen ebenen V^- angrenzen und im Bereich $z > 0$ analytisch sind. — Die Erfüllung der ersteren Bedingung ist für ein elementares Gravitationswellenfeld physikalisch vernünftig. Denn ein solches Feld sollte ein Gravitationsfeld repräsentieren, das völlig von den Feldquellen gelöst ist. — Die Voraussetzung der Analytizität von $g_{\mu\nu}$ im Bereich $z > 0$ ist unwesentlich. Wir werden in § 10 unser Resultat auch auf für $z > 0$ nur stückweise analytische — aber singularitätsfreie — elementare Wellenfelder ausdehnen.

---

[1]) N. Rosen, Phys. Zeitschr. d. Sowjetunion **12** (1937) 360; H. Bondi, Nature **179** (1957) 1072; H. Takeno, Tensor 8 (1958) 59; **9** (1959) 76, 162; **10** (1960) 34, 47; H. Bondi, F. A. E. Pirani und I. Robinson, Proc. Roy. Soc. London A **251** (1959) 519; I. Robinson und A. Trautman, Phys. Rev. Letters **4** (1960) 431.

[2]) Die obigen Überlegungen lassen sich auch wieder auf den Fall $n = 1$ übertragen. — Es sei hierzu noch bemerkt, daß ein V_4, bei dem der Krümmungstensor durch die Sprungentwicklung (9.9) gegeben ist, im Fall $n = 1$ nur dann ein ebener Raum ist, wenn außer allen Sprüngen $\left[\frac{\partial^l}{\partial z^l} R_{\sigma\mu\nu\lambda}\right]$ noch das Integral $\lim_{\varepsilon \to 0} \int_{-\varepsilon}^{+\varepsilon} R_{\sigma\mu\nu\lambda}\, dz = 0$ verschwindet. (Vgl. H. Treder, Wiss. Zeitschrift d. Friedrich-Schiller-Universität Jena 8 (1958/59) 331.)

Anhang zu § 9

Zur Berechnung des Sprunges der zweiten Normalableitung des Krümmungstensors

Den Sprung $\left[\frac{\partial^2}{\partial z^2} R_{\sigma\mu\nu\lambda}\right]$ erhält man am einfachsten, indem man von der Form

$$R_{\sigma\mu\nu\lambda} = \frac{1}{2}\,(g_{\sigma\lambda,\mu\nu} + g_{\mu\nu,\sigma\lambda} - g_{\mu\lambda,\sigma\nu} - g_{\sigma\nu,\mu\lambda}) - g_{\varrho\tau}\,\Gamma^{\varrho}{}_{\sigma\nu}\,\Gamma^{\tau}{}_{\mu\lambda} + g_{\varrho\tau}\,\Gamma^{\varrho}{}_{\sigma\lambda}\,\Gamma^{\tau}{}_{\mu\nu} \tag{9.53}$$

des Riemann-Tensors ausgeht und die Formel (3.42) für die Sprünge von Produkten benutzt. Man erhält bei Stetigkeit von $g^{-}_{\mu\nu}$ und $g^{-}_{\mu\nu,\lambda}$ nach leichter Rechnung

$$\begin{aligned}\left[\frac{\partial^2}{\partial z^2} R_{\sigma\mu\nu\lambda}\right] = {} & \frac{1}{2}\left[\frac{\partial^2}{\partial z^2}(g_{\sigma\lambda,\mu\nu} + g_{\mu\nu,\sigma\lambda} - g_{\mu\lambda,\sigma\nu} - g_{\sigma\nu,\mu\lambda})\right] \\ & - \left[\frac{\partial^2}{\partial z^2}\Gamma_{\tau\sigma\nu}\right](\Gamma^{\tau}{}_{\mu\lambda})_{-} - (\Gamma_{\tau\sigma\nu})_{-}\left[\frac{\partial^2}{\partial z^2}\Gamma^{\tau}{}_{\mu\lambda}\right] + \left[\frac{\partial^2}{\partial z^2}\Gamma_{\tau\sigma\lambda}\right](\Gamma^{\tau}{}_{\mu\nu})_{-} \\ & + (\Gamma_{\tau\sigma\lambda})_{-}\left[\frac{\partial^2}{\partial z^2}\Gamma^{\tau}{}_{\mu\nu}\right] - 2\left[\frac{\partial}{\partial z}\Gamma_{\tau\sigma\nu}\right]\left(\frac{\partial}{\partial z}\Gamma^{\tau}{}_{\mu\nu}\right)_{-} \\ & - 2\left(\frac{\partial}{\partial z}\Gamma_{\tau\sigma\nu}\right)_{-}\left[\frac{\partial}{\partial z}\Gamma^{\tau}{}_{\mu\lambda}\right] - 2\left[\frac{\partial}{\partial z}\Gamma_{\tau\sigma\nu}\right]\left[\frac{\partial}{\partial z}\Gamma^{\tau}{}_{\mu\lambda}\right] \\ & + 2\left[\frac{\partial}{\partial z}\Gamma_{\tau\sigma\lambda}\right]\left(\frac{\partial}{\partial z}\Gamma^{\tau}{}_{\mu\nu}\right)_{-}.\end{aligned} \tag{9.54}$$

Hierbei sind $(\Gamma^{\tau}{}_{\mu\nu})_{-}$ und $\left(\frac{\partial}{\partial z}\Gamma^{\tau}{}_{\mu\nu}\right)_{-}$ die mit $g^{-}_{\mu\nu}$ gebildeten Größen, also diejenigen links von Σ. — Setzt man in (9.54) $g^{-}_{\mu\nu,\lambda} \equiv 0$ und $\underset{2}{\gamma}_{\mu\nu} = \underset{2}{k}_{\mu\nu} = \text{const}$ ein, so erhält man mit (9.21) und (9.20b) nach leichter Rechnung den Ausdruck (9.26).

§ 10. Die Ausbreitung von Gravitationswellenfeldern im Minkowski-Raum und die allgemeine Form der elementaren Gravitationswellen

Sind in der Reihe (9.8) für ein an den Minkowski-Raum angrenzendes Gravitationsfeld $g^+{}_{\mu\nu}$ alle Entwicklungskoeffizienten $\underset{n+k}{\gamma_{\mu\nu}}$ so bestimmt, daß alle Sprungrelationen (1.5) erfüllt sind, so ist $g^+{}_{\mu\nu}$ eine Lösung der Einsteinschen Gleichungen (1.1) im V^+, während $g^-{}_{\mu\nu} = \eta_{\mu\nu}$ ist. Wir können aber aus (9.8) eine im ganzen betrachteten Bereich des V_4 analytische Lösung von (1.1) gewinnen, wenn wir in dieser Reihe die Sprungfunktionen $\underset{l}{h}(z)$ durch die entsprechenden Polynome $\frac{z^l}{l!}$ ersetzen: Das so definierte in einem Bereich $-\varepsilon \leqq z \leqq +\varepsilon$ analytische Gravitationsfeld

$$g_{\mu\nu} = \eta_{\mu\nu} + \frac{1}{n!}\underset{n}{\gamma_{\mu\nu}} z^n + \frac{1}{(n+1)!}\underset{n+k}{\gamma_{\mu\nu}} z^{n+1} + \frac{1}{(n+2)!}\underset{n+2}{\gamma_{\mu\nu}} z^{n+2} + \cdots + \frac{1}{(n+k)!}\underset{n+k}{\gamma_{\mu\nu}} z^{n+k} + \cdots$$

$$= \eta_{\mu\nu} + \frac{1}{n!}\left(\frac{\partial^n}{\partial z^n} g_{\mu\nu}\right)_{z\to 0} z^n + \cdots + \frac{1}{(n+k)!}\left(\frac{\partial^{n+k}}{\partial z^{n+k}} g_{\mu\nu}\right)_{z\to 0} z^{n+k} + \cdots \tag{10.1}$$

ist eine Lösung von (1.1). Denn die bei Analytizität mit (1.1) äquivalenten Bedingungen

$$(R_{\mu\nu})_{z=0} = \cdots = \left(\frac{\partial^{n+k-2}}{\partial z^{n+k-2}} R_{\mu\nu}\right)_{z=0} = \cdots = 0 \tag{10.2}$$

haben dieselbe Form wie die Sprungrelationen (1.5) für $g^-{}_{\mu\nu} = \eta_{\mu\nu}$. Daher sind die durch (10.2) bestimmten Taylor-Koeffizienten $\underset{n+k}{\gamma_{\mu\nu}}$ mit den durch (1.5) bestimmten Sprungkoeffizienten identisch.

Für den Riemann-Tensor $R_{\sigma\mu\nu\lambda}$ gilt entsprechend die Taylor-Reihe

$$R_{\sigma\mu\nu\lambda} = (R_{\sigma\mu\nu\lambda})_{z=0} + \left(\frac{\partial}{\partial z} R_{\sigma\mu\nu\lambda}\right)_{z=0} z + \frac{1}{2!}\left(\frac{\partial^2}{\partial z^2} R_{\sigma\mu\nu\lambda}\right)_{z=0} z^2 + \cdots + \frac{1}{l!}\left(\frac{\partial^l}{\partial z^l} R_{\sigma\mu\nu\lambda}\right)_{z=0} z^l + \cdots, \tag{10.3}$$

in der anstelle der Sprünge $\left[\frac{\partial^l}{\partial z^l} R_{\sigma\mu\nu\lambda}\right]$ aus (9.9) die Taylor-Koeffizienten

$\left(\frac{\partial^l}{\partial z^l} R_{\sigma\mu\nu\lambda}\right)_{z=0}$ getreten sind. Die Verjüngung von (10.3) mit dem gemäß (10.1) definierten $g^{\sigma\lambda}$ verschwindet wegen (10.2).[1])

Diese Überlegungen gelten zunächst für $n \geqq 2$. Die beim Sprungproblem mit $n = 1$ zur Bestimmung der $\underset{1}{\gamma}_{\mu\nu}$ benutzte Integralbedingung (7.18) ist für ein analytisches Feld identisch erfüllt. Setzt man auf die obige Weise die Sprungreihe (9.8) mit $n = 1$ analytisch in den V^- fort, so besitzt das Feld (10.1) die nicht aus (10.2) folgende zusätzliche Eigenschaft, daß die Taylor-Koeffizienten $\underset{1}{\gamma}_{\mu\nu} \equiv \equiv \left(\frac{\partial}{\partial z} g_{\mu\nu}\right)_{z=0}$ die Form (7.19) haben, daß also in einem geeignet gewählten Koordinatensystem gilt:

$$\left(\frac{\partial g_{\mu\nu}}{\partial z} p^\nu\right)_{z=0} = \left(\frac{\partial}{\partial z} g_{\mu\nu} d^\nu\right)_{z=0} = 0, \qquad \left(g^{\sigma\tau} \frac{\partial}{\partial z} g_{\sigma\tau}\right)_{z=0}. \tag{10.4}$$

Eine durch analytische Fortsetzung der Sprungreihe (9.8) in den Bereich $z < 0$ gewonnene analytische Lösung von (1.1) hat somit folgende Eigenschaft: Es existiert eine isotrope Hyperfläche Σ, der wir die Gleichung $z = 0$ geben können derart, daß es ein Koordinatensystem gibt, in dem 1. die $g_{\mu\nu}$ für $z = 0$ die Minkowskische Form besitzen und 2. die $\frac{\partial g_{\mu\nu}}{\partial z}$ für $z = 0$ die Eigenschaften (10.4) besitzen.

Da mit $R^+{}_{\mu\nu} = R^-{}_{\mu\nu} = 0$ für reguläre $g_{\mu\nu}$ alle Sprungrelationen der Ordnung $n \geq 2$ identisch erfüllt sind, kann man demnach ein vorgegebenes Gravitationsfeld $g_{\mu\nu}$ genau dann längs einer charakteristischen Fläche $z = 0$ an einen ebenen V^- anschließen, wenn dieses Feld für $z \to +0$ die Bedingungen 1. und 2. befriedigt. — Ist 1., aber nicht 2. erfüllt, so sind die Integralbedingungen (7.18) verletzt, d. h., auf der isotropen Sprungfläche $z = 0$ liegen flächenhaft verteilte Quellen des Gravitationsfeldes. Existiert bei einem vorgegebenen Gravitationsfeld überhaupt keine isotrope Hyperfläche Σ, an der die Bedingungen 1. und 2. erfüllt sind, so läßt sich dieses Feld überhaupt nicht mit einer Stoßwelle an einen ebenen Raum anschließen.

Zum Beweis betrachten wir die an der Sprungfläche Σ (mit der Gleichung $\tilde{z} = 0$) gültige Sprungentwicklung

$$\tilde{g}_{\mu\nu} = \tilde{g}^-{}_{\mu\nu} + \underset{1}{\tilde{\gamma}}_{\mu\nu} \underset{1}{h}(\tilde{z}) + \cdots \tag{10.5}$$

mit $\tilde{R}^-{}_{\sigma\mu\nu\lambda} = 0$. Wir bringen dann zunächst mit Hilfe einer analytischen Koordinatentransformation $x^\nu = x^\nu(\tilde{x}^\nu)$ die Metrik des V^- und somit auch $g^-{}_{\mu\nu+}$ auf die Minkowskische Form $\eta_{\mu\nu}$. In diesem Koordinatensystem möge Σ durch $z = 0$

[1]) Bei einem Gravitationsfeld (10.1) verschwindet auf der isotropen Fläche $z = 0$ für $n > 2$ der Riemann-Tensor nebst allen Ableitungen bis einschließlich der $(n - 2)$-ten. — Dies ist kein Widerspruch zum Theorem von L. O'Raifeartеigh und J. L. Synge (Proc. Roy. Soc. London A **246** (1958) 299), da bei diesem Theorem $z_{,\mu} z_{,\nu} g^{\mu\nu} \neq 0$ vorausgesetzt ist.

gegeben sein; dann gilt

$$g^{+}_{\mu\nu} = \eta_{\mu\nu} + \underset{1}{\gamma_{\mu\nu}} z + \cdots . \tag{10.5 a}$$

Schließlich führen wir eine Transformation der Form $\bar{x}^{\nu} = x^{\nu} + a^{\nu} \underset{2}{h}(z) + \cdots$ aus und eliminieren mit ihrer Hilfe die Terme $\underset{1}{a_\mu} p_\nu + \underset{1}{a_\nu} p_\mu$ in $\underset{1}{\gamma_{\mu\nu}}$. — Umgekehrt ist es für die Anschließbarkeit eines V^+ an einen Minkowskischen V^- ersichtlich ausreichend, daß das $g^{+}_{\mu\nu}$-Feld stetig und mit stetigen ersten Ableitungen in irgend eine ebene Metrik $g^{-}_{\mu\nu}$ übergeht. In dem Koordinatensystem, in dem $g^{-}_{\mu\nu} = \eta_{\mu\nu}$ gilt, werden dann im allgemeinen $g_{\mu\nu}$ und $g_{\mu\nu,\lambda}$ an Σ koordinatenbedingte Diskontinuitäten besitzen. Diese können dann durch nichtanalytische Koordinatentransformationen der Form (5.18) eliminiert werden.[1])

Auch ein gemäß § 9 definiertes elementares Wellenfeld ist nicht notwendig an einen Minkowskinschen V^- anschließbar. Die geforderte Gültigkeit von (9.1) mit $q_\nu = z_{,\nu}$ und die Entwicklung (9.6) reichen zusammen nicht aus, um zu garantieren, daß es eine isotrope Hyperfläche $z = \text{const}$ gibt, an der 1. und 2. befriedigt werden.

Dieser Unterschied zu den Verhältnissen in der Maxwellschen Theorie (vgl. § 4) beruht darauf, daß in der Maxwellschen Theorie die Gleichungen (4.3) und (4.21) Bedingungen für die ersten Ableitungen der A_μ sind, während in (9.1) und (9.6) auch die zweiten Ableitungen der $g_{\mu\nu}$ eingehen. Daher sind (9.1) und (9.6) schwächer als (4.3) und (4.21).

Existiert andererseits eine Wellenfläche, an der die Bedingungen 1. und 2. erfüllt sind, so können wir diese Wellenfläche zur Sprungfläche Σ machen. Daher kann insbesondere jedes elementare Wellenfeld, das mit einer Stoßwelle an einen ebenen Raum anschließbar ist, mit Hilfe der Sprungentwicklung (9.8) hergeleitet werden.

Die in § 9 bestimmte elementare Welle dieser Art ist im ganzen Bereich, in dem die Entwicklung (9.8) gleichmäßig konvergiert, analytisch. Wir wollen jetzt den allgemeineren Fall behandeln, daß im Bereich $z > 0$ weitere Sprungflächen Σ^* existieren, $g_{\mu\nu}$ aber weiterhin im ganzen V^+ ein reines elementares Wellenfeld ist. Insbesondere besteht hier die Möglichkeit, auch außerhalb des Bereichs der gleichmäßigen Konvergenz von (9.8) ein elementares Wellenfeld zu bestimmen, in dem die neue Sprungfläche Σ^* noch in den Konvergenzbereich der Entwicklung (9.8) gelegt wird.

Die isotrope Hyperfläche Σ^* möge die Gleichung

$$z^*(x^\nu) = 0 \tag{10.6}$$

besitzen. Die Fläche (10.6) muß rechts von der Fläche $z = 0$ ganz im Bereich $z > 0$ verlaufen und teilt den V_4 in einen neuen V^- (mit $z^* < 0$) und einen neuen V^+ (mit $z^* > 0$). Das Gesamtfeld $g_{\mu\nu}$ ist im Bereich $z^* < 0$ das in § 9 bestimmte

[1]) Eine abweichende Ansicht vertritt J. L. Synge in „Relativity, The General Theory“, Amsterdam 1960, p. 343ff. Insbesondere fordert Synge die Stetigkeit der ersten Ableitungen der $g_{\mu\nu}$.

Feld (9.45) bzw. (9.48), so daß im ganzen betrachteten Bereich des V_4 für $g_{\mu\nu}$ die Sprungentwicklung

$$g_{\mu\nu} = \eta_{\mu\nu} + \sum_N \underset{N}{K_{\mu\nu}} \underset{N}{\Phi}(z) + \sum_{k \geq 0} \underset{2+k}{\gamma^*_{\mu\nu}} \underset{2+k}{h}(z^*) \tag{10.7}$$

gilt.

Das durch (10.7) gegebene Feld soll nun ein elementares Wellenfeld mit dem Wellenvektor $q_\nu = p_\nu = (p_\nu)_\Sigma$ sein. Da das durch (9.48) gegebene Feld herleitungsgemäß ein solches Wellenfeld mit den Wellenflächen $z = \text{const}$ ist, so gelten an der Sprungfläche $z^* = 0$ wieder Sprungrelationen der Form (9.13). Aus ihnen folgt zunächst, daß das Gesamtfeld (10.7) nur dann im ganzen V_4 ein solches Wellenfeld sein kann, wenn die Hyperflächen $z^* = \text{const}$ zur Schar der Hyperflächen $z = \text{const}$, also zur Schar der Minkowskischen Hyperebenen (9.21) gehören. Daher ist

$$z^*(z^\nu) = z(x^\nu) - C = p_\nu x^\nu - C = 0, \tag{10.8}$$

und die Entwicklung (10.7) für das Gesamtfeld lautet

$$g_{\mu\nu} = \eta_{\mu\nu} + \sum_{\mathrm{I}}^{\mathrm{III}} \underset{N}{K_{\mu\nu}} \underset{N}{\Phi}(z) + \sum_l \underset{l}{\gamma^*_{\mu\nu}} \underset{l}{h}(z - C). \tag{10.9}$$

Wir können nun das durch (10.9) gegebene Feld $g^+_{\mu\nu}$ im Bereich $z^* \geqq 0$ wieder dadurch berechnen, daß wir die Sprungkoeffizienten $\underset{l}{\gamma^*_{\mu\nu}}$ in (10.9) aus den für $z = C$ angewandten Sprungrelationen (7.5) und (9.13) bestimmen. Da jedoch das neue $g^-_{\mu\nu}$-Feld des Bereichs $z^* < 0$ gemäß (9.48) selbst eine Funktion von z ist, ist die Sprungrechnung hier umständlicher als die analoge Rechnung in § 9. Zur Vereinfachung der Rechnung ist es daher zweckmäßig, die in § 2 angegebene Entwicklung (2.24) zu benutzen und die analytische Fortsetzung $g^-_{\mu\nu+}$ in den Bereich $z^* \geqq 0$ ihrerseits als Taylor-Reihe nach steigenden Potenzen von $z - C$ darzustellen. Hierbei werden wir dann das Vierbeinfeld aus § 2 so definieren, daß die Bedingungen (2.18) und (2.19) in bezug auf den für $z = C$ genommenen metrischen Tensor $(g_{\mu\nu})_{z=C} \equiv \bar{g}_{\mu\nu}$ erfüllt sind. Auch in den Entwicklungen für $R^+_{\sigma\mu\nu\lambda}$ und $R^+_{\mu\nu}$ soll das Bewegen der Indizes mit $\bar{g}_{\mu\nu}$ ausgeführt werden. Aus (9.48) und (10.9) folgt dann eine im Bereich $z \geqq C$ geltende Taylor-Reihe für $g^+_{\mu\nu}$:

$$\begin{aligned} g^+_{\mu\nu} &= \bar{g}_{\mu\nu} + \left(\frac{\partial}{\partial z} g_{\mu\nu}\right)_{z=C} (z - C) + \frac{1}{2}\left(\frac{\partial^2}{\partial z^2} g_{\mu\nu}\right)_{z=C} (z - C)^2 + \cdots \\ &\quad + \frac{1}{l!}\left(\frac{\partial^l}{\partial z^l} g_{\mu\nu}\right)_{z=C} (z - C)^l + \cdots \\ &= \eta_{\mu\nu} + \sum_N \underset{N}{K_{\mu\nu}} (\underset{N}{\Phi})_{z=C} + \sum_N \sum_{m>0} \left(\frac{\partial^m}{\partial z^m} \underset{N}{\Phi}\right)_{z=C} \frac{(z-C)^m}{m!} \\ &\quad + \sum_{l \geq 2} \underset{l}{\gamma^*_{\mu\nu}} \frac{(z-C)^l}{l!}, \end{aligned} \tag{10.10}$$

wobei die $\underset{l}{\gamma^*_{\mu\nu}}$ nicht von z abhängen.

Das Unterstreichen eines Index möge jetzt bedeuten, daß ein ursprünglich kovarianter Index mit $\bar{g}_{\mu\nu}$ gehoben worden ist. Die Ableitungen nach z können wir wieder durch $\frac{\partial A}{\partial z} = A_{,\mu} d^{\underline{\mu}} = A_{,\mu} \delta^{\mu} = A_{,0}$ definieren. Wie es sein muß, gilt $d_{\mu} p_{\nu} \bar{g}^{\mu\nu} = d^{\underline{\mu}} p_{\mu} = 1$. Jedoch ist d_{μ} hier kein Einheitsvektor; vielmehr gilt für $z = C$

$$d_{\mu} = g_{0\mu} = \eta_{\mu 0}(1 + \underset{\mathrm{III}}{\Phi}(C)), \tag{10.11}$$

was aber für das Weitere ohne Bedeutung ist[1]). Mit (10.11) folgt aus (10.10) die Zeitunabhängigkeit der $\underset{l}{\gamma}{}^{*}{}_{\mu\nu}$:

$$\underset{l}{\gamma}{}^{*}{}_{\mu\nu,\tau}\, d^{\underline{\tau}} \equiv \underset{l}{\gamma}{}^{*}{}_{\mu\nu,0} = 0 . \tag{10.12}$$

Für (10.10) können wir schreiben

$$g^{+}{}_{\mu\nu} = \bar{g}_{\mu\nu} + \sum_{m \geq 1} \left(\frac{1}{l!} \underset{m}{\bar{\gamma}}_{\mu\nu} (z - C)^{l} \right) \qquad (\text{mit } z \geqq C) \tag{10.13}$$

mit den Taylor-Koeffizienten

$$\underset{m}{\bar{\gamma}}_{\mu\nu} = \left[\frac{\partial^{m}}{\partial z^{m}} g_{\mu\nu} \right]_{z=C} + \sum \underset{N}{K}_{\mu\nu} \left(\frac{\partial^{m}}{\partial z^{m}} \underset{N}{\Phi} \right)_{z=C} . \tag{10.13a}$$

Das Koordinatensystem soll wieder so gewählt sein, daß die auf Koordinatendiskontinuitäten beruhenden Anteile der Sprünge $\left[\frac{\partial^{m}}{\partial z^{m}} g_{\mu\nu} \right]_{z=C}$ in (10.13a) verschwinden. Definieren wir also die Größen $\underset{m}{{}_{H}\bar{\gamma}}_{\mu\nu}$ als Lösungen der Gleichungen

$$p_{\mu}\, \underset{m}{{}_{H}\bar{\gamma}}_{\nu\tau}\, p^{\underline{\tau}} = p_{\nu}\, \underset{m}{{}_{H}\bar{\gamma}}_{\mu\tau}\, p^{\underline{\tau}} , \tag{10.14a}$$

---

[1]) Es läßt sich natürlich immer erreichen, daß $d_{\mu} d^{\underline{\mu}} = d_{\mu} p^{\underline{\mu}} = 1$ gilt. Wählen wir z. B. die Ebenen (9.21) in der Form (9.21a), so haben wir mit $\alpha \equiv 1 + \underset{\mathrm{III}}{\Phi}(C)$ hierzu zu setzen

$$d^{\underline{\mu}} = \left\{ \frac{\alpha^{-1}}{2} + \frac{1}{2},\ \frac{1}{2} - \frac{\alpha^{-1}}{2},\ 0,\ 0 \right\},$$

$$d_{\mu} = \left\{ \frac{\alpha}{2} + \frac{1}{2},\ \frac{1}{2} - \frac{\alpha}{2},\ 0,\ 0 \right\}.$$

Aus $A_{,\mu} p^{\underline{\mu}} = A_{,\mu} d^{\underline{\mu}} = 0$ folgt sowohl bei dieser als auch aus der obigen Definition von $d^{\underline{\mu}}$, daß $A = A(x^{2}, x^{3})$ ist.

so folgt aus (9.48) und (10.13a), daß auch

$$\underset{m}{{}_H\bar{\gamma}_{\mu\nu}}\, p^{\nu}_{-} = \underset{m}{{}_H\bar{\gamma}_{\mu\nu}}\, d^{\nu}_{-} = \frac{1}{2}\, \underset{m}{{}_H\bar{\gamma}_{\tau}{}^{\tau}_{-}}\, p_{\mu} = 0 \tag{10.14}$$

gilt.

Mit Hilfe der Entwicklung (10.13) berechnen wir dann den Riemann-Tensor, den Einstein-Tensor und deren Normalableitungen für $z^* \to +0$. Hierbei wollen wir der Einfachheit halber annehmen, daß an z^* die ersten Normalableitungen von $g_{\mu\nu}$ stetig sind.[1] An die Stelle der Sprungrelationen (1.5) und der Gleichung (1.4) treten die aus (1.1) folgenden Bedingungen, daß für alle $k \geqq 0$

$$\left(\frac{\partial^k}{\partial z^k} R^+{}_{\mu\nu}\right)_{z^* \to 0} = \left(\frac{\partial^k}{\partial z^k} R_{\mu\nu}\right)_{z^* \to +0} \tag{10.15}$$

gilt; anstelle von (9.13) treten die ebenfalls für alle $k \geqq 0$ zu befriedigenden Gleichungen

$$2\left(\frac{\partial^k}{\partial z^k} R^+{}_{\sigma\mu\nu\lambda}\right)_{z^* \to 0} = \left(2\, \frac{\partial^k}{\partial z^k} R_{\sigma\mu\nu\lambda}\right)_{z^* \to +0}$$

$$= \underset{l}{\bar{\beta}_{\sigma\lambda}}\, p_{\mu} p_{\nu} + \underset{l}{\bar{\beta}_{\mu\nu}}\, p_{\sigma} p_{\lambda} - \underset{l}{\bar{\beta}_{\sigma\nu}}\, p_{\mu} p_{\lambda} - \underset{l}{\bar{\beta}_{\mu\lambda}}\, p_{\sigma} p_{\nu}. \tag{10.16}$$

Mit Hilfe von (10.15) und (10.16) können wir — in völliger Analogie zu den Rechnungen in § 9 — die Taylor-Koeffizienten $\underset{m}{\bar{\gamma}_{\mu\nu}}$ aus (10.13) bestimmen. Wir wollen hier nur die ersten Schritte der Rechnung andeuten. Für $(R_{\sigma\mu\nu\lambda})_{z^* \to +0}$ findet man einen Ausdruck, der analog wie (9.34) gebaut ist. $(R_{\mu\nu})_{z=0} = 0$ liefert nach leichter Rechnung

$$\underset{2}{\bar{\gamma}_{\mu\nu}} = \underset{2}{{}_H\bar{\gamma}_{\mu\nu}} + \bar{g}_{\mu\nu}\, \underset{2}{\bar{\Theta}_{\tau}{}^{\tau}_{-}}, \tag{10.17}$$

wobei gemäß (10.14)

$$\underset{2}{{}_H\bar{\gamma}_{\mu\nu}}\, p^{\nu} = \frac{1}{2}\, \underset{2}{{}_H\bar{\gamma}_{\tau}{}^{\tau}_{-}}\, p_{\mu} = \underset{2}{{}_H\bar{\gamma}_{\mu\nu}}\, d^{\nu}_{-} = 0 \tag{10.17a}$$

gilt. $\underset{2}{\bar{\Theta}_{\tau}{}^{\tau}_{-}}$ ist eine Konstante , die mit Hilfe von $\bar{g}_{\mu\nu}$ und aus den $\underset{1}{\gamma_{\mu\nu}}$ gebildet ist; daher gilt:

$$\underset{2}{\bar{\gamma}_{\mu\nu,\lambda}} = (\underset{2}{{}_H\bar{\gamma}_{\mu\nu}})_{,\lambda}. \tag{10.17b}$$

[1]) Durch Hinzunahme der Integralbedingungen (7.18) und (9.51) läßt sich auch der Fall $n = 1$ mit denselben Ergebnissen wie oben behandeln.

Bilden wir nun die erste Normalableitung von $R_{\sigma\mu\nu\lambda}$ für $z^* \to +0$, so ergibt sich ein Ausdruck von der Form (9.39):

$$\begin{aligned} 2\left(\frac{\partial}{\partial z} R_{\sigma\mu\nu\lambda}\right)_{z^*\to+0} = {} & \underset{2}{\bar{\gamma}_{\sigma\lambda,\mu}}\, p_\nu + \underset{2}{\bar{\gamma}_{\sigma\lambda,\nu}}\, p_\mu + \underset{2}{\bar{\gamma}_{\mu\nu,\sigma}}\, p_\lambda + \underset{2}{\bar{\gamma}_{\mu\nu,\lambda}}\, p_\sigma \\ & - \underset{2}{\bar{\gamma}_{\sigma\nu,\mu}}\, p_\lambda - \underset{2}{\bar{\gamma}_{\sigma\nu,\lambda}}\, p_\mu - \underset{2}{\bar{\gamma}_{\mu\lambda,\sigma}}\, p_\nu - \underset{2}{\bar{\gamma}_{\mu\lambda,\nu}}\, p_\sigma \\ & + \underset{3}{\bar{\gamma}_{\mu\nu}}\, p_\sigma p_\lambda + \underset{3}{\bar{\gamma}_{\lambda\sigma}}\, p_\mu p_\nu - \underset{3}{\bar{\gamma}_{\sigma\nu}}\, p_\mu p_\lambda - \underset{3}{\bar{\gamma}_{\mu\lambda}}\, p_\sigma p_\nu \\ & + p_\mu p_\nu \big(\underset{3}{\bar{B}_{\sigma\lambda}} + \underset{3}{\bar{B}_{\lambda\sigma}}\big) + p_\sigma p_\lambda \big(\underset{3}{\bar{B}_{\mu\nu}} + \underset{3}{\bar{B}_{\nu\mu}}\big) \\ & - p_\sigma p_\nu \big(\underset{3}{\bar{B}_{\mu\lambda}} + \underset{3}{\bar{B}_{\lambda\mu}}\big) - p_\mu p_\lambda \big(\underset{3}{\bar{B}_{\sigma\nu}} + \underset{3}{\bar{B}_{\nu\sigma}}\big). \end{aligned} \tag{10.18}$$

Hierbei sind die $\underset{3}{\bar{B}_{\sigma\lambda}}$ aus den $\underset{2}{\bar{\gamma}_{\mu\nu}}$ und den $\underset{2}{\bar{\gamma}_{\mu\nu}}$ gebildete algebraische Ausdrücke, die die Gleichungen von der Form (9.35a, b) erfüllen. — Wir gehen nun mit (10.18) in die entsprechende Bedingung (10.16) ein. Auf dieselbe Weise wie in § 9 folgt dann, daß ${}_H\underset{2}{\bar{\gamma}_{\mu\nu}} = \underset{2}{\bar{S}_{\mu\nu}}$ sein muß, also

$$\underset{2}{\bar{\gamma}_{\mu\nu}} = \underset{2}{\bar{S}_{,\mu\nu}} + \bar{g}_{\mu\nu}\, \underset{2}{\bar{\Theta}_\tau^{\,\tau}} \tag{10.19}$$

mit

$$\underset{2}{\bar{S}_{,\mu\nu}}\, p^\nu = \underset{2}{\bar{S}_{,\mu\nu}}\, d^\nu = \underset{2}{\bar{S}_{,\mu 0}} = 0 \tag{10.19a}$$

und

$$\underset{2}{\bar{S}_{,\mu}{}^{\mu}} = \underset{2}{\bar{S}_{,k}{}^{k}} = 0 \tag{10.19b}$$

gilt.

Wegen der Konstanz der $\bar{g}_{\mu\nu}$ führen die Gleichungen (10.19b) auf gewöhnliche elliptische Differentialgleichungen für die $\underset{2}{\bar{S}_{,\mu\nu}}$. Aus (9.48) und der Signatur von $g_{\mu\nu}$ folgt nämlich, daß der dreidimensionale Tensor $\bar{g}^{ik}$ definit ist. Daher kann durch eine lineare Transformation der x^i die konstante Matrix $\bar{g}^{ik}$ auf die Form $-\delta^{ik}$ gebracht werden. In dem so gewählten Koordinatensystem folgt dann aus (10.19b) die Laplace-Gleichung

$$\Delta \underset{2}{\bar{S}_{,\mu\nu}} = 0. \tag{10.20}$$

Die einzige überall singularitätsfreie Lösung von (10.20) ist wieder

$${}_H\underset{2}{\bar{\gamma}_{\mu\nu}} = \underset{2}{\bar{S}_{,\mu\nu}} = \underset{2}{\bar{k}_{\mu\nu}} = \underset{2}{\bar{k}_{\nu\mu}} = \text{const} \tag{10.21}$$

und

$$\underset{2}{\bar{k}_{\mu 0}} = \underset{2}{\bar{k}_{\mu k}}\, p^k = 0, \qquad \underset{2}{\bar{k}_l{}^l} = 0. \tag{10.21a}$$

Durch sukzessive Anwendung der Gleichungen (10.15) und (10.16) für beliebige l können wir eine vollständige Induktion analog derjenigen in § 9 durchführen. Das Resultat ist dann das aus § 9 bekannte Ergebnis: Bei einer Koordinatenwahl entsprechend (9.48) und (10.14) sind die Entwicklungskoeffizienten $\underset{m}{\bar{\gamma}}_{\mu\nu}$ in (10.13) Konstanten, welche die allgemeine Form

$$\underset{l}{\bar{\gamma}}_{\mu\nu} = {}_{H}\underset{l}{\bar{\gamma}}_{\mu\nu} + \bar{g}_{\mu\nu}\, \underset{l}{\bar{\Theta}}_{\tau}{}^{\tau} \tag{10.22}$$

besitzen. Mit (10.14) gilt daher insbesondere

$$\underset{l}{\bar{\gamma}}_{\mu\nu}\, p^{\nu}_{-} = p_{\nu}\, \underset{l}{\bar{\Theta}}_{\tau}{}^{\tau}, \qquad \underset{l}{\bar{\gamma}}_{\mu\nu}\, d^{\nu}_{-} = d_{\nu}\, \underset{l}{\bar{\Theta}}_{\tau}{}^{\tau} \tag{10.22a}$$

und

$$\underset{l}{\bar{\gamma}}_{\mu\nu,\lambda} = 0\,. \tag{10.22b}$$

In (10.23) sind die Konstanten $\underset{l}{\bar{\Theta}}_{\tau}{}^{\tau}$ algebraische Ausdrücke aus den Konstanten $\underset{s}{\bar{\gamma}}_{\mu\nu}$ (mit $s \leqq l - 1$), welche mit Hilfe der $\bar{g}_{\mu\nu}$ gebildet sind.

Wir können nun die Sprungkoeffizienten $\underset{m}{\gamma^*}_{\mu\nu}$ in (10.9) entsprechend (10.13 a) durch

$$\underset{m}{\gamma^*}_{\mu\nu} = \left[\frac{\partial^m}{\partial z^m}\, g_{\mu\nu}\right]_{(z=C)} = \underset{l}{\bar{\gamma}}_{\mu\nu} - \left(\frac{\partial^m}{\partial z^m}\, g^{-}{}_{\mu\nu}\right)_{(z=C)} \tag{10.23}$$

einführen. Die durch (10.23) definierten Sprünge $\underset{m}{\gamma^*}_{\mu\nu}$ sind Konstanten, die gemäß (9.48) und (10.22) die Gestalt

$$\underset{m}{\gamma^*}_{\mu\nu} = {}_{H}\underset{m}{\gamma^*}_{\mu\nu} + \bar{g}_{\mu\nu}\, \underset{m}{\overset{1}{\lambda}} = \underset{m}{\overset{*}{\pi}}_{\mu}\, \underset{m}{\overset{*}{\bar{\pi}}}_{\nu} + \underset{m}{\overset{*}{\bar{\pi}}}_{\mu}\, \underset{m}{\overset{*}{\pi}}_{\nu} + (g^{-}{}_{\mu\nu})_{(z=C)}\, \underset{m}{\overset{1}{\lambda}} \tag{10.24}$$

haben. In (10.24) sind die $\underset{m}{\overset{1}{\lambda}}$ Konstanten, die auf wohlbestimmte Weise algebraisch von den $\underset{s}{\gamma^*}_{\mu\nu}$ (mit $s \leqq m - 2$) abhängen. Ferner enthalten sie die $g^{-}{}_{\mu\nu}$ und deren Ableitungen, jeweils genommen für $z = C$. — $\underset{m}{\overset{*}{\pi}}_{\mu}$ und $\underset{m}{\overset{*}{\bar{\pi}}}_{\mu}$ sind konstante Vektoren, deren algebraische Eigenschaften gemäß (5.23) definiert sind derart, daß

$$\bar{g}^{\mu\nu}\, \underset{m}{\gamma^*}_{\mu\nu} = 4\, \underset{m}{\overset{1}{\lambda}} \tag{10.25}$$

gilt.

Indem wir mit (10.24) in (10.9) eingehen, bekommen wir für das elementare Strahlungsfeld $g_{\mu\nu}$ die Darstellung

$$g_{\mu\nu} = \eta_{\mu\nu} + \sum_{\mathrm{I}}^{\mathrm{III}} \underset{N}{K}_{\mu\nu}\, \underset{N}{\Phi}(z) + \sum_{k} \underset{k}{\gamma^*}_{\mu\nu}\, \underset{k}{h}(z - C) \tag{10.26}$$

mit den Sprungfunktionen

$$\underset{k}{h^*}(z - C) = \begin{cases} 0 & \text{für } z < C, \\ \frac{1}{k!}(z - C)^k & \text{für } z \geqq C. \end{cases} \tag{10.26a}$$

Schließlich können wir in (10.22) und (10.24) für die konstanten $\overline{g}_{\mu\nu} = (g^{-}{}_{\mu\nu})_{z=0}$ die entsprechenden Werte einsetzen, die sich aus (9.48) für $z = C$ ergeben. Dann sehen wir, daß — in einem Bereich, in dem (10.26) gleichmäßig konvergiert — die durch (10.26) gegebenen $g_{\mu\nu}$

$$\begin{aligned} g_{\mu\nu} &= \eta_{\mu\nu} + (\omega_\mu \overline{\omega}_\nu + \overline{\omega}_\mu \omega_\nu) \underset{\mathrm{I}}{H}(z) + \frac{1}{i} (\overline{\omega}_\mu \overline{\omega}_\nu - \omega_\mu \omega_\nu) \underset{\mathrm{II}}{H}(z) + \eta_{\mu\nu} \underset{\mathrm{III}}{H}(z) \\ &\equiv \eta_{\mu\nu} + \sum_{\mathrm{I}}^{\mathrm{III}} \underset{N}{K_{\mu\nu}} \underset{N}{H}(z) \end{aligned} \tag{10.27}$$

geschrieben werden können. In (10.27) sind ω_μ und $\overline{\omega}_\mu$ wieder die konstanten Vektoren aus (9.48); sie gehorchen daher den Gleichungen

$$\begin{aligned} \omega_\mu \overline{\omega}_\nu \eta^{\mu\nu} &= -\frac{1}{2}, \\ \omega_\mu p_\nu \eta^{\mu\nu} &= \omega_\mu d_\nu \eta^{\mu\nu} = \omega_\mu \omega_\nu \eta^{\mu\nu} = 0. \end{aligned} \tag{10.28}$$

Die 3 Funktionen $\underset{N}{H}$ sind überall stetige Funktionen von $z = x^0 + c_i x^i$, die sich an den Stellen für $z = 0$ und $z = C$ nicht analytisch verhalten und für $z \leqq 0$ identisch verschwinden.

Man sieht weiter, daß sich nichts wesentliches ändert, wenn beliebig viele isotrope Hyperebenen der Schar (9.21) als Sprungfläche $\overset{M}{\Sigma}$ vorgegeben werden. Wir können also annehmen, daß es M Flächen

$$z - p_\nu x^\nu = \overset{M}{C} \quad \text{mit} \quad M = 0, 1, 2, \ldots \quad \text{und} \quad \overset{0}{C} < \overset{1}{C} < \overset{2}{C} \ldots$$

gibt, an denen die Normalableitungen der $g_{\mu\nu}$ charakteristische Unstetigkeiten besitzen. Durch sukzessive Anwendung der obigen Überlegungen auf die Sprünge $\underset{k}{\overset{M}{\gamma}}_{\mu\nu}$ an den jeweiligen Sprungflächen $z = \overset{M}{C}$ erhalten wir so ein Theorem über reguläre elementare Wellenfelder, bei denen der Nullvektor q_ν aus (9.3) der Ausbreitungsvektor ist, und die sich mit einer Wellenfront $z = 0$ in einem ebenen V^- fortpflanzen:

Es gibt immer ein Koordinatensystem, in dem das Wellenfeld die Form

$$g_{\mu\nu} = \eta_{\mu\nu} + \sum_{M \geq 0} \sum_k \underset{k}{\overset{M}{\gamma}}_{\mu\nu} \underset{k}{\overset{M}{h}} (C_\nu x^\nu - \overset{M}{C}) \tag{10.29}$$

mit

$$\overset{M}{\underset{k}{h}}\left(z - \overset{M}{C}\right) = \begin{cases} 0 & \text{für } z < \overset{M}{C}, \\ \dfrac{1}{k!}\left(z - \overset{M}{C}\right)^k & \text{für } z \geqq \overset{M}{C} \end{cases} \tag{10.29a}$$

annimmt. Hierbei sind die $\overset{M}{\underset{k}{\gamma}}_{\mu\nu}$ die Konstanten

$$\overset{M}{\underset{k}{\gamma}}_{\mu\nu} = \overset{M}{\underset{k}{\pi}}_{\mu} \overset{M}{\underset{k}{\bar{\pi}}}_{\nu} + \overset{M}{\underset{k}{\bar{\pi}}}_{\mu} \overset{M}{\underset{k}{\pi}}_{\nu} + (g^{-}{}_{\mu\nu})_{(z = \overset{M}{C})} \overset{M}{\underset{k}{\lambda}}. \tag{10.30}$$

Die Konstanten $\overset{M}{\underset{k}{\lambda}}$ sind bestimmte algebraische Ausdrücke aus den Sprungkoeffizienten $\overset{M}{\underset{s}{\gamma}}_{\mu\nu}$ (mit $s \leqq k - 2$), die noch von den jeweiligen $g^{-}{}_{\mu\nu}$ und deren Ableitungen genommen an den jeweiligen Sprungflächen $z = \overset{M}{C}$ abhängen. $\overset{M}{\underset{k}{\pi}}_{\mu}$ und $\overset{M}{\underset{k}{\bar{\pi}}}_{\mu}$ sind wieder konstante Vektoren mit den algebraischen Eigenschaften (5.23) und (10.25). Indem man in die Ausdrücke (10.30) sukzessive die jeweiligen Werte der Konstanten $(g_{\mu\nu})_{z=\overset{M}{C}}$ einsetzt findet man, daß die durch (10.29) bestimmten $g_{\mu\nu}(z)$ wieder durch (10.27) mit (10.28) gegeben sind. Hierbei sind jetzt die $\underset{N}{H}(z)$ stetig differenzierbare Funktionen, die für $z \leqq 0$ identisch verschwinden. Im Gültigkeitsbereich von (10.27) befriedigen die Hyperflächen (9.21) sowohl die Gleichung $g^{\mu\nu} p_\mu p_\nu = 0$ als auch die d'Alembertsche Gleichung (9.53). Gemäß den Bemerkungen in § 9 werden wir daher das durch (10.27) oder (10.29) dargestellte Gravitationsfeld als ebene Gravitationswellen ansehen.

Ein elementares Gravitationswellenfeld, bei dem der durch (9.3) gegebene Nullvektor q_ν der Normalvektor der Wellenflächen ist, ist somit eine ebene Gravitationswelle, wenn es in diesem Strahlungsfeld eine Wellenfläche $z = \text{const}$ gibt, an der die Bedingungen 1. und 2. erfüllt sind. Insbesondere ist daher jedes derartige elementare Gravitationswellenfeld, das mit einer Stoßwelle (9.7) an einen V^- angrenzt, ein ebenes Wellenfeld. In dem Koordinatensystem, in dem dieses Wellenfeld die Form (10.27) besitzt, ist die Metrik des V^- auf die Minkowskische Form gebracht; ferner sind alle Sprünge der Form $\underset{k}{a}_\nu p_\mu + \underset{k}{a}_\mu p_\nu$ durch die Koordinatenbedingung (7.7c) eliminiert. — Schließlich ist die Gleichung der Wellenflächen in der expliziten, nach x^0 aufgelösten, Form geschrieben, so daß $p_{\nu,0} = 0$ gelten muß.

Werden die Hyperebenen (9.21) in der Form (9.21a) geschrieben, so folgt aus (10.27)

$$\begin{aligned} g_{11} &= - g_{00} = \frac{1}{2}(g_{22} + g_{33}) = - \Lambda(z) - 1 \equiv C(z), \\ g_{22} &= - 1 + G(z) - \Lambda(z) = - B(z), \\ g_{33} &= - 1 - G(z) - \Lambda(z) = - A(z), \\ g_{23} &= - D(z), \quad \text{alle anderen } g_{\mu\nu} = 0, \end{aligned} \tag{10.31}$$

wo zwischen den 3 Funktionen Λ, G und D eine Feldgleichung besteht. Aus den Eigenschaften der $\underset{N}{H}(z)$ in (10.27) folgt noch, daß Λ, G und D für $z \leqq 0$ identisch verschwinden und für $z > 0$ eine Nullstelle von mindestens $(n - 1)$-ter Ordnung besitzen.

Mit Hilfe der Koordinatentransformation[1])

$$dz' = dz \frac{1}{2} \left(g_{22}(z) + g_{33}(z)\right), \tag{10.32}$$

die für $z \leqq 0$ in die identische Transformation übergeht, können wir $g_{00} = -g_{11} = 1$ machen. Es entsteht so die rein transversale Metrik

$$\begin{aligned} ds^2 = &- B(z')(dx^2)^2 - A(z')(dx^3)^2 - 2D(z')\,dx^2\,dx^3 \\ &- (dx'^1)^2 + (dx'^0)^2. \end{aligned} \tag{10.33}$$

Im vorliegenden Fall schließt (10.33) bei $z' = z = 0$ mit Sprüngen n-ter und höherer Ordnung an den Minkowski-Raum an. Der Vektor $p'_\mu = z_{,\mu}$ ist kovariant konstant: $p'_{\mu;\nu} = 0$. Führen wir schließlich noch die nichtanalytische Transformation

$$d\bar{z} = dz'\, C^{-1}(z') \tag{10.32a}$$

durch, bei der $C(z')$ für $z' \leqq 0$ gleich 1 ist, so bekommen wir aus (10.33) die Metrik

$$\begin{aligned} ds^2 = &- B(\bar{z})(dx^2)^2 - A(\bar{z})(dx^3)^2 - 2D(\bar{z})\,dx^2\,dx^3 \\ &- C(\bar{z})\left((d\bar{x}^1)^2 - (d\bar{x}^0)^2\right). \end{aligned} \tag{10.34}$$

Die ebenen Wellen (10.34) entsprechen der von TAKENO gefundenen Wellenlösung von (1.1); aus ihr läßt sich durch eine Transformation $z^* = z^*(\bar{z})$ die ebene Wellenlösung von BONDI, PIRANI und ROBINSON gewinnen.[2])

Nehmen wir an, daß das Wellenfeld (10.27) im V^+ analytisch ist, so entsprechen die Transformationen (10.33) oder (10.32a) nichtanalytischen Transformationen von der Form (5.15). Da die transformierte Metrik (10.33) genauso wie die ursprüngliche Metrik (10.31) nur von z abhängt, sind die Vektoren $\underset{l}{a}^\mu$ in den betreffenden Transformationen (5.15) ebenfalls nur Funktionen von z.[3])

---

[1]) D. GEISSLER und H. TREDER, Tensor 8 (1958) 165.

[2]) Die ebenen Wellen (10.33) sind die allgemeine Lösung der Einsteinschen Feldgleichungen, bei der $g_{\mu\nu} = g_{\mu\nu}(z)$ und $z_{,\nu} z_{,\mu} g^{\mu\nu} = 0$ ist. Siehe hierzu A. PAPAPETROU und H. TREDER l. c., Anmerkung p. 40; H. TAKENO, The Mathematical Theory of Plane Gravitational Waves in General Relativity, Takehara, Hiroshima-Ken 1961.

[3]) Gibt es bei den Transformationnn (5.15) Vektoren $a^\nu \sim p^\nu$, so wird $x^1 + x^0$ transformiert; in den neuen Koordinaten haben dann die Wellenflächen nicht mehr die Gleichungen $\bar{x}^0 + \bar{x}^1 = \text{const.}$

In der Tat, führen wir eine derartige Transformation (5.15) aus, so addieren sich wegen der Konstanz von p_μ zu den einzelnen Sprungkoeffizienten (9.47) jeweils die koordinatenbedingten Diskontinuitäten $\underset{l}{A}_\mu p_\nu + \underset{l}{A}_\nu p_\mu$. Nach einer derartigen Transformation gilt also

$$\begin{aligned} \underset{l}{\gamma'}_{\mu\nu} &= \underset{l}{\gamma}_{\mu\nu} + \underset{l}{A}_\mu p_\nu + \underset{l}{A}_\nu p_\mu \\ &= \underset{l}{\pi}_\mu \underset{l}{\bar{\pi}}_\nu + \underset{l}{\bar{\pi}}_\mu \underset{l}{\pi}_\nu + \eta_{\mu\nu} \underset{l}{\Theta}_\tau{}^\tau + \underset{l}{A}_\nu p_\mu + \underset{l}{A}_\mu p_\nu \end{aligned} \tag{10.35}$$

Wählen wir insbesondere die $\underset{l}{a}^\mu$ so, daß

$$\underset{l}{A}_\mu = \frac{1}{2} \underset{l}{\Theta}_\tau{}^\tau (p_\mu - d^\mu) \tag{10.36}$$

wird, dann finden wir, daß — entsprechend (6.39) und (6.40) — gilt

$$\underset{l}{\gamma'}_{\mu\nu} p^\nu = \underset{l}{\gamma'}_{\mu\nu} d^\nu = 0\,. \tag{10.37}$$

Die anstelle von (9.45) tretende Entwicklung

$$g_{\mu\nu} = \eta_{\mu\nu} + \sum_l \underset{l}{\gamma'}_{\mu\nu} \underset{l}{h}(z) \quad (\text{mit } \underset{l}{\gamma'}_{\mu\nu} = \text{const}) \tag{10.38}$$

definiert die rein transversale Welle (10.33).

Führen wir hingegen Transformationen (5.15) aus, in denen die $\underset{l}{a}^\mu$ Funktionen der x^i sind, so entspricht dies einer nichtanalytischen Transformation von (10.32), welche zu einer scheinbaren Abhängigkeit der $g^+{}_{\mu\nu}$ von x^2, x^3 und von $\varrho \equiv x^1 - x^0$ führt. Gemäß (5.3) gehen nach einer solchen Transformation (5.15) bei den Sprüngen der l-ten Normalableitungen von $g_{\mu\nu}$ nicht nur additiv die Größen $\underset{l}{A}_\mu p_\nu + \underset{l}{A}_\nu p_\mu$ ein, die transformierten Sprünge enthalten vielmehr auch Ausdrücke mit ersten Ableitungen der Vektoren $\underset{s}{a}_\mu$, wobei $s < l$ ist.

In (5.15) kann auch $l < n$ angenommen werden, so daß an Σ Unstetigkeiten von niederer als n-ter Ordnung auftreten, die koordinatenbedingte Diskontinuitäten sind.

Durch Einführung von Koordinatendiskontinuitäten mit $\underset{l}{a}_\mu = \underset{l}{a}_\mu(x^i)$ gewinnt man von (10.32) verschiedene Sprungentwicklungen des mit einer Stoßwelle an den Minkowski-Raum anschließenden elementaren Strahlungsfeldes. Insbesondere kann durch eine derartige Koordinatenwahl im V^+ erreicht werden, daß die rein-transversale Welle (10.33) eine rein-longitudinale Form bekommt. Um dies zu erreichen, muß eine nichtanalytische Koordinatentransformation mit $\underset{n-2}{a}_\mu = \underset{n-2}{a}_\mu(x^i)$ und $\underset{n-1}{a}_\mu = \underset{n-1}{a}_\mu(x^i)$ ausgeführt werden. In der Tat entsteht bei einer Transformation

$$\bar{x}^{\nu} = x^{\nu} - \underset{n-2}{a^{\nu}}\,\underset{n-1}{h}(z) - \sum_{l \geqq n-1} \underset{l}{a^{\nu}}\,\underset{l-1}{h}(z), \tag{10.39}$$

bei der

$$\underset{n-2}{a_1} = \underset{n-2}{a_0} = \underset{n-2}{a}\,(x^2, x^3), \qquad \underset{n-2}{a_2} = \underset{n-2}{a_3} = 0 \tag{10.39a}$$

ist, an Σ der koordinatenbedingte Sprung

$$\underset{n-2}{\gamma_{\mu\nu}} = \underset{n-2}{a_{\nu}}\, p_{\mu} + \underset{n-2}{a_{\mu}}\, p_{\nu}, \tag{10.40}$$

mit den rein-longitudinalen Komponenten

$$\underset{n-2}{\gamma_{10}} = \underset{n-2}{\gamma_{00}} = \underset{n-2}{\gamma_{11}}, \qquad \text{alle anderen } \underset{n-2}{\gamma_{00}} = 0\,. \tag{10.41}$$

Weiter erzeugt aber die Transformation (10.39) auch einen koordinatenbedingten Sprung von $(n-1)$-ter Ordnung, der einen Term

$$\underset{n-1}{\alpha_{\mu\nu}} = \underset{n-2}{a_{\nu,\mu}} + \underset{n-2}{a_{\mu,\nu}} \tag{10.42}$$

enthält und die somit longitudinal-transversalen Komponenten

$$\underset{n-1}{\alpha_{21}} = \underset{n-2}{\alpha_{20}}; \qquad \underset{n-1}{\alpha_{30}} = \underset{n-1}{\alpha_{31}}, \qquad \text{alle anderen } \underset{n-1}{a_{\mu\nu}} = 0 \tag{10.42a}$$

besitzt.

Die $\underset{n-1}{\alpha_{\mu\nu}}$ können wir dann mittels einer Koordinatentransformation

$$\bar{x}^{\nu} = x^{\nu} - \underset{n-1}{a^{\nu}}\,\underset{n}{h}(z) - \sum_{l \geq n} \underset{l}{a^{\nu}}\,\underset{l+1}{h}(z) \tag{10.43}$$

eliminieren, bei der

$$\underset{n-1}{a_2} = \underset{n-1}{\alpha_{21}}, \qquad \underset{n-1}{a_3} = \underset{n-1}{\alpha_{31}}, \qquad \underset{n-1}{a_1} = \underset{n-1}{a_0} = 0 \tag{10.43a}$$

ist. (10.43) führt zu einem additiven Beitrag $\underset{n}{\alpha_{\mu\nu}}$ zu den Sprüngen n-ter Ordnung. Dieser lautet

$$\underset{n}{\bar{\alpha}_{\mu\nu}} = \underset{n-1}{a_{\nu,\mu}} + \underset{n-1}{a_{\mu,\nu}} \tag{10.44}$$

und hat die rein-transversalen Komponenten

$$\underset{n}{\alpha_{22}} = 2\,\underset{n-1}{a_{2,2}}, \qquad \underset{n}{\alpha_{3,3}} = 2\,\underset{n-1}{a_{3,3}} \qquad \text{und} \qquad \underset{n}{\alpha_{32}} = \underset{n-1}{a_{3,2}} + \underset{n-1}{a_{2,3}}, \tag{10.44a}$$

welche additiv zu den ursprünglichen rein-transversalen $\underset{n}{\gamma_{\mu\nu}}$ treten und diese kompensieren können.

Eine Transformation dieser Art führt die nichtanalytische ebene Welle (10.31) für den Fall $n \geqq 3$ in die von BRINKMANN[1]) angegebenen rein longitudinalen Wellen über, die hier mit einer Stoßwelle $z = 0$ an den Minkowski-Raum angrenzen. Die Wellen von BRINKMANN lauten

$$2\,d\varrho\,dz - (dx^2)^2 - (dx^3)^2 + m\,(dz)^2, \qquad (10.45)$$

wobei bei singularitätsfreiem Riemann-Tensor m (bis auf einen unwesentlichen von x^2 und x^3 linear abhängigen Term) durch

$$m = \frac{1}{2}\,A(z)\,\big((x^2)^2 - (x^3)^2\big) + B(z)\,x^2\,x^3 \qquad (10.45\,\text{a})$$

gegeben ist. Herleitungsgemäß sind die $A(z)$ und $B(z)$ nicht-analytische Funktionen, die für $z \leqq 0$ verschwinden und für $z = 0$ eine Nullstelle von $(n - 2)$-ter Ordnung haben. Da $[g_{\mu\nu}] = 0$ sein soll, ist $(n - 2) > 0$ zu verlangen. Die Sprünge $(n - 2)$-ter und $n - 1)$-ter Ordnung sind rein koordinatenbedingt[2]), während die n-ten Ableitungen wesentlich unstetig sind (s. (5.3)). Insbesondere gilt

$$\left[\frac{\partial^{n-2}}{\partial z^{n-2}}\,g_{\mu\nu}\right] = \underset{n-2}{a_\mu}\,p_\nu + \underset{n-2}{a_\nu}\,p_\mu \qquad (10.46)$$

mit

$$\underset{n-2}{a_1} = \underset{n-2}{a_0} = \frac{1}{2}\left[\frac{\partial^{n-2} A}{\partial z^{n-2}}\right]\big((x^2)^2 - (x^3)^2\big) + \left[\frac{\partial^{n-2}}{\partial z^{n-2}}\,B\right] x^2\,x^3. \qquad (10.46\,\text{a})$$

Aus (10.42), (10.43) und (10.44a) folgt dann $-\underset{n}{a_{22}} = \underset{n}{a_{33}} = \text{const}$ und $\underset{n}{a_{32}} = \text{const.}$

Bei der allgemeinen Brinkmannschen Metrik eines Einstein-Raums, der konformal zu einem anderen Einstein-Raum ist, tritt anstelle von (10.45a) die Laplace-Gleichung

$$m_{,22} + m_{,33} = 0 \quad \text{mit} \quad m_{,\varrho} = 0. \qquad (10.47)$$

Bei diesem Feld vom Petrowschen Typ II, 0 liegen — wenn nicht (10.45a) gilt — auf den Wellenflächen $z = \text{const}$ wesentliche Singularitäten. Ist das Feld im Unendlichen regulär, so sind diese Singularitäten die in § 9 diskutierten polartigen Feldquellen (9.24). Die Brinkmannsche Metrik (10.45) ist dann kein reines Strahlungsfeld, sondern vielmehr das Feld von mit Lichtgeschwindigkeit bewegten Feldquellen.

---

[1]) H. W. BRINKMANN, Math. Ann. **94** (1925). 119. — Die Äquivalenz von (10.45) und (10.45a) mit (10.31) ist implizit bereits in BRINKMANNS Arbeit bewiesen worden. Einen unabhängigen allgemeinen Beweis geben P. JORDAN, J. EHLERS und W. KUNDT (Strenge Lösungen der Feldgleichungen der Allgemeinen Relativitätstheorie, Abhandlungen der Math.-Nat. Kl. der Akademie der Wissenschaften und Künste, Mainz 1960, Nr. 2.).

[2]) Siehe auch A. PERES, Phys. Rev. **118** (1960) 1105.

§ 11. Allgemeine Eigenschaften von Gravitationsfeldern mit Stoßwellen

Wir betrachten wieder eine isotrope Hyperfläche Σ mit der Gleichung $z(x^\nu) = 0$, die den V_4 in einen V^- und einen V^+ zerlegt. Wird dann gefordert, daß der Fundamentaltensor $g^+_{\mu\nu}$ des V^+ die analytische Fortsetzung $g^-_{\mu\nu+}$ des Fundamentaltensors $g^-_{\mu\nu}$ des V^- ist, so sind im ganzen Analytizitätsbereich die $g^+_{\mu\nu}$ durch die $g^-_{\mu\nu}$ eindeutig bestimmt. $g^+_{\mu\nu}$ erfüllt dann die Einsteinschen Gleichungen für den V^+, wenn im V^- $R^-_{\mu\nu} = 0$ gilt. Verhält sich dagegen das Gravitationsfeld $g_{\mu\nu}$ beim Durchgang durch Σ nicht analytisch und springen insbesondere die n-ten und höheren Ableitungen der $g_{\mu\nu}$, so bedarf es zur Kenntnis des $g^+_{\mu\nu}$-Feldes außer der Vorgabe von $g^-_{\mu\nu}$ noch der Vorgabe dieser Sprünge.

In dem nichtanalytischen Fall ist das Feld $g^+_{\mu\nu}$ durch eine Entwicklung nach Sprungfunktionen (1.2) gegeben. Die aus (1.2) für $z \geqq 0$ folgende Reihe (5.1) für $g^+_{\mu\nu}$ ist unabhängig davon, auf welche Weise die zunächst nur auf Σ mittels (5.3) definierten Entwicklungskoeffizienten $\underset{n+k}{\gamma_{\mu\nu}}$ in den Bereich $z > 0$ analytisch fortgesetzt werden. Das Feld $g^+_{\mu\nu}$ ist ferner auch unabhängig von der speziell gewählten Darstellung der Sprungfläche Σ und der speziellen Wahl des Vierbeinfeldes p_μ, ω_μ, $\bar{\omega}_\mu$ und d_μ. Wir wollen im weiteren immer annehmen, daß das Vierbeinfeld und die Koeffizienten der Entwicklung nach Sprungfunktionen (1.2) gemäß den in den §§ 2, 5, 6 und 7 eingeführten Vorschriften definiert sind.

Auf Grund der Einsteinschen Gleichungen (1.1) sind die Entwicklungskoeffizienten $\underset{n+k}{\gamma_{\mu\nu}}$ (mit $k \geqq 0$) auf Σ nicht willkürlich vorgebbar, vielmehr müssen sie die aus (1.1) folgenden Sprungrelationen (1.5) befriedigen, wozu für $n = 1$ und $k = 0$ noch die Integralbedingung (7.18) tritt. Die Sprungrelationen n-ter Ordnung entsprechen 4 linearen homogenen algebraischen Gleichungen (5.21) für die $\underset{n}{\gamma_{\mu\nu}}$. Die Sprungrelationen $(n + k)$-ter Ordnung mit $k > 0$ liefern 4 inhomogene lineare algebraische Gleichungen für die $\underset{n+k}{\gamma_{\mu\nu}}$ und zusätzlich noch 2 Differentialgleichungen für die $\underset{n+k-1}{\gamma_{\mu\nu}}$, die für $k = 1$ hmogen und für $k > 1$ im allgemeinen inhomogen sind. Durch diese Sprungrelationen sind dann die $\underset{n+k}{\gamma_{\mu\nu}}$ bis auf nichtanalytische Koordinatentransformationen (5.15) bestimmt.

Wird das Koordinatensystem im V^+ so gewählt, daß die Koordinatenbedingung (7.7c) gilt, so ist der Sprung $(n + k)$-ter Ordnung abhängig von 2 wesentlichen neuen Skalaren $\underset{n+k}{E}$ und $\underset{n+k}{\delta}$ und ferner von 4 Vektoren $\underset{n+k}{K_\lambda}$, die ihrerseits durch die Sprungrelationen bestimmte Ausdrücke aus den Skalaren $\underset{n+i}{E}$ und $\underset{n+i}{\delta}$ (mit $i < k$) und deren Ableitungen sind. Somit sind (bis auf Koordinatentransformationen) die $g^+_{\mu\nu}$ dann eindeutig vorgegeben, wenn alle $\underset{n+k}{E}$ und $\underset{n+k}{\delta}$ auf Σ vorgegeben sind.

Auch die Vorgabe dieser die wesentlichen Sprünge charakterisierenden Skalare ist nicht willkürlich möglich. Vielmehr ist es für die Lösbarkeit der Sprungrelationen $(n + l + 1)$-ter Ordnung notwendig, daß die $\underset{n+l}{E}$ und $\underset{n+l}{\delta}$ jeweils zwei Differentialgleichungen erster Ordnung befriedigen. Diese Differentialgleichungen sind für $l = 0$ die homogenen Gleichungen (6.9) und (6.10); für $l > 0$ sind sie hingegen inhomogene Differentialgleichungen von der Form (7.9a, b). Auf Grund dieser Differentialgleichungen sind die $\underset{n+l}{E}$ und $\underset{n+l}{\delta}$ auf der ganzen Sprungfläche Σ bestimmt, wenn sie auf einer zweidimensionalen raumartigen Fläche V_2, die die Sprungfläche Σ teilt, vorgegeben sind. Auf diesem V_2 müssen die $\underset{n+l}{E}$ überall positiv (oder Null) sein, damit die Koeffizienten $\underset{n+l}{{}_H\gamma_{\mu\nu}}$ und somit das Gravitationsfeld $g^+_{\mu\nu}$ reell sind.

Auf Grund der Sprungrelationen (1.5) ist also das in Form der Entwicklung (1.2) beschriebene Feld $g^+_{\mu\nu}$ eine bis auf Koordinatentransformationen eindeutig bestimmte Lösung der Einsteinschen Gleichungen (1.1), wenn alle Skalare $\underset{n+k}{E}$ und $\underset{n+k}{\delta}$ auf der raumartigen zweidimensionalen Schnittfläche V_2 vorgegeben sind, vorausgesetzt, daß das ungestörte Feld $g^-_{\mu\nu}$ eine Lösung von $R^-_{\mu\nu} = 0$ ist.

Dies ist von Bedeutung für das Cauchysche Problem in der Einsteinschen Gravitationstheorie, weil hierdurch eine Verallgemeinerung der bei der Formulierung des Cauchyschen Problems üblichen Voraussetzungen möglich ist. Wegen der Eindeutigkeit der Cauchyschen Anfangswertaufgabe für die Einsteinschen Gleichungen[1]) ist das Gravitationsfeld $g_{\mu\nu}$ durch die Vorgabe der Anfangswerte $g_{\mu\nu}(x^i, 0)$ und $g_{\mu\nu,0}(x_i, 0)$ auf einer Cauchyschen Anfangsmannigfaltigkeit V_3, deren Gleichung $x^0 = 0$ sein möge, bis auf Koordinatentransformationen bestimmt. Wird nun die Anfangsmannigfaltigkeit $x^0 = 0$ von einer Stoßwelle $z = 0$ geschnitten (siehe Abb. 2), so sind die $g_{\mu\nu}(x^i, 0)$ durch die für $x^0 = 0$ genommene Entwicklung (1.2) gegeben. Auf Grund der Fortpflanzungsgesetze (6.12) und (7.10) sind aber die $\underset{n+k}{\gamma_{\mu\nu,0}}(x_i, 0)$ — bei einem durch (7.7c) festgelegten Koordinatensystem im V^+ — bereits durch die Vorgabe der $\underset{n+k}{\gamma_{\mu\nu}}(x^i, 0)$ bestimmt. Wir kennen somit $g_{\mu\nu,0}$ im ganzen V_4, wenn außer den Koeffizienten $\underset{n+k}{\gamma_{\mu\nu}}$ nur noch die $g^-_{\mu\nu,0}$ und die Gleichung (2.1) der Sprungfläche Σ vorgegeben ist. — Die Sprungrechnung verschärft also insofern die Voraussetzungen der Cauchyschen Anfangswertaufgabe als sie zeigt, daß bei vorge-

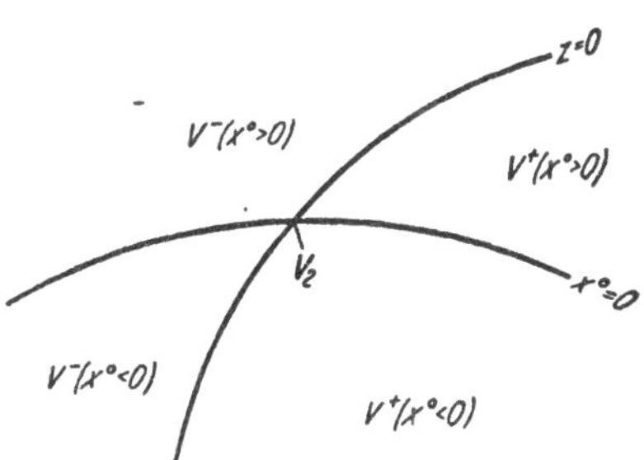

Abb. 2

[1]) Vgl. Y. Fourès-Bruhat, Acta Mathematica 88 (1952) 141; A. Lichnerowicz, Théories Relativistes de la Gravitation et de l'Electromagnétisme, Paris 1955, pp. 27f.

gebener Sprungfläche $z = 0$ durch die Vorgabe des Störungsfeldes $g^+{}_{\mu\nu} - g^-{}_{\mu\nu+}$ auf der Anfangsmannigfaltigkeit $x^0 = 0$ bereits $(g^+{}_{\mu\nu} - g^-{}_{\mu\nu+})_{,0}$ bestimmt ist.

Physikalisch wichtig ist hierbei, daß alle wesentlichen Unstetigkeiten bis einschließlich derjenigen k-ter Ordnung durch die Vorgabe der Werte der $2k$ Skalare $\underset{l}{E}$ und $\underset{l}{\delta}$ (mit $0 < l \leqq k$) auf dem V_2 bestimmt sind. Hierdurch kommt zum Ausdruck, daß das reine Gravitationsfeld nur 2 „wahre physikalische Koordinaten" besitzt: Gemäß (7.6) gibt es von den Unstetigkeiten niederer Ordnung unabhängige Sprünge der höheren Normalableitungen von $g_{\mu\nu}$ jeweils nur bei den reintransversalen Komponenten. Diese unabhängigen Sprünge entsprechen dem wesentlichen Teil (7.7) von $\underset{n+l}{{}_H\gamma_{\mu\nu}}$. Jeder von den Sprüngen niederer Ordnung algebraisch unabhängige Sprung besitzt daher jeweils 2 physikalische Koordinaten, die (vgl. (5.26)) in der Form

$$\frac{1}{\sqrt{2}} \underset{n+l}{E^{\frac{1}{2}}} \sin 2 \underset{n+l}{\delta} \tag{11.1a}$$

und

$$\frac{1}{\sqrt{2}} \underset{n+l}{E^{\frac{1}{2}}} \cos 2 \underset{n+l}{\delta} \tag{11.1b}$$

geschrieben werden können. — Bei einer Koordinatenwahl gemäß (7.7c) sind alle anderen in die Sprungentwicklung für das Störungsfeld $g^+{}_{\mu\nu} - g^-{}_{\mu\nu+}$ eingehenden Größen Ausdrücke aus den physikalischen Koordinaten (11.1) und ihren Ableitungen. Diese Ausdrücke werden unter Verwendung von rein geometrischen Größen, dem Vierbeinfeld ω_μ, $\overline{\omega}_\mu$, d_μ und p_μ und der ungestörten Metrik $g^-{}_{\mu\nu+}$ gebildet. Das Störungsfeld $g^+{}_{\mu\nu} - g^-{}_{\mu\nu+}$ ist somit durch 2 skalare Funktionen bestimmt, die allerdings nicht immer ohne weiteres explizit angebbar sind.[1]) Verschwinden alle Größen (1.1) auf einem die Sprungfläche teilenden raumartigen V_2, so verschwindet auch das Störungsfeld.

Aus der Reihenentwicklung (5.1) für $g^+{}_{\mu\nu}$ sieht man, daß $g_{\mu\nu}$ in einem endlichen Bereich des V^+ in dem (5.1) gleichmäßig konvergiert und in dem die Determinante nirgends verschwindet, genau dann eine analytische Funktion ist, wenn $g^-{}_{\mu\nu}$ und die übrigen Reihenglieder $\underset{n+k}{\gamma_{\mu\nu}} \dfrac{z^{n+k}}{(n+k)!}$ analytische Funktionen sind.

Man kann nun leicht einsehen, daß — bei geeigneter Koordinatenwahl — $g_{\mu\nu}$ für $z > 0$ eine analytische Lösung von (1.1) sein muß, wenn $g_{\mu\nu}$ für $z < 0$ analytisch ist. Dies sei im folgenden kurz skizziert:[2])

Damit die $g_{\mu\nu}$ für $z > 0$ nichtanalytische Funktionen sind, müssen die Sprungkoeffizienten $\underset{n+k}{\gamma_{\mu\nu}}$ nichtanalytisch von den auf den Flächen $z = \text{const}$ verlaufenden Koordinaten abhängen. Aus unserer Diskussion des Sprungproblems folgt nun, daß nichtforttransformierbare Unstetigkeiten der $g_{\mu\nu}$ oder ihrer Ableitungen nur dann möglich sind, wenn entweder

---

[1]) Vgl. hierzu auch J. L. Anderson, Phys. Review **110** (1958) **1197**.

[2]) Eine ausführliche Diskussion dieser Frage erfolgt an einer anderen Stelle.

1. Quellen des Gravitationsfeldes existieren oder wenn es

2. keine Quellen gibt, aber charakteristische Diskontinuitäten, insbesondere also Stoßwellen, vorhanden sind.

Fordern wir nun, daß im ganzen betrachteten Bereich des V_4 die Einsteinschen Gleichungen (1.1) singularitätsfrei erfüllt sind, so heißt das, daß auf den Flächen $z = \text{const}$ keine Feldquellen des Gravitationsfeldes liegen, so daß die Möglichkeit 1. ausgeschlossen ist.

Fragen wir dann nach der Existenz von Sprüngen der Ableitungen, die in der Fläche $z = 0$ liegen, so könnte die zweite Möglichkeit solche Sprünge etwa dadurch liefern, daß die Stoßwelle mit der Gleichung $z = 0$ von einer anderen mit der Gleichung $z^* = 0$ geschnitten wird (s. Abb. 3). Hierbei muß auch die zweite Fläche $z^* = 0$ isotrop sein. Sind nun beim Durchgang durch $z^* = 0$ die m-ten und höheren Ableitungen von $g_{\mu\nu}$ wesentlich unstetig, so folgt aus dem für $\underset{m}{\gamma^*_{\mu\nu}} = \left[\frac{\partial^m}{\partial z^{*m}} g_{\mu\nu}\right]$ angewandten Fortpflanzungsgesetz (6.9), daß die Sprungerregung niedrigster Ordnung $\underset{m}{E^*}$ längs der $z^* = 0$ aufspannenden Bicharakteristiken erhalten bleibt; es ist

$$\underset{m}{E^*} = F(V_s) \exp\left(-\int p^{*\mu}{}_{;\mu}\, d\tau^*\right)$$

$$\left(\text{mit } A_{,\mu}\, p^{*\mu} \equiv \frac{d}{d\tau^*} A\right). \qquad (11.2)$$

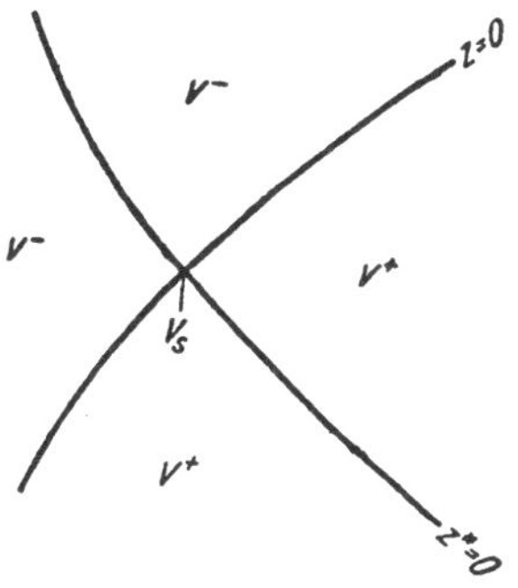

Abb. 3

Aus (11.2) entnimmt man, daß trotz der Nichtanalytizität der Metrik $g_{\mu\nu}$ bei $z = 0$ die Erregung $\underset{m}{E^*}$ auf $z = 0$ nur dann von Null verschieden ist, wenn dies auch für $z \gtrless 0$ der Fall ist. Somit kann, wenn die Stoßwelle auf $z = 0$ von einer Stoßwelle auf $z^* = 0$ geschnitten wird, das Gravitationsfeld im V^- nicht überall analytisch sein — entgegen der Voraussetzung, daß die $g^-{}_{\mu\nu}$ analytische Funktionen sind.

Betrachten wir zunächst ein an einen ebenen V^- mit einer Stoßwelle $z = 0$ angrenzendes Feld $g^+{}_{\mu\nu}$. Dieses kann durch die Entwicklung (9.8) beschrieben werden, in der die Entwicklungskoeffizienten $\underset{n+k}{\gamma_{\mu\nu}}$ analytische Funktionen der x^i sind, die durch die Sprungrelationen (1.5) bestimmt werden. Das Feld $g^+{}_{\mu\nu}$ hängt in demjenigen Bereich, in dem (9.8) gilt und in dem $g^+{}_{\mu\nu}$ somit erklärt ist, analytisch von den Koordinaten ab. Wir könnten auch gemäß (10.1) $g^+{}_{\mu\nu}$ mit denselben Entwicklungskoeffizienten $\underset{n+k}{\gamma_{\mu\nu}}$ auch in den Bereich $z < 0$ fortsetzen und so ein in dem Streifen $-\varepsilon \leqq z \leqq +\varepsilon$ analytisches Gravitationsfeld erhalten.[1])

---

[1]) Im allgemeinen Fall sind die $\underset{n+k}{\gamma_{\mu\nu}}$ nur auf einem endlichen Gebiet analytische Funktionen. Die obigen Überlegungen gelten dann für einen endlichen Bereich des V_4.

Betrachten wir allgemein eine Stoßwelle auf $z = 0$, bei der der V^- ein nichtebener Spezieller Einstein-Raum mit der ungestörten Metrik $g^-_{\mu\nu}$ ist. Die Berechnung des Feldes $g^+_{\mu\nu}$ läßt sich dann entsprechend §§ 1 und 2 auffassen als die Untersuchung der Ausbreitung eines Störungsfeldes $g^+_{\mu\nu} - g^-_{\mu\nu+}$ in einem vorgegebenen Einsteinschen V_4 mit der Metrik $g^-_{\mu\nu}$ bzw. $g^-_{\mu\nu+}$. Indem wir die Sprungkoeffizienten $\underset{n+k}{\gamma_{\mu\nu}}$ aus (1.2) ihrerseits in Form einer Taylor-Entwicklung nach z (mit $z \geqq 0$) darstellen, sehen wir wieder, daß das Störungsfeld $g^+_{\mu\nu} - g^-_{\mu\nu+}$ durch die Vorgabe aller Ableitungen

$$\frac{\partial^l}{\partial z^l}(g^+_{\mu\nu} - g^-_{\mu\nu+})_{z=0} = \left[\frac{\partial^l}{\partial z^l} g_{\mu\nu}\right] = (\underset{l}{\gamma_{\mu\nu}})_{z=0}$$

eindeutig bestimmt ist. Daher ist das Störungsfeld $g^+_{\mu\nu} - g^-_{\mu\nu+}$ in dem Bereich $0 \leqq z \leqq \varepsilon$, in dem es erklärt ist, analytisch.[1]) Dieses Störungsfeld gehorcht auf Grund der Einsteinschen Gleichungen (1.1) den Sprungrelationen (1.5). Diese sind algebraische Gleichungen und lineare Differentialgleichungen erster Ordnung für die $\underset{n+k}{\gamma_{\mu\nu}}$ und sind in bezug auf $g^-_{\mu\nu+}$ kovariante Verallgemeinerungen derjenigen Gleichungen, die die Koeffizienten in der Entwicklung (9.8) bestimmen.

Definieren wir die z-Abhängigkeit der $\underset{n+k}{\gamma_{\mu\nu}}$ (mit $n \geq 2$) entsprechend § 7, so können wir den Riemann-Tensor $R^{+\sigma}{}_{\mu\nu\lambda}$ des V^+ etwa schreiben

$$\begin{aligned} R^{+\sigma}{}_{\mu\nu\lambda} &\equiv R^{-\sigma}{}_{\mu\nu\lambda+} + P^\sigma{}_{\mu\nu\lambda} \\ &= R^{-\sigma}{}_{\mu\nu\lambda+} - \Omega^\sigma{}_{\mu\nu;\lambda} + \Omega^\sigma{}_{\mu\lambda;\nu} + \Omega^\tau{}_{\mu\lambda}\Omega^\sigma{}_{\tau\nu} - \Omega^\tau{}_{\mu\nu}\Omega^\sigma{}_{\tau\lambda} \\ &= R^{-\sigma}{}_{\mu\nu\lambda} + \sum_{l\geq n-2} \underset{l}{A^\sigma{}_{\mu\nu\lambda}} \frac{z^l}{l!}, \end{aligned} \tag{11.3}$$

wobei für alle $l \geqq n = 2$

$$\underset{l}{A^\sigma{}_{\mu\nu\sigma}} \equiv \left[\frac{\partial^l}{\partial z^l} R_{\mu\nu}\right] = 0 \tag{11.4}$$

gilt.

Aus (11.3) folgt eine für $z \geqq 0$ geltende Reihe für

$$P^\sigma{}_{\mu\nu\lambda} = R^{+\sigma}{}_{\mu\nu\lambda} - R^{-\sigma}{}_{\mu\nu\lambda+}. \tag{11.5}$$

(11.5) ist ein Tensor vierter Stufe, der aus dem Tensor

$$\Omega^\sigma{}_{\mu\nu} = \Gamma^{+\sigma}{}_{\mu\nu} - \Gamma^{-\sigma}{}_{\mu\nu+} \tag{11.6}$$

---

[1]) Man kann sich auch das Störungsfeld analytisch in den V_4 fortgesetzt denken dadurch, daß in der aus (1.2) folgenden Reihe für $g^+_{\mu\nu} - g^-_{\mu\nu+}$ die Sprungfunktionen (1.3) durch die entsprechenden Polynome $\frac{z^l}{l!}$ ersetzt werden. Das durch die neue Reihe dargestellte Feld ist bei Analytizität der Sprungkoeffizienten $\underset{n+k}{\gamma_{\mu\nu}}$ im ganzen betrachteten Bereich analytisch.

gebildet ist und dieselben Symmetrie-Eigenschaften wie der gemischt-variante Riemann-Tensor eines Speziellen Einstein-Raums besitzt. Darüber hinaus besitzen auch die Entwicklungskoeffizienten (11.4) diese Symmetrie-Eigenschaften[1]).

In den physikalisch interessantesten Fällen wird die Metrik des V^- wesentlich zeitunabhängig sein[2]) und ihr Krümmungstensor $R^{-\sigma}{}_{\mu\nu\lambda}$ zum Petrowschen Typ I gehören (bzw. verschwinden). Das Störungsfeld $g^+{}_{\mu\nu} - g^-{}_{\mu\nu+}$ ist dann demgegenüber im allgemeinen wesentlich zeitabhängig, so daß im V^+ im allgemeinen kein zeitartiger Killing-Vektor existieren wird. Die Gesamtmetrik des V^+ ist wegen der Stoßwelle bei $z = 0$ immer global zeitabhängig.

---

[1]) Über Entwicklungen von der Form (11.3) für den Riemann-Tensor vgl. insbesondere A. Z. Petrow, Einstein-Räume, Moskau 1961.

[1]) Dies ist insbesondere beim Problem der Ausstrahlung eines zeitweilig nichtstationären Systems der Fall (siehe hierzu D. Geissler, A. Papapetrou und H. Treder, Ann. d. Phys. (7) 2 (1959) 344).